序

本書は，著者ら二人の 1998 年から 2012 年までの共同研究によって生み出された成果の結集である．そのほとんどは，*American Mathematical Monthly*, *Math Horizons*, *Mathematics Magazine*, *The Mathematical Gazette* に発表したものである．こうして発表した論文に編集および追記を行い，それが本書の全 15 章[訳注 1]となった．それぞれの章では，そこで展開する手法によって解くことができる例題をまず述べる．その後に，その章の簡単な概要を示す．

「マミコンの接線掃過定理」と題する第 1 章が，二人の共同研究の出発点であった．この章では，微積分の公式をほとんど，あるいはまったく使わず，幾何学的手法によって一般的な微積分のさまざまな問題を解くことができる革新的な視覚的アプローチを紹介する．この手法は，私（アポストル）の共著者（本人はマミコンと呼ばれることを好む）が 1959 年に考え出したものである．そのとき，彼はアルメニアのエレバン州立大学の学生であった．若きマミコンはその手法をソビエトの数学者たちに示したが，彼らは「そんなことがあってたまるか．微積分の問題がそう簡単に解けるわけがない」と言って一笑に付した．

マミコンは物理学で博士号を取得し，エレバン州立大学の宇宙物理学の教授に任命され，放射伝達理論の国際的な専門家になったが，その間もずっとこの強力な幾何学的手法の研究を続けていた．1981 年に，マミコンはようやくそれらの概要を示す論文 [25] を発表したが，それは見過ごされてしまっていたようである．というのも，それはアルメニアの雑誌にロシア語で掲載され，ごく限られた人の目にしか触れなかったからであろう．

マミコンは，アルメニアの地震対策についてさらに学ぶために，1990 年にカリフォルニアを訪れた．そして，その間にソビエト連邦が崩壊し，彼はビザもなしに米国に取り残されてしまった．サクラメントとカリフォルニア大学デービス校で出会った何人かの数学者や，その素晴らしい才能を認めた人たちの助けによって，マミコンは「特異な才能を持つ宇宙人」という称号を得た．カリフォルニア大学デービス校とカリフォルニア州の教育部門の仕事をしながら，マミコンは彼の幾何学的手法を図だけでなく計算機も用いた実践的な汎用教材にまで発展させた．マミコンは，カリフォルニア大学デービス校や，モンテッソーリ小学校から都心部の公立高校に至るカリフォルニア北部のさまざまな学校でこの手法を教えた．生徒や教師は，軒並み熱心な反応を示した．なぜなら，この手法は鮮やかで，手に取るように動きがわかり，そして三角関数や微積分などの代数的公式を必要としないからである．

[訳注 1] 本邦訳では，このうち，第 1 章～第 5 章，第 13 章と，第 14 章，第 15 章の一部を収録している．

その数年後，マミコンがカリフォルニア工科大学を訪れた際，私は彼の手法が，とくに現代的な可視化ツールと組み合わせれば，数学教育に多大な影響を与えうると確信した．そのとき以来，私たちは共著で30編の論文を発表してきた．それらの論文には，接線掃過に関する手法にくわえ，マミコンの見事な幾何学的洞察力から導かれたさまざまな数学的話題が含まれる．

　私は，しばしばマミコンを「アイデアの湧き出す源泉」と評してきた．数学の美しさを楽しむ人々とこの数々のアイデアを分かち合えるよう，彼と協力できたことは光栄である．

カリフォルニア工科大学数学科 名誉教授
トム・M・アポストル

本書の発刊にあたって

　1997 年以来，トム・アポストルとマミコン・ムナットサカニアンは共著で 30 編の論文を発表した．その多くは幾何学に関するものである．彼らの成果は，古典的な幾何学と現代的な幾何学を組み合わせたもので，驚くほど革新的である．読者は，想像力がかき立てられる，斬新でしばしば度肝を抜かれる結果に驚かされる．くわえて，読者にとって魅力的なのは，わずかな前提知識さえあれば，彼らの業績を理解できるということである．なんともうらやましいことに，2004 年，2007 年，2009 年に二人が共著で *American Mathematical Monthly* に発表した 5 編の論文に対して，2005 年を皮切りに二人はレスター・R・フォード賞を 3 度も受賞した．

　2005 年のフォード賞の表彰状には，二人は古典的な幾何学に現代的なひとひねりを，そして現代的な幾何学にも古典的なひとひねりを加え，何世紀もの間埋もれていた分野において斬新で驚くべき結果を見出したと述べられている．二人の論文は，簡潔さと明解さの見本であり，古典理論と現代理論の見事な融合と言えるだろう．

　本書は，古典的幾何学のいくつもの領域を通る王道と，これまでに知られていなかった脇道への壮観な寄り道からなる二人の論文をひとまとめにしたものである．そして，二人はもとの論文にさらに内容を書き足し，練習問題を追加した．本書は，微積分に新たな豊かさをもたらした．ニュートンやライプニッツも，この二人の見事な直感的洞察力に敬意を表するであろう．多くの積分問題に対するマミコンのアプローチは強力であり，もっと広く知られるべきである．

　二人は古典的幾何学に新たな命を吹き込み，マミコンが子供のころに憧れたアルキメデスをはじめとする歴史上の偉人たちをしばしば讃えている．二人の成果はアルキメデスの精神を受け継いでいると多くの人が指摘するのも驚くに当たらない．

　アポストルとマミコンの協調関係の話をすると長くなってしまうが，それは極めて生産的な共同研究と言うことができる．過去 13 年にわたり，二人は共著で 30 編の論文を発表し，そのうちの 14 編は *American Mathematical Monthly* に掲載された．アポストルは，1950 年以来カリフォルニア工科大学に所属している，活気あふれる 81 歳の著名な老数論学者で，100 編以上の論文と 61 冊の本を執筆している．その中には，半世紀も前に刊行されたものの未だに入手可能で，多くの言語に翻訳されている微積分の有名な 2 巻本も含まれる．また，アポストルは，受賞歴もある一連の数学ビデオを作成する *MATHEMATICS!* プロジェクトの創始者および指導者でもある．

　マミコンは，理論宇宙物理学者であり，長年アルメニアのエレバン州立大学の教授を務めた．

アルメニアの地震災害対策のためにカリフォルニアを訪れていた 1990 年に，アルメニア政府が崩壊し，マミコンは米国に取り残されてしまった．そして，驚くべき出来事の連続ののち，マミコンとアポストルは共同研究を始めた．マミコンは 80 編以上の論文を発表している．マミコンの数学的能力は，彼の芸術的才能により引き立てられている．マミコンの手書きの素描は，計算機による図にもしばしば匹敵する．マミコンが新しいアイデアを説明するとき，彼はそれを明解に説明するわかりやすい図を常に描き添える．過去 13 年間，私はカリフォルニア工科大学に二人を訪ねるのが楽しみだった．そして，そこを訪ねると，彼らの開発した胸躍るアイデアでもてなされるのが常だった．

マミコンとアポストルは，数学問題を解くための新しい幾何学的手法を数多く発明してきた．本書の第 1 章では，強力な結果であるマミコンの定理を紹介する．マミコンの定理は，おおよそ直感に訴えるもので，小学生でさえ簡単に理解できる．マミコンの定理を用いると，多くの高度な微積分の問題や微分方程式を簡単に片づけことができる．たとえば，長軸長 16，短軸長 9 の楕円の周に沿って連続的に動く単位長の接線を考えてみよう．この移動した接線によって掃かれる長円形の面積はいくらになるか．マミコンの定理は，接線掃過によって，まず幾何学の古典的問題を解き，次にそれを拡張するという，手際良くダイナミックな筋道を浮き彫りにして見せる．一般的にはかなり難しいと考えられている，追跡線と x 軸に挟まれた領域の面積を求める問題は，マミコンの定理を用いていかに解かれるだろうか．それは，本書を読めば理解できるだろう．

多くの場合，二人が発見した成果の拡張は，驚くほど美しく，意外性がある．たとえば，サイクロイドの弧の下部の面積は，それを作り出す円の面積の 3 倍であることがよく知られている．第 2 章では，サイクロイドが生成されている間中，常にこの面積の関係が成り立つという，あまり知られていない事実が述べられている．これは，サイクロイドが描かれているどの瞬間においても，そのサイクロイドが作る扇状の面積は，そこまでに転がった円周の一部によって作られる弓形の面積の 3 倍だということである．

第 13 章[訳注 2]では，二重平衡を含む，これまでにない強力なつり合い原理が紹介される．読者は，球の体積がそれを取り囲む円柱の体積の 3 分の 2 であることを証明した，アルキメデスの力学的平衡法を思い出すかもしれない．二人の新たなつり合い原理は，体積に関するアルキメデスの結果だけでなく，回転体の外接体，高次元球，柱状体，球や柱体から切り出された楔形などの体積や表面積に関する驚くべき関係を数多くもたらす．二人は，複雑な図形の性質をより単純な図形の性質に帰着させるというアルキメデスのスタイルを踏襲している．

本書の中で，読者は，接線掃過，接線団，サイクロゴン，外接形，外接体，アルキメデス球体といった，さまざまな新しいアイデアに出会うことになる．アルキメデスの精神を受け継いで巡る美しい幾何学の光景は，少なからぬ楽しみと見事な主題に対する高められた審美眼を与えてくれる．

米国数学協会 出版部門 名誉部長
ドン・アルバース

[訳注 2] 本邦訳では第 6 章として収録．

推薦のことば

> 数学とはこの世と無関係な夢物語ではなく，現実の様々なパターンを理解したいという人類の自然な欲求である [...]．そして実際に遊んでみて，驚き感動して，その美しさを実感することによって数学の理解が深まる [...]．
>
> —— インドラの真珠：クラインの夢みた世界[訳注 3]

　この『インドラの真珠』の一節は，トム・アポストルとマミコン・ムナットサカニアンによる New Horizons in Geometry の精神を見事に捉えている．これほどまでに素晴らしく数学的多様性と想像性を提示することで，二人の著者は幾何学の高貴な珠玉を私たちに与えてくれた．この美しく，そして，しばしば驚嘆させられる内容は，数多くの幾何学図形とそれらの相互関係を含んでおり，そして，多くは自然法則の根底にある規則性との関係を取り扱う．それは，曲線の長さ，表面の面積，立体の体積を，見た目にも心を奪われる見事な透視図によって探っていく．著者らによって論じられている内容のほとんどは新たな結果であり，それ以外の内容も，並外れた洞察力と予期せぬ一般化を伴っている．

　説明は全体を通じて明解でかつ楽しく，動的な視覚的思考に重きが置かれている．通常は微積分を用いることで得られる帰結も，図を用いた独創的な論拠によって成し遂げられる．たとえば，サイクロイド，外転サイクロイド，内転サイクロイド，一般化されたルーレット，追跡曲線，楕円コンパスの軌跡と包絡線，円錐曲線[訳注 4]などについての驚くほど多様な結果が，視覚的に導き出されている．

　アルキメデスの精神を受け継いだ重心や積率などの構成および力学的解釈は，さらなる高み，そして高次元空間にまで広がっていく．微積分の問題として定式化するには適していないいくつかの結果が，見事な幾何学的手法により解かれている．一般的には微積分によって解かれる結果に，目を引く幾何学的な取り扱いが添えられているものも多い．たとえば，懸垂線の弧の長さはその弧の下側の面積に比例することに対して，マミコンの接線掃過定理と懸垂線の伸開線としての牽引曲線を組み合わせた素晴らしい「説明不要の証明」が与えられている．これらの見事な幾何学的表現を，微積分における解析的な表現と合わせると，『インドラの真珠』の引

[訳注 3] 邦訳は小森洋平訳（日本評論社，2013）による．
[訳注 4] 楕円コンパスの軌跡と包絡線および円錐曲線については，原著の第 6 章から第 9 章で論じられており，本邦訳には含まれていない．

用で述べられているように，数学には人類の探求の背後にある推進力として働く美的な一面もあることが明らかになる．それぞれの章の例題で補強された微積分の一般的な題材を見れば，読者の理解はさらに深まり，それらの題材のより深い意味を知ることができるだろう．読者は，芸術的衝動や直感が，法則性のある世界を探検し自分たちの発見をその世界の法則に適用する際に必要な科学的専門性と技術的熟練を身につける契機となり，それを下支えし，また刺激することに気づかされる．読者は，動きのない定式化された体系の先にある数学の目指すべき方向を知り，それが魅力的で動きのある多面的な素晴らしい美の構造であり，その要素は自然を具現化していることに気づくだろう．幾何学や微積分の講義では，生徒や教師のいずれをも楽しませ，刺激を与える補助的な教材として，本書を備えておくべきである．

カリフォルニア大学デービス校数学科 名誉教授

ドン・チャケリアン

目　次

序	iii
本書の発刊にあたって	v
推薦のことば	vii

第1章　マミコンの接線掃過定理　　1
- 1.1　はじめに 2
- 1.2　マミコンの定理誕生のきっかけ 3
- 1.3　球殻の断面への応用 7
- 1.4　平面曲線に対する定長の接線掃過および接線団 8
- 1.5　可変長の接線掃過と空間曲線 9
- 1.6　牽引曲線への適用 10
- 1.7　接線影を用いた平面曲線の接線の作図 10
- 1.8　指数曲線 12
- 1.9　双曲線が切り出す領域 13
- 1.10　放物線が切り出す領域 14
- 1.11　正実数のべき乗関数 15
- 1.12　一般の負のべき乗関数 17
- 1.13　負のべき乗関数に対する別のアプローチ 18
- 1.14　マミコンの定理の逆向きの適用 19
- 1.15　蝸牛線への応用 19
- 1.16　物理学への応用 22
- 付記 24

第2章　サイクロイドとトロコイド　　27
- 2.1　はじめに 28
- 2.2　サイクロイド冠の面積（補題2.1の証明） 29
- 2.3　サイクロイド扇の面積（定理2.1の証明） 30

x　目　次

2.4	外転（内転）サイクロイド冠と外転（内転）サイクロイド扇	32
2.5	サイクロイドの動径集合と縦線集合の面積	37
2.6	一般のトロコイド冠およびトロコイド扇の面積	40
2.7	定理 2.8 の応用	47
2.8	サイクロイドの面積に関する結果	53
2.9	外転サイクロイド冠および内転サイクロイド冠の面積	55
付記		56

第 3 章　サイクロゴンとトロコゴン　57

3.1	はじめに	58
3.2	サイクロゴン	58
3.3	正多角形が生成するサイクロゴンアーチの面積	60
3.4	トロコゴン：サイクロゴンの一般化	61
3.5	特別なトロコゴン	65
3.6	サイクロゴンアーチの弧長	69
3.7	外転サイクロゴンおよび内転サイクロゴンの弧長	72
3.8	いくつかの特別なトロコゴン	73
3.9	部分的なトロコゴン	74
3.10	インボリュートゴンの弧長と面積	76
3.11	自己サイクロゴンの面積と弧長	78
3.12	楕円的懸垂線，双曲的懸垂線，放物的懸垂線	79
3.13	垂足曲線とシュタイナーの定理	83
3.14	弧長および面積の簡約公式	85
付記		88

第 4 章　外接形と外接体　89

4.1	はじめに	90
4.2	外接形	91
4.3	外接環	93
4.4	外接領域の重心	95
4.5	外接環の重心	97
4.6	3 次元への拡張	99
4.7	よく知られた外接体の例	100
4.8	外接体の構成部品	101
4.9	定理 4.13 の応用	103
4.10	最適外接形と最適外接体	106
4.11	同じ内接球をもつ円錐と円柱の相貫体	108
4.12	外接体の重心	113
4.13	外接殻	115
4.14	外接殻の重心	117

	付記	117

第 5 章　切り欠きつき容器の方法　　　　　　　　119

I：アルキメデス球体

5.1	はじめに	120
5.2	球の体積	121
5.3	球殻の体積	122
5.4	アルキメデス球体の体積	123
5.5	アルキメデス殻の体積	125
5.6	アルキメデス球体の表面積	126
5.7	合同でない体積と表面積がともに等しい立体	129
5.8	正弦曲線の積分	129
5.9	重心への応用	130

II：アルキメデスドームの一般化

5.10	可約な立体	132
5.11	多角楕円ドームと多角楕円殻	133
5.12	一般の楕円ドーム	135
5.13	非均質楕円ドーム	138
5.14	体積と重心の公式	140
5.15	側面線が楕円形になる条件	145
	付記	147

第 6 章　新たなつり合い原理とその応用　　　　　　149

6.1	はじめに	150
6.2	平面上でつり合う正外接形	151
6.3	つり合い・回転体原理と外接体	154
6.4	積率・楔形原理と円柱から切り出された楔形	157
6.5	球面および円柱の一部分のつり合い	159
6.6	高次元のつり合い原理	163
6.7	n 次元球体と n 次元柱状体	165
6.8	n 次元へのさらなる拡張と応用	169
6.9	重心の公式	171
6.10	n 次元球体とその外接体	177
	付記	184

第 7 章　付　録　　　　　　　　　　　　　　　　　185

| 7.1 | 放物線が切り出す切片 | 186 |
| 7.2 | 高次のべき乗関数への一般化 | 187 |

7.3	微積分を用いた牽引曲線の扱い	187
7.4	不定積分の幾何学的導出	188
7.5	指数曲線と牽引曲線の驚くべき関係	190
7.6	一般の自転車の車輪の軌跡	191
7.7	牽引曲線の変種	191
7.8	断層撮影法に対する幾何学的アプローチ	193
7.9	マミコンの定理の証明	197
7.10	アルキメデスのてこの原理	199
7.11	距離の平方の和が一定の軌跡	200

付記 201

参考文献 202

訳者あとがき 204

索　引 206

著者について 211

第1章

マミコンの接線掃過定理

まず，この章で説明する方法を使って簡単に解ける問題を二つ紹介する．これらは簡単に理解できるものの，見た目以上に厄介な問題である．

読者は，この章を読む前に，これらの問題に挑戦してみてほしい．

自転車の前輪と後輪の間隔が3であり，それらの軌跡が次の図のようになったとする．(a)では，後輪の軌跡を直交座標系で表すと楕円 $x^2 + 16y^2 = 16$ となり，(b)では，前輪の軌跡が双曲線 $y^2 - 3x^2 = 3$ になる．それぞれの場合に，前輪の軌跡と後輪の軌跡に挟まれた網掛け部分の面積を求めよ．

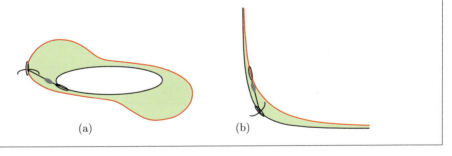

微積分のよくある問題の多くは，公式を使わなくても，画期的な視覚的方法を用いて簡単に解くことができる．この方法は，中高生でさえ簡単に理解できる直感的な幾何学的成果であるマミコンの接線掃過定理に基づいている．この章では，この接線掃過の方法を紹介し，それによって（微積分を使わず），さまざまな平面領域の面積が求められることを示す．そのような領域には，長円環，放物線や双曲線による切片，一般のべき乗関数，指数曲線，対数曲線，牽引曲線の下側の領域，自転車の前後輪の軌跡に挟まれた領域，蝸牛線に属する曲線やカルジオイドで囲まれた領域などがある．放物線や指数曲線の切片については，それらに対する接線影の幾何学的性質を用いる．それは，接線を作図するときにも使うことができる．

接線掃過の方法は，物理学への意外な応用もある．物理学への応用では，マミコンの接線掃過定理の簡単な帰結として，中心力場における角運動量保存の法則を示す．その後に続く章では，面積や弧長，そして立体の体積や表面積に関する3次元の問題に対しても，この方法を適用していく．

1.1　はじめに

微積分は，数多くの輝かしい応用がある見事に整備された学問領域である．微積分のよくある問題の多くが，その公式を使うことなく，画期的な視覚的方法によって簡単に解けると知ったら，この数学の重要な一分野に馴染みの深い人は誰もが驚くことだろう．まず，その一例を見てみよう．

問題 1. 図 1.1 の放物線で切り取られる切片の面積を求めよ．

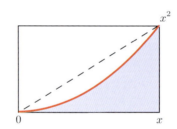

図 1.1　放物線で切り取られる切片．

図 1.1 において，放物線で切り取られる切片は，$y = x^2$ のグラフと x 軸の 0 から x までの区間で挟まれた網掛け部分である．2000 年も前にアルキメデスは，積分の基礎となる方法を用いて初めてこの面積を求めた．今日では，微積分を習いたての学生でも，この問題を解くことができる．x^2 の積分は $x^3/3$ だからである．1.10 節では，積分を使わずにこの問題を解く方法を紹介する．

問題 2. 指数曲線より下の領域の面積を求めよ．

指数曲線 $y = e^x$ のグラフを図 1.2 に示す．負の無限大から x の間で，この指数曲線と x 軸に挟まれた網掛け部分の面積を求めたい．積分を使えば，その答えは e^x であることがわかる．より一般的には，b を正定数として，曲線の式が $y = e^{x/b}$ であるならば，それを積分することで，求める領域の面積は $be^{x/b}$ になる．1.8 節では，積分を使わずにこの問題を解く方法を説明

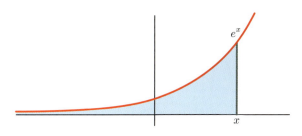

図 1.2 指数曲線より下の領域.

問題 3. サイクロイドの弧より下にある部分の領域の面積を求めよ.

サイクロイド（擺線^{はいせん}）は，直線に沿って円板が転がるとき，円板の周上に固定された点が描く軌跡である．たとえば，自転車の車輪の縁にライトを取り付けて水平な道をまっすぐ進むと，灯りはサイクロイドを描く．このとき，図 1.3 の網掛け部分の面積を求めたい．

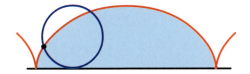

図 1.3 サイクロイドの弧の下側の領域.

この古典的問題を積分で解くことは，前の 2 問よりも難しい．まず，サイクロイドを表す式を求める必要があるが，それには多少頑張らなければならない．積分を使えば，この領域の面積は，転がる円板の面積のちょうど 3 倍であることがわかるが，第 2 章では，サイクロイドを表す式や微積分を使わずにこれを証明する．

これら三つの古典的問題が，どれも小中学生でさえ簡単に理解できる，幾何学的直感を用いた新しい方法によって解けるのである．この新しい方法では，曲線の式や積分を必要としない．さらに，微積分では解けないいくつかの問題を解くこともできる．

たとえば，図 1.4 に示すような自転車が走る際の前輪の軌跡の形を考える．このとき，後輪の軌跡は別の曲線になる．この二つの軌跡に挟まれた部分の面積はどうなるだろうか．微積分を用いてこれに答えるには，軌跡を式で表す必要がある．しかし，私たちの新しい視覚的方法を使えば，軌跡の形状がどのようなものであれ，その式を必要とせずに簡単に解くことができる．その解法を 1.4 節で説明する．

1.2　マミコンの定理誕生のきっかけ

素晴らしい発見がどれもそうであるように，マミコンの方法も単純なアイデアに基づいている．その方法は，半世紀前，若きマミコンが図 1.5 のような同心円で外側の円の弦が内側の円に接する古典的な幾何学問題を示したときに端を発する．

問題は，この弦の長さが a であるとき，同心円に挟まれた円環形の面積を求めよというものである．

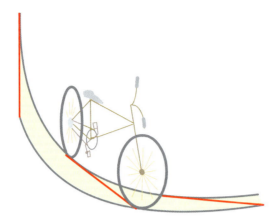

図 1.4 自転車の前後の車輪の軌跡に挟まれた領域.

図 1.5 同心円に挟まれた円環形.

この問題を解くためには，まず，図 1.6 を見てほしい．半径 r の内側の円の面積は πr^2 で，半径 R の外側の円の面積は πR^2 であるから，円環形の面積は $\pi R^2 - \pi r^2 = \pi(R^2 - r^2)$ になる．しかし，これらの円の半径と接線分は，直角を挟む 2 辺が r と $a/2$ で斜辺が R の直角三角形を形作る．したがって，三平方の定理によって $R^2 - r^2 = (a/2)^2$ となるので，円環形の面積は $\pi a^2/4$ である．この最終結果は a だけに依存し，二つの円の半径にはよらないのである．

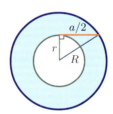

図 1.6 内側の円の半径が r で，外側の円の半径が R である円環形.

もし，答えが a だけに依存することがあらかじめわかっていたならば，別のやり方でそれを見つけることもできただろう．内側の円を 1 点に縮めると，円環形は半径 a の円板になり，その面積は $\pi a^2/4$ に等しい．マーチン・ガードナーが言うところの "Aha!"（閃き）の瞬間である．

マミコンは，答えが弦の長さだけに依存するかどうかをあらかじめ知る方法はないものかと考えた．そして，動的なやり方でこの問題に取り組む方法を見つけ出した．図 1.7（左）のように，弦の半分を内側の円に接する長さ L の接ベクトルと考えるのである．この接ベクトルを内側の円に沿って動かすと，その接ベクトルは同心円に挟まれた円環形を掃く．つまり，この円環形は純粋な回転によって掃かれるということである．

ここで，図 1.7（右）のように，それぞれの接ベクトルを，円との接点がある共通の点に移るように平行移動させる．すると，接ベクトルが内側の円に沿って 1 周するとき，平行移動した

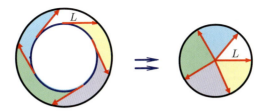

図 1.7 定長のベクトルで掃かれる円環形.

ベクトルはこの共通の点を中心として 1 周し，半径 L の円板を描き出す．つまり，すべての接ベクトルは，同じ点を始点にすると円板を掃くのである．そして，この円板の面積は，図 1.7 （左）の円環形の面積と等しい．

マミコンは，内側の円を任意の凸閉曲線に置き換えても，この動力学的な取り扱いがうまくいくことに気づいた．2 種類の楕円それぞれに同じ考え方を適用したものを図 1.8 に示す．定長の接線分がそれぞれの楕円のまわりを 1 周するとき，その接線分は一般には**長円環**と呼ばれる環状領域を掃く．

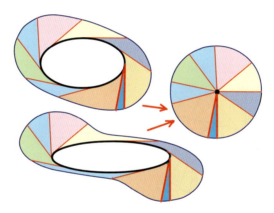

図 1.8 長円環を掃く楕円の接線分.

この場合も，それぞれの接線分と楕円との接点が共通の点に移るように接線分を平行移動させる．接線分が楕円のまわりを 1 周すると，平行移動した線分は，接線分の定長を半径とする円板を描き出す．したがって，長円環の面積は，この円板の面積に等しい．

三平方の定理では，この長円環の面積を求めることはできないだろう．内側の長円形が楕円ならば，微積分を使って長円環の面積を計算することができるだろう．（しかし，それも，そうたやすいことではない．）そして，そうやって計算したとしても，長円環の面積は接線分の長さだけに依存することがわかるだろう．

任意の単純凸閉曲線に対しても，同じことが成り立つだろうか．3 角形に対して同じことをしたものを図 1.9 に示す．接線分がそれぞれの辺に沿って移動する間は，その向きを変えないので，それが掃く面積は 0 である．

接線分が一つの辺から次の辺へと移るために頂点を通過するとき，接線分は扇形を掃く．そして，接線分が 3 角形のまわりを 1 周すると，三つの扇形を掃くことになり，それらを合わせると図 1.9（右）のような円板になる．任意の凸多角形についても同じことが成り立つ．6 角形の場合を図 1.10 に示す．

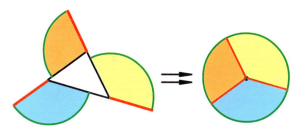

図 1.9 3角形のまわりを1周する定長の接線分.

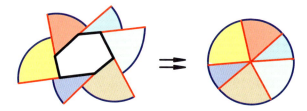

図 1.10 6角形のまわりを1周する定長の接線分.

与えられた長さをもつ接線分が凸多角形のまわりを1周するとき，その接線分が掃く領域の面積は，その長さを半径とする円板の面積に等しい．そして，図 1.11 の例からもわかるように，凸多角形の辺数を無限に増やした極限である任意の凸閉曲線についても，同じことが成り立つ．

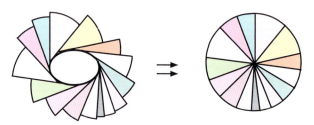

図 1.11 多くの辺をもつ多角形のまわりを1周する定長の接線分.

これをまとめると，次のように言うことができる．

長円環に対するマミコンの定理： 一方の端点が滑らかな平面閉曲線に接し，与えられた長さをもつ線分によって掃かれる長円環は，その閉曲線の大きさや形状にかかわらず，どれも面積が等しい．さらに，その面積は，接線分の長さ L だけに依存し，その接線分を一方の端点を中心にして1回転させて得られる半径 L の円板の面積 πL^2 に等しい．

三平方の定理への応用

マミコンの定理から三平方の定理の新しい証明を得る方法を，図 1.12 に示す．内側の曲線が半径 r の円ならば，外側の曲線もまた円（その半径を R としよう）となる．したがって，この長円環の面積は，二つの円の面積の差 $\pi R^2 - \pi r^2$ に等しい．ここで，接線分の定長を L とすると，マミコンの定理によって，この長円環の面積は πL^2 に等しい．この二つの面積が等しいことから，$R^2 - r^2 = L^2$ が得られる．これで，三平方の定理 $R^2 = r^2 + L^2$ を示すことができた．

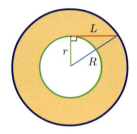

図 1.12 マミコンの定理から三平方の定理が得られる.

1.3 球殻の断面への応用

球殻とは，二つの同心球に挟まれた立体領域である．内側の球面と外側の球面の両方に交わる平面による球殻の断面は円環形になるが，その円環形の内周および外周の半径は，断面の切り出し方に依存する．円環形に対するマミコンの定理を用いると，印象的で意外な結果が得られる．

球殻の内側および外側の球面の両方に交わる平面で球殻を切って得られる円環形の面積は，その平面の位置や傾きによらず，一定になる．

証明： これまでの考察から，この円環形の面積は，外側の円周によって切り出される内側の円周の接線分の長さだけに依存することがわかる．この長さは，球殻の二つの球面と交わる平面がどのような位置および傾きだとしても，一定であることが簡単にわかる．

内側の円周の接線分は，球殻の外側の球面上の点から内側の球面への接線分でもあることがすぐにわかる（図 1.13 (a)）．球面の対称性から，平面が両方の球面と交わる限り，その平面の位置や傾きによらず，外側の球面から内側の球面への接線分の長さはすべて等しい（図 1.13 (b)）．

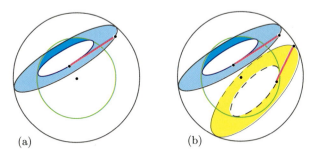

図 1.13 (a) 内側の円に対する接線は，内側の球面に対する接線でもある．(b) 接線分の長さは，球殻と交わる平面の位置や傾きによらず一定である．

この性質を両方の球面と交わる二つの平面で切り出される厚みの等しい断片に適用すると，そのような断片はどれも同じ体積をもつことがわかる．そして，この事実から，このような断片の表面積はどれも等しくなる．また，これは断層撮影法にも応用することができる．詳細については，第 5 章および第 7 章を参照されたい．

1.4 平面曲線に対する定長の接線掃過および接線団

マミコンの定理をさらに一般化したものを図 1.14 に示す．この図の左下にある，おおよそ滑らかな任意の曲線 τ を**接触曲線**と呼ぶ．定長の接線分全体の集合は，τ と接線分のもう一方の端点が描く曲線 σ（これを**終端曲線**と呼ぶ）で囲まれた領域を定める．この領域の正確な形状は，曲線 τ と τ から σ への接線分の長さに依存する．この領域を**接線掃過領域**と呼ぶことにする．

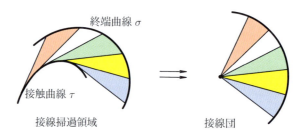

図 1.14　定長の接線掃過領域に対する接線団は扇形になる．

これまでと同じく，τ との接点が一つの点に移るようにそれぞれの接線分を平行移動させる．こうして移動された接線分の集合を**接線団**と呼ぶ．図 1.14 は，接線掃過領域（左）とそれに対する接線団（右）を示している．

接線分は定長なので，図 1.14 のように，その接線団はその定長を半径とする扇形になる．ところで，この接線分のもう一方の端点が一つの点に移るように平行移動させることもできる．その結果として得られる接線団は，もとの接線団と対称になる．それは，次のように述べることができる．

定長の接線分に対するマミコンの定理：接線掃過領域の面積は，もとの曲線の形状にかかわらず，接線団の面積に等しい．

これは，自転車の前輪がある曲線に沿って進むとき，（前輪から一定の距離にある）後輪は，図 1.15（左）のように別の曲線を描くという現実世界の例に適用できる．

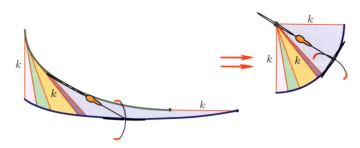

図 1.15　前後輪の軌跡に挟まれた領域の面積を求める．

図 1.15（右）に示す接線団からわかるように，接線掃過領域の面積は，自転車の前後輪間の長さと自転車の初期位置と最終位置の向きの変化だけに依存する扇形の面積に等しい．自転車の経路のいくつかの変形については，7.6 節を参照されたい．

1.5 可変長の接線掃過と空間曲線

より一般的な状況で同じように考えると，図 1.16 のようになる．今度は，接触曲線 τ から終端曲線 σ までの接線分の長さが一定でなくてもよい．この場合にも，接線分と接触曲線の接点を一つの点 F になるように平行移動させて，接線掃過領域（左図）および接線団（右図）を考えることができる．

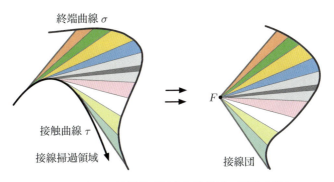

図 1.16 可変長の接線掃過領域と接線団の面積は等しい．

接線団の面積が接線掃過領域の面積に等しいというマミコンの定理は，この場合にも直感的に明らかであるように思える．それを確認するには，接線掃過領域から接線団への変換において，対応する面積の等しい微小三角形を考えればよい．

マミコンの定理のもっとも一般的な形式では，接触曲線は一つの平面上になくてもよい．図 1.17 に示すように，接触曲線は空間内の任意の滑らかな曲線でもよいし，接線分は可変長でもよい．

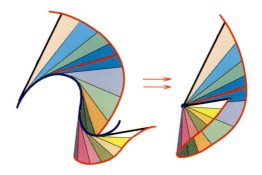

図 1.17 空間内の可変長の接線掃過領域と接線団．

接線掃過領域は，たるみなく平面上に広げることのできる可展面上にある．接線掃過領域の形状は，接線分の長さと向きが曲線に沿ってどのように変わるかに依存している．接線団は，接線分の接点が移される点を頂点とする錐面に含まれる．予想どおり，接線掃過領域の面積は，接線団の面積に等しい．

マミコンの定理の一般形： 空間曲線の接線掃過領域の面積は，錐面上にある接線団の面積に等しい．

幾何学的直感から思いついたこの定理は，7.9 節で微分幾何を用いて証明する．数多くの興

味深くそして意外な応用のあることが，この定理を重要たらしめている．

1.6 牽引曲線への適用

定長の接線分が掃く曲線の例として，長円環や自転車の車輪の軌跡があることは，すでに述べた．同じく定長の接線分の例として，ピンと張った紐で玩具を引っ張る子供が定められた直線上を歩くときの玩具の軌道である**牽引曲線**の例を，図 1.18 に示す．

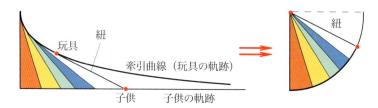

図 1.18 牽引曲線に対する接線掃過領域と接線団．

微積分を用いて牽引曲線と x 軸に挟まれた領域の面積を求めるには，まず牽引曲線の式を求めなければならない．これは，7.3 節で示すように，微分方程式を解かなければならないので，それなりに厄介な問題である．そして，牽引曲線の式が得られれば，それを積分して領域の面積を求めることができる．この手順によって，もちろん面積が得られるのだが，その計算は（7.3 節で示すように）かなり大変である．紐の長さを k とするとき，最終的な答えは $\pi k^2/4$ になる．この答えを微積分を使わずに求めるには，単に牽引曲線が「自転車の軌跡」の特別な場合だと気づくだけでよい．自転車の軌跡の接線団は，半径 k の扇形であった．したがって，この接線掃過領域の面積は，四半円板の面積，すなわち $\pi k^2/4$ である．

定長の接線分をもつこれらすべての例から，伝統的な微積分の式変形を使わずとも，接線掃過領域の面積は扇形の面積を使って表せることがわかる．

しかし，接線分の長さが可変の例に適用すると，さらに驚かされることになる．これらの例によって，マミコンの方法の真の実力があらわになる．これらの例に進む前に，脇に逸れて，曲線の接線を作図する単純な幾何学的方法を与える接線影について簡単に考察する．

1.7 接線影を用いた平面曲線の接線の作図

関数 f のグラフ上の点 $(x, f(x))$ における接線は，その点を通る傾き $f'(x)$ の直線である．手作業または計算機によってこの接線を作図するもっとも単純な方法は，接線上にあるとわかっている別の点と点 $(x, f(x))$ を結ぶことである．ある場合には，$f'(x)$ を明示的に計算することなく，このような点を求めることができる．

図 1.19 の 3 種類の指数曲線を例として，これを説明しよう．まず，左の $f(x) = e^x$ のグラフでは，点 $(x-1, 0)$ と (x, e^x) を結ぶ直線が接線になる．なぜなら，この直線の傾きは $f'(x) = e^x$ だからである．そして，中央のグラフでは $(x-1/2, 0)$ と (x, e^{2x}) を結ぶと，右のグラフでは $(x+1, 0)$ と (x, e^{-x}) を結ぶと接線になる．

一般の平面曲線 $y = f(x)$ では，$(x, f(x))$ を通る接線上にある x 軸上のちょうどよい点は $(x - s(x), 0)$ である．ここで，$s(x)$ は，微分 $f'(x)$ が 0 でないそれぞれの点 x において，次の

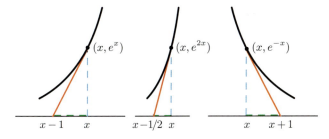

図 1.19 指数曲線の接線を作図する簡単な方法.

式で定義される**接線影**である.

$$s(x) = \frac{f(x)}{f'(x)} \tag{1.1}$$

図 1.20 において, $s(x)$ は高さ $f(x)$ で斜辺の傾きが $f'(x)$ である直角三角形の底辺になる. 式 (1.1) から, $f'(x) = f(x)/s(x)$ となるので, $s(x)$ がわかれば, f のグラフの任意の点の接線を単純な作図手順によって見つけられる. それには, 図 1.20 にあるように, まず, $(x, f(x))$ から x 軸上の点 $(x, 0)$ に垂線を引く. そして, x 軸上の点 $(x - s(x), 0)$ へと移動し, その点と $(x, f(x))$ を結ぶと, 求める接線が得られるのである.

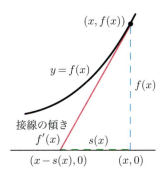

図 1.20 接線影の幾何学的意味. $(x, f(x))$ の接線は x 軸を $(x - s(x), 0)$ で横切る.

この作図方法は, 次の例のように $s(x)$ が単純な形をしている場合に, とくに便利である.

例 1 (定長の接線影). 指数曲線は, 1684 年にライプニッツが一定の接線影をもつ曲線をすべて見つけるという問題を提示したときに, 初めて導入された. この問題の解は指数曲線になる. とくに, 0 でない与えられた定数 b に対して, $s(x) = b$ となるのは, ある $K \neq 0$ を定数として $f(x) = Ke^{x/b}$ であるとき, そしてそのときに限る. 図 1.19 は, $b = 1, 1/2, -1$ の例を示している. ちなみに, 関数 f を 0 でない定数倍しても, その接線影は変化しない. なぜなら, f' も同じ定数倍になるので, 式 (1.1) により定数倍は相殺されるからである.

1.8 節では, マミコンの定理に指数曲線の接線影が一定という性質を合わせると, 図から任意の区間 $(-\infty, x]$ における $y = e^{x/b}$ のグラフと x 軸に挟まれた領域の面積が $be^{x/b}$ になることを示す. これは, 積分による結果と一致する.

例 2 (線形接線影). べき乗関数は線形の接線影をもつ. 実際, 0 でない定数 b に対して, $s(x) = bx$ となるのは, ある $K \neq 0$ を定数として, $f(x) = Kx^{1/b}$ のとき, そしてそのときに限る. 具体的には, 放物線 $f(x) = x^2$ の接線影は $s(x) = x/2$ であり, 双曲線 $f(x) = 1/x$ の接線影は

$s(x) = -x$ である. 図 1.21（左）は, 放物線 $f(x) = x^2$ の接線は, $(x/2, 0)$ と (x, x^2) を結ぶことで簡単に作図できることを示している. 図 1.21（右）は, 双曲線 $f(x) = 1/x$ の接線の作図法を示している. この場合は, $x - s(x) = 2x$ なので, 接線は $(2x, 0)$ と $(x, 1/x)$ を通る.

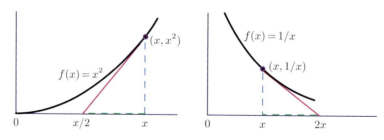

図 1.21 放物線 $f(x) = x^2$ および双曲線 $f(x) = 1/x$ の接線の簡単な作図法.

3 次曲線 $f(x) = x^3$ に対しては, $s(x) = x/3$ となるので, 図 1.22（左）のように, $(2x/3, 0)$ と (x, x^3) を結ぶと (x, x^3) における接線になる. 一般のべき乗関数 $f(x) = x^r$ では, $(x - x/r, 0)$ と (x, x^r) を結ぶと (x, x^r) における接線になる. $r = 1/2$ の場合の例を図 1.22（右）に示す.

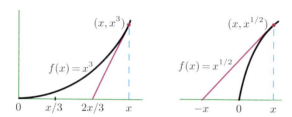

図 1.22 $f(x) = x^3$ および $f(x) = x^{1/2}$ の接線の簡単な作図法.

1.8 指数曲線

指数関数は, 数学のありとあらゆる応用分野に現れる. 人口増加問題, 放射性崩壊, 熱伝導をはじめとする, ある量の増加の割合がその現在量に比例するような物理的状況においても, 指数関数が現れる. これは, 幾何学的には, 指数曲線の各点での接線の傾きがその点での値に比例するということである.

指数曲線は接線影が一定である唯一の曲線だということはすでに述べた. この事実を利用すると, 積分を用いないで指数曲線より下にある領域の面積を求めるのに, マミコンの定理を使うことができる. どのようにすればよいかを, 図 1.23 に示す.

指数曲線 $y = e^{x/b}$ は定長 b の接線影をもち, 接点が x から負の無限大に向かって左に移動するときに x 軸によって切り取られる接線分によって, 問題の領域は掃過される.

図 1.23 には, それぞれの接線分の x 軸上の端点がどれも右側の直角三角形の底辺の頂点に移るように平行移動したものも示した. 接線影は一定なので, これによって得られる接線団は底辺 b, 高さ $e^{x/b}$ の直角三角形になる. つまり, この接線掃過領域の面積は, この直角三角形の面積に等しく, したがって, 区間 $(-\infty, x]$ における指数曲線と x 軸に挟まれた領域の面積は, この直角三角形の面積の 2 倍になる. これは, 底辺 b と高さ $e^{x/b}$ の積, すなわち $be^{x/b}$ である.

微積分を使えば

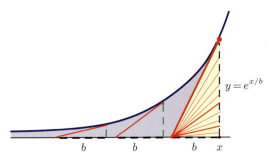

図 1.23 接線が掃過する指数曲線より下の領域.

$$\int_{-\infty}^{x} e^{t/b}\,dt = be^{x/b}$$

が得られるが，マミコンの定理を応用すれば，積分計算の形式的な式変形を必要としないのである．

1.9 双曲線が切り出す領域

指数曲線の接線影が一定であるという事実は，古典的な公式

$$\int_{1}^{x} \frac{1}{t}\,dt = \log x \tag{1.2}$$

が成り立つことを示すのにも利用できる．ここで，$\log x$ は，x の自然対数である．$x \geq 1$ ならば，この積分は，図 1.24 に示す，区間 $[1, x]$ における双曲線 $y = 1/x$ のグラフと x 軸に挟まれた領域の面積 $A(x)$ を表す．

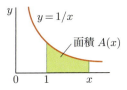

図 1.24 区間 $[1, x]$ における双曲線 $y = 1/x$ と x 軸に挟まれた領域の面積 $A(x)$.

いくつかの微積分の教科書では，式 (1.2) を対数関数の定義とし，指数関数は対数関数の逆関数と定義されている（[1] の 6.3 節および 6.12 節を参照）．これに対して，ここでは別の見方をしよう．一定長（長さ 1）の接線影をもち，$x = 0$ での値が 1 となる関数として指数関数を定義し，指数関数の逆関数として対数関数を定義する．ここで，図 1.24 の双曲線区間が切り出す領域の面積を表し，微積分を用いて記述すれば積分

$$A(x) = \int_{1}^{x} \frac{1}{t}\,dt \tag{1.3}$$

となる $A(x)$ が指数関数の逆関数，すなわち $A(x) = \log x$ となり，式 (1.2) が成り立つことを示す．

図 1.25 は，$A(1) = 0$ で $x \geq 1$ では増加関数となる面積関数 $y = A(x)$ のグラフの一般形を示している．式 (1.3) を微分すると $A'(x) = 1/x$，すなわち $xA'(x) = 1$ が得られる．ここで，$xA'(x)$ は A の逆関数の接線影を表していて，この接線影が一定であることから，その逆関数

が指数関数であることを幾何学的に示す．A の逆関数を B と表記すると，$x = B(y)$ のとき，そしてそのときに限り，$y = A(x)$ となる．すると，$B[A(x)] = x$ なので，これを微分すると $B'[A(x)]A'(x) = 1$ が得られる．したがって，

$$\frac{B[A(x)]}{B'[A(x)]} = \frac{x}{1/A'(x)} = xA'(x) = 1$$

となる．また，B に対する接線影関数 s は，式 (1.1) より

$$s(y) = \frac{B(y)}{B'(y)}$$

となり，$y = A(x)$ のとき，この方程式から $s(y) = 1$ がわかる．図 1.25 において，$y = A(x)$ のグラフの点 $(x, A(x))$ における接線は，y 軸から逆関数 B の接線影である長さ 1 の区間を切り出す．したがって，B は指数関数 $B(y) = e^y$ であり，その逆関数は対数関数 $A(x) = \log x$ である．これで，式 (1.2) が証明された．

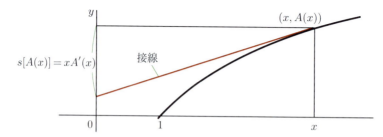

図 1.25 $y = A(x)$ における接線は，y 軸から長さ $xA'(x) = 1$ の切片を切り出す．

図 1.25 では，曲線 $y = \log x$ は面積 xy の長方形を二つの領域に分割している．上側の領域の面積は $e^y = x$ なので，下側の領域の面積は $xy - x$ となる．積分計算によって $\int_1^x \log t\, dt = x \log x - x$ となることを，ここでは幾何学的に導くことができた．

1.10 放物線が切り出す領域

次に，本章冒頭の問題 1 に取り組もう．図 1.26 (a) の網掛け部分で示した放物線が切り出す領域の面積を求める問題は，おそらく歴史上もっとも古い微積分の問題ではないだろうか．

この放物線が切り出す領域は，幅 x，高さ x^2 の長方形に含まれる．長方形の面積 R は x^3 であるが，この R の式は明示的には必要としない．図 1.26 (a) から，放物線が切り出す領域の面積は，長方形の面積の半分である $R/2$ 以下になる．アルキメデスは，この領域の面積が長方形の面積のちょうど 1/3 である $R/3$ になるという素晴らしい発見をした．ここでは，接線掃過領域を用いた幾何学的に単純なアプローチによって，これを示そう．

放物線の式は $y = x^2$ であるが，ここではこれを知らなくてもよい．図 1.26 (b) に示すように，放物線の接線影が $x/2$ であり，任意の点 x における接線による x 切片の長さが $x/2$ であるという事実だけを使う．図 1.26 (b) の接線掃過領域は，0 から x までの間の放物線の x 軸で切り出されたすべての接線を描いたものである．

ここで，接線掃過領域の別の性質を用いる．それは**拡大・縮小性**と呼ばれるもので，平面曲線に対しても空間曲線に対しても成り立つ．

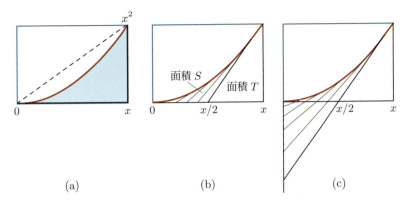

図 1.26 (a) 放物線が切り出す領域．(b) x 軸によって切り出される放物線の接線掃過領域．(c) (b) の接線分の長さを 2 倍にして得られる領域．

拡大・縮小性： 接線掃過領域のそれぞれの接線分をある正定数 t 倍（に拡大または縮小）すると，得られる接線掃過領域の面積は t^2 倍になる．

これが成り立つのは，拡大・縮小された接線掃過領域の接線団もまた半径方向に t 倍に拡大縮小された相似形になり，その面積は t^2 倍になるからである．

図 1.26 (b) では，放物線が切り出す領域は，接線掃過領域（この面積を S とする）と直角三角形（この面積を T とする）に二分されている．ここで，$S = T/3$ を示せば，放物線が切り出す領域の面積 $S + T$ は $4T/3$ に等しいことがわかる．そして，$4T = R$ であるから，放物線が切り出す領域の面積 $S + T$ は $R/3$ になる．

$S = T/3$ を示すために，図 1.26 (b) のそれぞれの接線分の長さを 2 倍にして y 軸に達するまで伸ばすと，図 1.26 (c) のようになる．この拡大された接線掃過領域の面積は $4S$ である．しかし，この拡大された接線掃過領域は，x 軸より上の面積 S の部分と，x 軸より下の面積 T の直角三角形からなる．したがって，$4S = S + T$，すなわち $S = T/3$ が示せた．これで，放物線が切り出す領域の面積は $R/3$ であることが証明された．

この単純な結果は，微積分を使えば

$$\int_0^x t^2 \, dt = \frac{x^3}{3}$$

という放物線の求積公式になる．これは，アルキメデスにより，取り尽くし法と呼ばれる幾何学的な極限操作を用いて初めて示された．取り尽くし法への関心は 16 世紀に復活し，この方法は徐々に積分法として知られる強力な学問へと変遷していった．そこでは，放物線の求積公式は単なる練習問題でしかない．

1.11 正実数のべき乗関数

今度は，任意の $r > 0$ について x^r で x^2 を置き換えてみる．$f(x) = x^r$ とすると，その接線影は x/r なので，任意の点 x における接線は，長さ x/r の切片を x 軸から切り出す．図 1.27 の例では $r = 3$ であり，点 x の接線は長さ $x/3$ の切片を切り出す．ここで，区間 $[0, x]$ における曲線 $y = x^3$ と x 軸に挟まれた領域の面積は，それを囲む長方形の面積の四半分となる $R/4$

であることを，接線掃過領域を用いて示す．

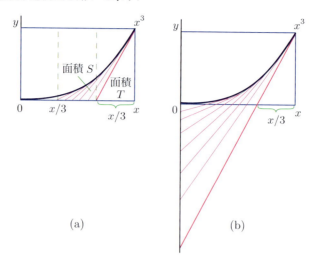

図 1.27 (a) 3 次曲線の下側にある領域は二つの部分に分かれる．(b) (a) の接線分を 3 倍に伸ばす．

図 1.27 (a) において，この領域は，（面積 S の）接線掃過領域と（面積 T の）直角三角形に分けられる．ここで，$S = T/2$ であることを証明しよう．

図 1.27 (a) におけるそれぞれの接線分を 3 倍にし，y 軸に達するまで伸ばすと，図 1.27 (b) のようになる．図 1.27 (b) において，拡大された接線掃過領域の面積は $9S$ になる．この接線掃過領域は，x 軸より上の面積 S の部分と x 軸より下の直角三角形に分けられる．この直角三角形の辺は図 1.27 (a) の直角三角形の辺の 2 倍であり，したがってその面積は $4T$ になる．それゆえ，$9S = S + 4T$，つまり $S = T/2$ が成り立つ．曲線 $y = x^3$ で切り出される領域の面積は $S + T = 3T/2 = 6T/4 = R/4$ となる．なぜなら，これを取り囲む長方形の面積 R は $6T$ に等しいからである．これで，この領域の面積は $R/4$ であることが示された．

一般のべき $r > 1$ に対しても，同じように考えることができる．一般の場合の領域は，x 軸によって切り出される面積 S の接線掃過領域と面積 T の正三角形に分割できる．それぞれの接線分を r 倍に拡大すると，y 軸によって切り出される面積 $r^2 S$ の拡大された接線掃過領域が得られる．この拡大された接線掃過の x 軸より上の部分の面積は S であり，x 軸より下の部分は面積 $(r-1)^2 T$ の直角三角形になる．したがって，$r^2 S = S + (r-1)^2 T$ が成り立つので，$S = (r-1)^2 T/(r^2 - 1) = (r-1)T/(r+1)$ となり，問題にしている領域の面積は $S + T = 2rT/(r+1)$ であることがわかる．しかし，これを取り囲む長方形の面積は $2rT = R$ なので，問題にしている領域の面積は $R/(r+1)$ になる．これは，微積分を用いた

$$\int_0^x t^r \, dt = \frac{x^{r+1}}{r+1}$$

と同じことである．この方法は $r = 1$ の場合にも使えて，その場合の面積は $x^2/2$ になる．この場合に問題にしている領域は，それを取り囲む長方形のちょうど半分の直角三角形である．（接線掃過領域の面積は $S = 0$ である．）

$0 < r < 1$ の場合には，凸関数ではなく凹関数のグラフになり，その接線掃過領域は曲線の下側ではなく上側にある．この場合にも成り立つように議論を修正することもできるが，$r < 1$

の場合の問題は簡単にべきが 1 よりも大きい場合に帰着できる．図 1.28 に示す $r = 1/2$ の場合の例を見れば，一般の場合にどうすればよいかがわかる．

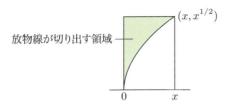

図 1.28 $r = 1/2$ の場合の面積は放物線が切り出す領域の面積から導くことができる．

長方形のうちグラフより上の部分は，放物線が切り出す領域に合同で，その面積は $R/3$ になる．したがって，グラフより下の部分の面積は $2R/3 = R/(1 + 1/2)$ である．（この方法は，微積分における部分積分に相当する．）

一般の $0 < r < 1$ の場合は，長方形のうち $y = x^r$ のグラフより上の部分は，べきが $1/r \geq 1$ の場合の領域と合同で，その面積は $R/(1 + 1/r)$ に等しい．したがって，グラフより下の部分の面積は $R - R/(1 + 1/r) = R/(r + 1)$ となり，$r > 1$ の場合と同じ公式でよいのである．

1.12 一般の負のべき乗関数

次に，$r > 1$ として，$y = x^{-r}$ のグラフを考える．そして，任意の $x > 0$ に対して，区間 $[x, \infty]$ におけるこの曲線と x 軸に挟まれた領域の面積を求めよう．微積分を用いると，この面積は

$$\int_x^\infty t^{-r}\, dt = \frac{x^{1-r}}{r-1} \tag{1.4}$$

になる．微積分を使わず幾何学的にこれを証明する．

一般の場合には，問題にしている領域は，図 1.29 (a) に示すように，面積 $T = x^{1-r}/(2r)$ の直角三角形と面積 S の接線掃過領域の二つの部分からなる．したがって，この領域の面積は $S + T$ になる．この領域は，幅 x で高さ x^{-r} の長方形と隣接している．この長方形の面積は $R = x^{1-r} = 2rT$ である．ここで，式 (1.4) と同じ結果である $S + T = R/(r - 1)$ を示す．ちなみに，この式は，S が無限大にはならないことを示している．

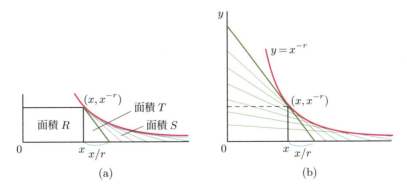

図 1.29 (a) 一般の場合の領域は，面積 S の接線掃過領域と面積 T の直角三角形に分けられる．(b) y 軸にまで伸ばした接線分による接線掃過領域の面積は $r^2 S$ になる．

図 1.29 (b) は，$t \geq x$ におけるそれぞれの接点 (t, t^{-r}) から y 軸にまで伸ばした接線分が掃く領域を示している．それぞれの接線分の長さは，図 1.29 (a) に示した同じ点における x 軸までの接線分の長さの r 倍になっている．したがって，図 1.29 (b) の接線掃過の面積は $r^2 S$ になる．この接線掃過領域は，面積 $(r+1)^2 T$ の直角三角形と，それに隣接する面積 S のもとの接線掃過領域からなる．したがって $r^2 S = (r+1)^2 T + S$ が成り立ち，ここから $S = (r+1)^2 T/(r^2-1) = (r+1)T/(r-1)$ が得られる．これで，求める式

$$S + T = \left(\frac{r+1}{r-1} + 1\right) T = \frac{2rT}{r-1} = \frac{R}{r-1}$$

が得られた．

1.13　負のべき乗関数に対する別のアプローチ

負のべき乗関数に対する別の幾何学的アプローチを図 1.30 に示す．これは，図 1.29 (a) の接線掃過領域に対して，それぞれの接線分をその接点が原点に移るように平行移動させて得られる接線団を示している．

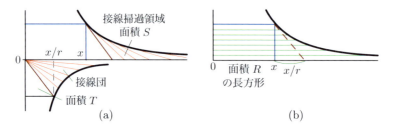

図 1.30　(a) 面積 T の長方形に隣接する図 1.29 (a) の接線掃過領域に対する接線団．(b) (a) の x 軸より下にある領域の鏡像を水平方向に r 倍する．

マミコンの定理を使うと，この接線団の面積は S になる．したがって，図 1.30 (a) のように，この接線団とそれに隣接する直角三角形を合わせた面積は $S + T$ である．次に，この接線団と直角三角形を合わせた領域を x 軸に関して裏返すと，面積 $S + T$ の合同な図形が得られる．この図形を，水平方向に r 倍に引き伸ばす．（これは，裏返しにした領域のそれぞれの点の x 座標を r 倍にするということである．）そうすると，図 1.30 (b) の横縞で示した面積 $r(S+T)$ の領域が得られる．この引き伸ばされた領域は，面積 R の長方形と図 1.30 (a) にある面積 $S + T$ のもとの領域からなる．したがって，$r(S+T) = R + (S+T)$ となるので，このやり方でも

$$S + T = \frac{R}{r-1}$$

が得られる．$0 < r < 1$ の場合，式 (1.4) の積分は発散するが，区間 $[0, x]$ における曲線 $y = x^{-r}$ と x 軸に挟まれた領域の面積は，次の式で与えられる．

$$\int_0^x t^{-r} \, dt = \frac{x^{1-r}}{1-r}$$

正のべき乗関数に対しても，この節のやり方が使える．

1.14 マミコンの定理の逆向きの適用

ここまでの例は，いずれも接線掃過領域の面積がそれに対する接線団の面積に等しいことを用いて，簡単にその面積を求めるものであった．しかし，接線掃過領域の面積が簡単に求められるならば，マミコンの定理を逆向きに使うことで接線団の面積がわかる．この節では，この考え方を利用して，積分公式

$$\int_0^x \tan^2\theta\,d\theta = \tan x - x \tag{1.5}$$

の幾何学的な証明を与える．

極座標形式の式 $r(\theta) = \tan\theta$ のグラフを図 1.31（左）に示す．ここで，θ は 0 から x までを動く．この網掛け部分の面積 $A(x)$ は

$$A(x) = \frac{1}{2}\int_0^x \tan^2\theta\,d\theta$$

で与えられる．ここで，$A(x) = (1/2)\tan x - (1/2)x$ を幾何学的に示す．

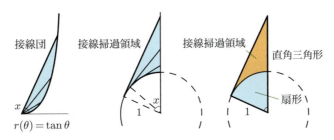

図 1.31 左の網掛け部分は，中央の接線掃過領域に対する接線団であり，それらの面積は等しい．この接線掃過領域の面積は，直角三角形の面積から扇形の面積を引いて得られる．

図 1.31（左）の領域は，図 1.31（中）に破線で示した単位円に対する接線掃過領域の接線団になる．ここで，単位円に対するそれぞれの接線分は，円の中心を通る鉛直線まで伸びている．

この円周上の点と円の中心を結ぶ半径と鉛直線がなす角度を θ とすると，その円周上の点における接線分の長さは $\tan\theta$ になる．すると，接線掃過領域の面積 $A(x)$ は，底辺の長さが 1 で高さが $\tan x$ の直角三角形の面積 $(1/2)\tan x$ から中心角 x の扇形の面積 $(1/2)x$ を引いたものに等しい．つまり，$A(x) = (1/2)\tan x - (1/2)x$ となり，両辺を 2 倍すると，式 (1.5) が得られる．

1.15 蝸牛線への応用

垂足曲線としての蝸牛線

滑らかな曲線 Γ と**垂足点**と呼ぶ点 P（Γ 上になくてもよい）が与えられたとき，Γ の任意の接線に対して P から下ろした垂線の足を F とする．このようなすべての接線に対する F が描く軌跡を，点 P に関する Γ の**垂足曲線**と呼ぶ．図 1.32 (a) のように Γ が円の場合には，その垂足曲線は**蝸牛線**（パスカルのリマソン）と呼ばれる．Γ が円でない場合の垂足曲線については，第 3 章で扱う．3.13 節では，蝸牛線を転跡線として記述する．

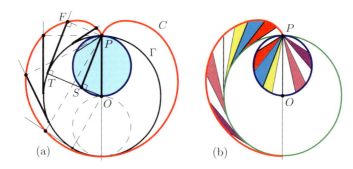

図 1.32 (a) 円 Γ 上の点 P に関する垂足曲線としてのカルジオイド．(b) 三日月形の接線掃過領域とその接線団である円板．三日月形と円板の面積は等しい．

垂足曲線の定義がマミコンの接線掃過定理を使うのに適していることを示すために，蝸牛線で囲まれた領域の面積を計算してみる．まずは，垂足点 P が Γ 上にある場合から始める．

蝸牛線が囲む領域の面積

図 1.32 (a) のように，垂足点 P が円周上にある場合は，その蝸牛線はカルジオイド（心臓形）C になる．（カルジオイドは，2.4 節で述べるように外転サイクロイド（外擺線）として定義することもできる．）図 1.32 (a) のカルジオイド C は円 Γ を囲み，Γ と C に挟まれた領域は二つの合同な三日月形になる．それぞれの三日月形は Γ から C への接線掃過領域である．Γ 上の点 T から C 上の点 F までの接線分は，直径 OP の小さな円の弦 PS と平行で，長さも等しい．なぜなら，$PFTS$ は長方形だからである．（半円に内接する角 PSO は直角になる．）したがって，それぞれの三日月形の接線団は，OP を直径とする円 D であり（図 1.32 (b)），その面積を $[D]$ で表す．すると，三日月形の面積は $[D]$ になる．Γ を境界とする円板の直径は $2OP$ なので，その面積は $4[D]$ である．つまり，カルジオイド C で囲まれた領域の面積は $6[D]$ になる．

一般の蝸牛線で囲まれた領域の面積

今度は，図 1.33 (b) のように，円 Γ とその内側にある垂足点 P が与えられた場合を考える．この場合には，OP の距離によって変化する一連の蝸牛線 C が生み出される．このときも，それぞれの三日月形は Γ から C への接線掃過領域であり，その接線団は図 1.33 (b) に示した OP を直径とする円板になる．したがって，それぞれの三日月形の面積は，OP を直径とする円板 D の面積 $[D]$ に等しい．そして，C に囲まれた領域の面積は，$2[D]$ に円板 Γ の面積を加えたものになる．Γ の直径を d とすると，その面積 $[\Gamma]$ は $\lambda^2[D]$ となる．ここで，λ は二つの円の直径の比，すなわち $\lambda = d/OP$ とする．

図 1.34 のように垂足点 P が Γ の外側にある場合は，図 1.34 (a) のように C はループを含み，二つの三日月形は重なり合う．驚くべきことに，それぞれの三日月形の面積は，P が Γ の上や内側にある場合と同じく，OP を直径とする円板の面積 $[D]$ に等しい．

その理由は，次のとおりである．まず，図 1.34 (b) において，一方の三日月形における Γ から C への接線掃過領域で，重なりを生じるループの部分を調べる．それに対する接線団は，OP を直径とする円板において，P から Γ への接線を弦とする弓形になる．

次に，（Γ から C への）接線掃過領域で三日月形の重なり合わない部分の一部を，図 1.35 (a)

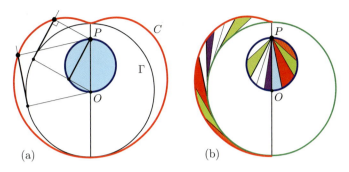

図1.33 (a) 内部にある垂足点 P に関する円 Γ の垂足曲線 C. (b) 三日月形の接線掃過領域とその接線団となる円板.

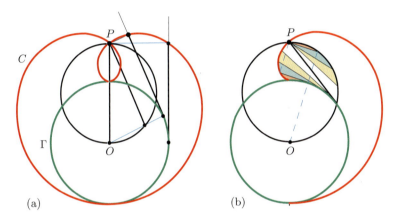

図1.34 (a) 外部の点 P に関する Γ の垂足曲線 C は，P を通るループをもつ．(b) 一方の三日月形における Γ から C への接線掃過領域に対する接線団は，OP を直径とする円の弓形になる．

に示す．これは P から Γ への接線から始まり，OP に平行な接線で終わる．これに対する接線団は，OP を直径とする円板の P から Γ への接線と OP に挟まれた部分になる．

そして最後に，図 1.35 (b) に示すように，Γ から C への接線掃過領域の残りの部分は，OP を直径とする円板の左半分を接線団とする．結果として，一つの三日月形の面積は，$[D]$ に等しいことになる．

こうして，P が円 Γ の周上，内側，外側のいずれにある場合も，

それぞれの三日月形の面積は，OP を直径とする円板の面積 $[D]$ に等しい．

この結果は，私たちが知る限り，ここで初めて示されたものである．

　P が Γ の外側にある場合，蝸牛線 C 全体が囲む領域の面積は，重なり合う二つの三日月形の面積の和 $2[D]$ から重なり合う領域 L の面積 $[L]$ を引き，円板 Γ の面積 $[\Gamma]$ を加えたものである．接線掃過の手法を用いて面積 $[L]$ を求める際は，対称性を考慮して，図 1.34 (b) での Γ から C への接線掃過領域のうち，直径 OP より左にある部分の 2 倍が $[L]$ になることに注意しよう．この接線掃過領域の直径 OP よりも右にある部分は，図 1.31 の接線掃過領域と完全に同じ形をしているので，その面積は OP を斜辺とする直角三角形の面積から円板 Γ の扇形の面積を引いたものになる．

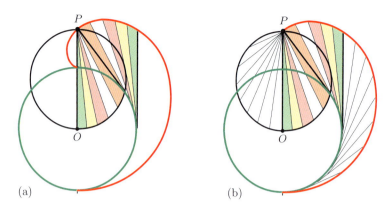

図 1.35 (a) P を通る接線から OP に平行な接線までの Γ から C への接線掃過領域と,それに対する接線団.(b) Γ から C への接線掃過領域の残りの部分に対する接線団は,OP を半径とする半円になる.

P が円 Γ の周上,内側,外側それぞれにある場合の接線掃過が行われる過程は,ウェブサイト

$$\text{http://www.its.caltech.edu/~mamikon/calculus.html}$$

で動画を見ることができる.P が円周上の場合は "CardioSwp" を,円の内側の場合は "PodInArea" を,円の外側の場合は "PoderOutSwp" をクリックする.

1.16 物理学への応用

中心力場においては角運動量が保存されるという物理学の基本法則がある.これを数学的に記述し,マミコンの接線掃過定理の帰結としてこれが得られることを示す.

物理学の予備知識

移動する質点の位置が,ある定点 O を起点とする**動径ベクトル** r によって与えられているとする.ここでは,r を,ベクトルを値とする時刻 t の関数と考える.質点の運動に伴い,r の終点はある軌跡を描く.そして,その長さ $|r|$ は,時刻 t における O から質点までの距離を表す.質点の速度 ν を,r を時刻で微分した $\nu = dr/dt$ と定義し,加速度ベクトル a を,ν を時刻で微分した $a = d\nu/dt$ と定義する.速度ベクトルは,常に移動する質点の経路に対する接線になり,運動の方向を向いている.そして,その長さ $|\nu|$ は,質点の速さを表している.r の自由端の描く軌跡を**接触曲線**といい,τ と表記する.質点の質量を m とすると,ベクトル $m\nu$ を質点の**運動量**といい,交叉積 $r \times m\nu$ を**角運動量**という.

二つのベクトル r と ν の**交叉積**(クロス乗積)[訳注 1] $r \times \nu$ は,r と ν が張る平面に垂直で,その長さは $|r||\nu|$ に r と ν がなす角度の正弦 ($\sin$) を掛けたものである.とくに,平行な二つのベクトルの交叉積は零ベクトル $\mathbf{0}$ になる.r と ν を図 1.36 のように配置すると,これらを 2 辺とする平行四辺形の大きさと位置は,質点の運動に伴って変化する.ν の終点が描く曲線を σ と表記する.時刻 t において,平行四辺形の O の対角となる頂点は曲線 σ 上にあり,平行四辺形の面積 $A(t)$ は

[訳注 1] 3 次元の場合は外積に一致する.

$$A(t) = |\boldsymbol{r} \times \boldsymbol{\nu}| \tag{1.6}$$

で与えられる．スカラー量 $mA(t)$ は，時刻 t における角運動量ベクトルの長さになる．

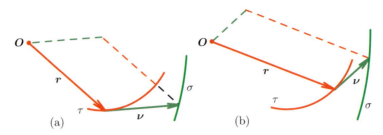

図 1.36　二つのベクトル $\boldsymbol{r}$ と $\boldsymbol{\nu}$ を 2 辺とする平行四辺形の時刻による変化．

動径加速度を伴う運動

加速度ベクトル $\boldsymbol{a}$ が常に動径ベクトル $\boldsymbol{r}$ と平行になるならば，この運動は**動径加速度**をもつという．質点に働く力 $\boldsymbol{F}$ によって運動が生じる場合は，ニュートンの運動の第2法則によると $\boldsymbol{F} = m\boldsymbol{a}$ であり，したがって，加速度ベクトルは常に力ベクトルと平行になる．**中心力場**は，$\boldsymbol{F}$ が常に動径ベクトルに平行となる力場であり，それゆえ動径加速度が生じる．

中心力場では，式 (1.6) の平行四辺形の面積 $A(t)$ が（時刻 t によらず）一定になることをたやすく示せる．なぜなら，式 (1.6) に現れる交叉積を微分すると零ベクトルになるからである．実際，$\boldsymbol{r} \times \boldsymbol{a}$ および $\boldsymbol{\nu} \times \boldsymbol{\nu}$ は，どちらも平行なベクトルの交叉積であり，零ベクトルになるので，

$$\frac{d}{dt}(\boldsymbol{r} \times \boldsymbol{\nu}) = \boldsymbol{r} \times \frac{d\boldsymbol{\nu}}{dt} + \frac{d\boldsymbol{r}}{dt} \times \boldsymbol{\nu} = \boldsymbol{r} \times \boldsymbol{a} + \boldsymbol{\nu} \times \boldsymbol{\nu} = \boldsymbol{0}$$

が成り立つ．したがって，$\boldsymbol{r} \times \boldsymbol{\nu}$ は定数ベクトルであり，その長さ $A(t)$ も定数になる．

中心力場における角運動量保存則の幾何学的導出

図 1.37 (a) に，速度ベクトル $\boldsymbol{\nu}$ による接線掃過領域と，$\boldsymbol{\nu}$ のそれぞれの接点を $\boldsymbol{O}$ に移すことで得られる接線団を示す．

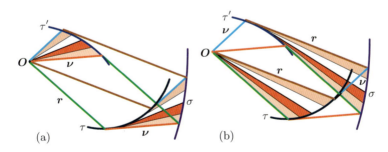

図 1.37　(a) 速度ベクトルの接線掃過領域は，その接線団と等しい面積をもつ．(b) 中心力場では，曲線 σ で切り取られるホドグラフの接線が掃過する領域の面積は，$\boldsymbol{O}$ から τ への動径ベクトルが掃く接線団の面積に等しい．

ここで，マミコンの定理を用いると，この接線掃過領域の面積は接線団の面積に等しい．平行移動された速度ベクトルの終点が描く軌跡が，ハミルトンによって**ホドグラフ**（速度図）と名づけられた [19]．ハミルトンは，ホドグラフを用いて，惑星が太陽のまわりの楕円軌道を動

くという事実から，重力の法則を導き出した．ホドグラフは，図 1.37 (a) において τ' と表記されている．ハミルトンは，接線団の面積を使わなかったので，中心力場における角運動量保存の法則を単純な幾何学的考察によって導き出す機会を逸したが，いまや私たちがこれをやってのけた．

ここで，マミコンの接線掃過定理を 2 回適用して $A(t)$ が一定であることを示そう．この証明は，ラング・ウィザーズが教えてくれたものである [28]．τ' に対する接線を σ によって切り取った接線掃過領域を図 1.37 (b) に示した．加速度が動径方向であることから，τ' に対する接線分のそれぞれの接点が O に移るように平行移動して得られる接線団は，O から τ への動径ベクトルが掃く領域になる．そして，その領域の面積は，ホドグラフから σ への接線掃過領域の面積に等しい．

このことから，r と ν によって作られる平行四辺形の面積は，質点の運動によって変化しないことがすぐにわかる．図 1.38 は，図 1.37 の色つきの領域を並べ替えたものである．図 1.38 (a) の色つきの二つの領域の面積の和は，図 1.38 (b) の色つきの二つの領域の面積の和に等しい．したがって，図 1.38 (a) と図 1.38 (b) の平行四辺形の面積が等しいことは明らかである．

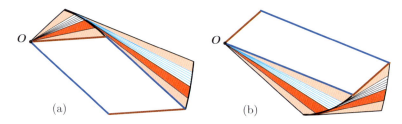

図 1.38 (a) 図全体の面積は平行四辺形の面積と色つきの二つの領域の面積の和である．(b) 同じ図が別の平行四辺形の面積と色つきの二つの領域の面積の和になることから，二つの平行四辺形の面積は等しい．

付記

この章の大部分は，トム・M・アポストルのカリフォルニア工科大学在籍 50 年を讃える学術会議において，彼が 2000 年 10 月 4 日に行った講義 [3] に基づく．マミコンの方法に関連する接線影の利用は，文献 [5], [7] で発表された．

この章では，マミコンの方法によって扱うことができるさまざまな話題を紹介した．次のウェブサイトでは，これらを動画で見ることができる．

  http://www.its.caltech.edu/~mamikon/calculus.html

動画は，接線掃過領域がどのようにして生成され，接線分がどのようにして接線団に変換されるかを，動きの中で見せてくれる．また，多くの古典的な曲線が直感的な幾何学・力学的性質から自然に生成されうることも示してくれる．

このあとの章では，この章で扱わなかったさまざまな平面曲線にマミコンの方法を適用する．そのような曲線の一例として，サイクロイド（擺線），外転サイクロイド（外擺線），内転サイクロイド（内擺線），螺旋，追跡曲線などがある．また，第 3 章では，弧長に対してマミコンの

方法を適用する．

マミコンの方法は，立体の体積や表面積を求めるときにも使うことができる．第5章では，球面，球殻，そしてアルキメデスドームやアルキメデス殻と呼ばれる一般化を扱う．第7章では，断層撮影法への応用を示す．

最後に，微積分の奥深さについて一言述べておく．微積分の発明者であるニュートンとライプニッツは，そのほかの大勢の先駆者たちの成果を統合し，微分の作用と積分の作用を結びつけた．微分と積分の結びつきはマミコンの方法にも内在する．それは，動いている接線分と接線掃過の領域を結びつけているのである．

第2章

サイクロイドとトロコイド

　この章で説明する方法を使うと，次の問題を簡単に解くことができる．読者は，この章を読む前に，これらの問題に挑戦してみるのもよいだろう．

　水平線に沿って円板が転がるとき，その円周上にある動点 P は，以下の図 (a) および図 (b) に示すようなサイクロイド（擺線）を描く．図 (a) では，円板が水平線上を点 O から点 C まで動く間に，この動点は点 O から P まで動いている．

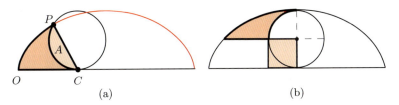

(a)　　　　　　　　　　　(b)

　PC を弦とする弓形の面積を A とする．このとき，サイクロイドの弧 OP，円弧 PC，および水平線分 OC で囲まれた牙状の領域 OPC の面積が $2A$ であることを示せ．
　また，図 (b) において，曲線と直線で囲まれた濃い網掛け部分の面積は，その斜め下にある正方形の面積に等しいことを示せ．

円板が直線に沿って転がると，その周上にある点はサイクロイド（擺線）を描く．サイクロイドを取り囲む長方形は，サイクロイドによって，その下側のサイクロイドアーチ（サイクロイド栱）と上側のサイクロイド冠に分けられる．サイクロイドアーチの面積は円板の面積の3倍であり，サイクロイド冠の面積は円板の面積に等しい．

このよく知られた性質に関して，この章ではさらに深い知見が得られる．マミコンの接線掃過定理を適用することで，円板が回転しているどの時点でも，この3：1の比が保たれるのである．円板の接点から引いたサイクロイドの法線分が掃く扇形の面積は，その法線分が転がる円板から切り出す弓形の面積の3倍に等しい．この驚くべき結果は，半径 r の円板が半径 R の固定円に沿ってその外側（または内側）を転がるときに得られる外転サイクロイド（外擺線）（および内転サイクロイド（内擺線））にも拡張できる．外転サイクロイドの場合は，この3という係数が $3 + 2r/R$ になり，内転サイクロイドの場合は $3 - 2r/R$ になる．

このことから，さまざまな興味深い結論が得られる．たとえば，サイクロイド，外転サイクロイド，内転サイクロイドのいずれであっても，その全体アーチの面積は，全体冠の面積に，転がる円板の面積の2倍を加えたものに等しい．また，別の応用として，（積分を用いることなしに）サイクロイドの動径と縦線集合の面積を求めるための，幾何学的に明解で簡潔な公式も得られる．

これらの結果は，より一般の滑らかな底線に沿って転がる円板におけるトロコイドにも拡張することができる．

2.1 はじめに

ルーレットと言うと，普通の人は，賭け事か，切手の目打ちのような小さなギザギザのついた回転円板を思い浮かべるだろう．幾何学においては，**ルーレット（転跡線）**は，固定された底線に沿って滑ることなく転がる平面曲線に固定された点の軌跡である．数多くの古典的な曲線が転跡線として生成される．その曲線の例には，サイクロイド（擺線），カルジオイド（心臓形），牽引曲線，懸垂線，放物線，そして楕円など，枚挙にいとまがない．転がる曲線が円の場合には，転跡線は（ギリシア語の車輪を意味する $\tau\rho o \chi o s$ に由来して）**トロコイド（余擺線）**と呼ばれる．サイクロイドやカルジオイドも，トロコイドの一種である．

サイクロイドは，直線を底線とし，それに沿って滑らずに転がる円板の周上の点が描く軌跡である．円板がちょうど1回転したときに得られる図2.1の左辺の網掛け部分を，**サイクロイドアーチ**という．サイクロイドアーチの面積は，転がる円板の面積の3倍に等しいことが知られている．私たちの解析によれば，この3という係数は，サイクロイド扇の非常に深い性質を反映したものである．

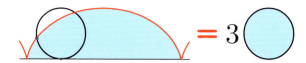

図 2.1 サイクロイドアーチの面積は，転がる円板の面積の3倍に等しい．

円板が転がる間のいくつかの時点における，弧 OP および2本の線分 OC と PC に囲まれた**サイクロイド扇** OPC を図2.2に示す．どの時点においても，次の定理が成り立つ．

定理 2.1. サイクロイド扇 OCP の面積は，それと重なり合う，転がる円板から弦 CP が切り出す弓形の面積の 3 倍に等しい.

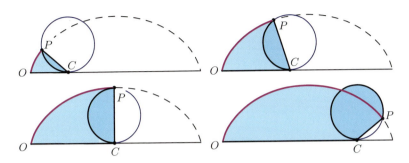

図 2.2 それぞれのサイクロイド扇 OPC の面積は，転がる円板から弦 PC が切り出す弓形の面積の 3 倍に等しい．ただし，C はこの円板と底線の接点である．

この驚くべき幾何学的性質は，図 2.3 に図示する面積の見事な関係から簡単に導くことができる．転がる円板は，サイクロイドを取り囲む長方形の上辺および下辺に接するので，それぞれの接点を T および C とする．直径 TC は，転がる円板を二つの半円に分ける．その半円の一方は，図に示すように点 P でサイクロイドと交わる．図 2.3 において，転がる円板の半円 PCT から P と T を結ぶ線分が切り出す部分を**楔形**と呼ぶことにする．そして，サイクロイドの弧 PO および線分 OD, DT, TP で囲まれた領域 $PODT$ を**サイクロイド冠**という．定理 2.1 において鍵となるのは，次の驚くべき関係である．

補題 2.1. サイクロイド冠 $PODT$ の面積は，転がる円板内の楔形 PCT の面積に等しい.

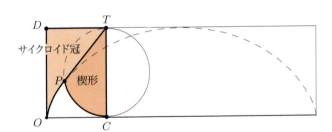

図 2.3 サイクロイド冠 $PODT$ の面積は，楔形 PCT の面積に等しい.

2.4 節では，前述の面積の関係を外転サイクロイドおよび内転サイクロイドに拡張し，2.6 節では，一般のトロコイドにまで拡張する．

2.2 サイクロイド冠の面積（補題 2.1 の証明）

マミコンの接線掃過定理から補題 2.1 を導く．接線掃過領域の面積はそれに対応する接線団の面積に等しいというのが，接線掃過定理である．まず，それぞれの弦 PT は，点 P においてサイクロイドに接していることを示す．このことから，円板が転がって図 2.4 に示した位置になったときには，サイクロイドからそれを取り囲む長方形の上辺への接線分は，OD から出発してサイクロイド冠 $PODT$ を掃過することがわかる．

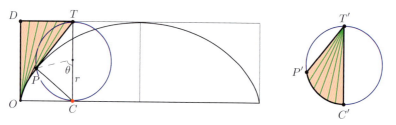

図 2.4 サイクロイド冠，接線掃過領域，接線団 $T'C'P'$ の面積は等しい．

瞬間回転原理

　三角形 TPC は，直径 TC の半円に内接し，したがって，直角三角形であることに注意すると，点 P において PT がサイクロイドに接していることがわかる．円板は水平線に沿って滑ることなく転がるのだから，その瞬間には円板と水平線の接点 C は静止しており，P は C を中心，PC を半径として回転している．これを**瞬間回転原理**と呼ぶ．平面曲線 Γ に沿って滑ることなく転がる凸閉曲線に囲まれた平板の例を，図 2.5 に示す．

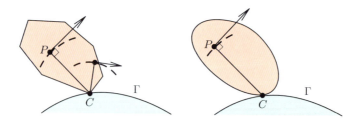

図 2.5 瞬間回転原理の説明．瞬間的に点 C のまわりを点 P は回転しているので，PC は P の軌跡の法線になる．

　Γ との接点 C と平板の任意の点 P を結ぶ線分は，P の軌跡に垂直になる．言い換えれば，（図 2.5 に矢印で示した）P を通り PC に垂直な直線は，P の軌跡に接する．この原理は，一つの頂点を中心として回転する多角形については成り立つことがすぐにわかるが，より一般的には，多角形の極限となるどのような曲線についても成り立つのである．

　この瞬間回転原理を，図 2.4 のサイクロイドを生じさせる円板に適用する．角 TPC は直角であるから，弦 PT は法線 PC に垂直であり，したがってサイクロイドに接している．これで，サイクロイド冠が接線掃過領域であることが示された．これに対応する接線団 $T'C'P'$ を形作るためには，それぞれの弦 PT を，その端点 T がすべて図 2.4（右）の点 T' になるように平行移動させる．すると，もう一方の端点 P は，$P'T'$ が PT と平行でかつ長さが等しくなる点 P' に移される．明らかに，線分 $P'T'$ は，回転する円板と合同な円板の弦である．ここで，マミコンの定理を使うと，接線掃過領域 $PODT$ の面積は，接線団 $T'C'P'$ の面積に等しい．この接線団は，図 2.3 の転がる円板内の楔形 PCT に合同であるから，補題 2.1 が証明された．

2.3　サイクロイド扇の面積（定理 2.1 の証明）

　この章では，角括弧を用いて領域の面積を表す．したがって，図 2.6 は次のような表記になる．

　　[Sector] = 図 2.2 および図 2.6 (b) のサイクロイド扇 OPC の面積

[Tusk] = サイクロイドの下側にあり，円板の外側にある牙状の領域 OPC（図 2.6 (a) の白抜き部分）の面積

[Wedge] = 円板内の楔形 PCT（図 2.6 (a) の濃い網掛け部分）の面積

[Segm] = PC が円板から切り出す弓形（図 2.6 (b) の濃い網掛け部分）の面積

[Tri] = 図 2.6 (b) の直角三角形 TPC の面積

[Rect] = 長方形 $ODTC$ の面積

これらの表記を用いると，定理 2.1 は，

$$[\text{Sector}] = 3[\text{Segm}] \tag{2.1}$$

と書き表すことができる．

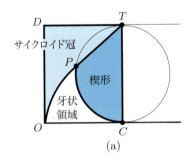 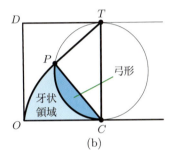

図 2.6 (a) 長方形 $ODTC$ は，サイクロイド冠，楔形，牙状領域から構成される．(b) サイクロイド扇 POC は，牙状領域と弓形の和になる．

これを証明するにあたって，まず，図 2.6 (b) から [Sector] = [Segm] + [Tusk] であることがわかるので，式 (2.1) は

$$[\text{Tusk}] = 2[\text{Segm}]$$

と同値である．ここで，補題 2.1 によって，$PODT$ の面積は [Wedge] に等しい．そして，図 2.6 (a) から

$$[\text{Tusk}] = [\text{Rect}] - 2[\text{Wedge}] = [\text{Rect}] - 2[\text{Segm}] - 2[\text{Tri}] \tag{2.2}$$

となる．ここでは次の関係式を用いた．

$$[\text{Wedge}] = [\text{Segm}] + [\text{Tri}] \tag{2.3}$$

図 2.4 において，OD の長さは $2r$ で，OC の長さは円弧 CP の長さ $r\theta$ に等しいので，

$$[\text{Rect}] = (2r)(r\theta) = 4\left(\frac{1}{2}r^2\theta\right) \tag{2.4}$$

が成り立つ．図 2.4 から，円板の中心角が θ である扇形の面積は $(1/2)r^2\theta$ であり，それはまた [Segm] + 1/2[Tri] に等しいことがわかる．したがって，式 (2.4) から

$$[\text{Rect}] = 4[\text{Segm}] + 2[\text{Tri}] \tag{2.5}$$

が得られる．これを式 (2.2) の右辺に代入すると，[Tusk] = 2[Segm] が得られて，定理 2.1 が証明された．

こうして，サイクロイド扇の面積は転がる円板の面積の3倍に等しい．弓形の面積は，図2.4において，中心角 θ の扇形の面積から PC を底辺とする二等辺三角形の面積を引くことで得られる簡単な式

$$[\text{Segm}] = \frac{r^2}{2}(\theta - \sin\theta) \tag{2.6}$$

になる．

瞬間回転原理で考察したように，サイクロイド扇 POC の辺 PC はサイクロイドに垂直であるから，POC はサイクロイドの法線分によって掃かれることがわかる．

2.4 外転（内転）サイクロイド冠と外転（内転）サイクロイド扇

今度は，固定された直線に沿ってではなく，固定された円の周囲に沿って円板を転がす．すると，転がる円板の周上の点は，サイクロイドを一般化した形状を描く．この形状は，図2.7 (a), (b) のように，円と円板の中心がそれらに共通の接線の同じ側にあって，円板が円の内側を転がる場合は**内転サイクロイド**（内擺線）と呼ばれ，図2.7 (c), (d) のように，円と円板の中心がそれらに共通の接線の反対側にあって，円板が円の外側を転がる場合は**外転サイクロイド**(外擺線) と呼ばれる．これらの形状は，固定された円の半径 R と転がる円板の半径 r の比に依存する．

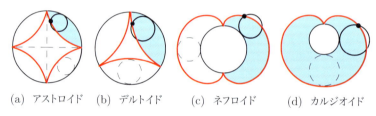

(a) アストロイド　(b) デルトイド　(c) ネフロイド　(d) カルジオイド

図 2.7 (a), (b) 内転サイクロイドの例．(c), (d) 外転サイクロイドの例．

図2.7 (a) は $r = R/4$ の場合で，この内転サイクロイドは**アストロイド**（四尖点形）と呼ばれる．図2.7 (b) は $r = R/3$ の場合で，この内転サイクロイドは**デルトイド**（三尖点形）と呼ばれる．図2.7 (c) の外転サイクロイド（$r = R/2$）は**ネフロイド**（腎臓形），図2.7 (d) の外転サイクロイド（$r = R$）は**カルジオイド**（心臓形）と呼ばれる．

図2.1 のサイクロイドは，$R \to \infty$ としたときの極限の場合である．

定理 2.1 の外転および内転サイクロイドへの拡張

ここで，係数の3を転がる円板の位置によらない新しい定数で置き換えて定理2.1を拡張し，（図2.8の）外転サイクロイドおよび内転サイクロイドでも成り立つようにする．以降，内転サイクロイドでは $r \leq R/2$ と仮定する．このように仮定しても一般性を失うことはない．なぜなら，ダニエル・ベルヌーイの**二重生成定理**によって，$r > R/2$ の場合は，生成される外転サイクロイドと内転サイクロイドは族として同じになることが保証されているからである．拡張した定理は次のようになる．

定理 2.2. 任意の外転サイクロイド扇または内転サイクロイド扇 OPC の面積は，それと重なった，転がる円板から弦 PC が切り出す弓形の面積の $\omega_{\pm}$ 倍に等しい．ここで，外転サイクロイ

ドの場合は $\omega_+ = 3 + 2r/R$, 内転サイクロイドの場合は $\omega_- = 3 - 2r/R$ とする.

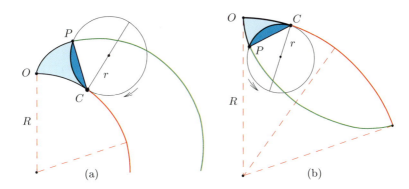

図 2.8 サイクロイド扇 OCP の面積は, それと重なった, 転がる円板から弦 PC が切り出す弓形の面積の $\omega_\pm$ 倍に等しい.

定理 2.2 は, 補題 2.1 の拡張である補題 2.2 から導くことができる. 補題 2.1 では, サイクロイド冠 $PODT$ と楔形 PCT の面積は等しかったが, 補題 2.2 では, これらの面積の関係は次のようになる. (外転サイクロイドの場合を図 2.9 (a) に示す.)

補題 2.2. 任意の外転サイクロイド冠または内転サイクロイド冠 $PODT$ の面積は, 転がる円板内の楔形 PCT の面積の $\kappa_\pm$ 倍に等しい. ここで, 外転サイクロイドの場合は $\kappa_+ = 1 + 2r/R$, 内転サイクロイドの場合は $\kappa_- = 1 - 2r/R$ とする.

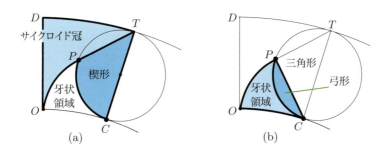

図 2.9 (a) 円環 (の一部) $ODTC$ は, 外転サイクロイド冠, 楔形, 牙状領域から構成される. (b) 外転サイクロイド扇 OPC は, 牙状領域と弓形の和になる.

補題 2.2 の証明: まず, 外転サイクロイドの場合を考える. 図 2.9 (a) に示すように, 半径 r の円板が半径 R の固定された円周の外側に沿って転がるとき, 円板の周上の点 P の軌跡は外転サイクロイド弧 OP になる. この外転サイクロイドは, 半径 R の固定された円と, 半径 $R+2r$ の同心円に挟まれた円環部分に含まれる. この円環部分は, 図 2.3 のサイクロイドを囲む長方形と同様の役割を演じる.

ここで, 図 2.10 (a) を見てみよう. O から出発した点 P は, 外転サイクロイドの一部分 OP を描く. また, 二つの円の接点は, O から出発し, 角度 φ だけ回転して点 C に移るので, 長さ $R\varphi$ の円弧 OC を描く. 図のように転がる円板の中心角を θ とすると, 半径 r の円弧 CP の長さは $r\theta$ に等しい. 円板は滑ることなく転がるので, 二つの円弧 CP と OC の弧長は等しい.

すなわち，
$$r\theta = R\varphi \tag{2.7}$$
が成り立つ．

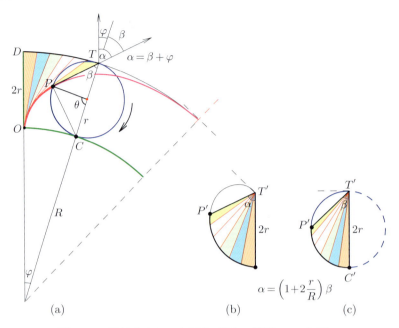

図 **2.10** 外転サイクロイド扇の場合の補題 2.2 の証明．

この二つの円の中心を結ぶ直線が，外側にある半径 $R+2r$ の円と交わる点は，この円と転がる円板との接点 T である．三角形 TPC は，CT を直径とする半円に内接するので，角 TPC は直角になる．点 C は転がる円板の瞬間的な回転の中心になるので，PC は外転サイクロイドと直交し，PT は外転サイクロイドに接する．この外転サイクロイドの接線は，OD の位置から出発して図 2.10 (a) に示した位置まで動くので，角度

$$\alpha = \beta + \varphi \tag{2.8}$$

だけ回転しながら，外転サイクロイド冠 $PODT$ を掃く．ここで，β は弧 CP を見込む円周角 PTC に等しく，それは中心角 θ の半分である．式 (2.7) から $\varphi = r\theta/R = 2\beta r/R$ となるので，$\kappa_+ = 1 + 2r/R$ とすると，式 (2.8) は

$$\alpha = \kappa_+ \beta \tag{2.9}$$

となる．それぞれの接線分 PT を，点 T が図 2.10 (b) の固定点 T' に移るように平行移動させて接線団を作る．すると，マミコンの定理によって，図 2.10 (a) の接線掃過領域の面積は，図 2.10 (b) の接線団の面積に等しくなる．PT の長さは $2r\cos\beta = 2r\cos(\alpha/\kappa_+)$ であるから，その接線団は放射形の一部である．この放射形の面積は図 2.10 (c) の円の楔形の面積の κ_+ 倍に等しい．なぜなら，T' を端点とするそれぞれの線分 $P'T'$ の角度 α を $1/\kappa_+$ 倍にした $\alpha/\kappa_+ = \beta$ になるように回転させて，この接線団を圧縮すると，図 2.10 (c) の楔形になるからである．しかし，図 2.10 (c) の楔形 $T'C'P'$ は，図 2.10 (a) の転がる円板内の楔形 TCP と合同である．これで，外転サイクロイドに対して補題 2.2 が証明された．

図 2.11 (a) の内転サイクロイド冠 $PODT$ の場合も，同様にして証明できる．この場合は，$\alpha = \beta - \varphi$ であるから，$\kappa_- = 1 - 2r/R$ になる．

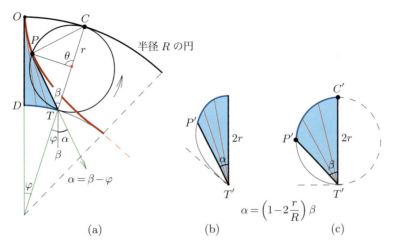

図 **2.11** 内転サイクロイド扇の場合の補題 2.2 の証明．

定理 2.2 の証明： ここで，図 2.9 に対しても 2.3 節の表記を用いる．すると，定理 2.2 は，次のようになる．

$$[\text{Sector}] = \omega_+ [\text{Segm}] \tag{2.10}$$

しかし，$[\text{Sector}] = [\text{Tusk}] + [\text{Segm}]$ であり，$\omega_+ = \kappa_+ + 2$ であるから，式 (2.10) は

$$[\text{Tusk}] = (\kappa_+ + 1)[\text{Segm}] \tag{2.11}$$

と同値である．式 (2.11) を証明するために，図 2.9 (a) において補題 2.2 と式 (2.3) を使い，

$$[\text{Tusk}] = [\text{Ring}] - [\text{Cap}] - [\text{Wedge}] = [\text{Ring}] - (\kappa_+ + 1)([\text{Segm}] + [\text{Tri}]) \tag{2.12}$$

を得る．ただし，$[\text{Cap}]$ はサイクロイド冠の面積である．ここで，$[\text{Ring}]$ は，半径 R および半径 $R + 2r$ の同心円に挟まれた円環形の一部 $ODTC$ の面積である．一方，式 (2.7), (2.5) から，$[\text{Ring}] = 2\varphi r(R+r) = 2r^2\theta(1+r/R) = [\text{Rect}](\kappa_+ + 1)/2$ である．ただし，$[\text{Rect}] = 2r^2\theta$ は，図 2.3 の長方形 $OCTD$ の面積である．式 (2.5) から

$$[\text{Ring}] = (\kappa_+ + 1)(2[\text{Segm}] + [\text{Tri}])$$

であることがわかる．これを式 (2.12) の右辺に用いると，式 (2.11) が得られる．しかし，式 (2.11) は式 (2.10) と同値であるから，これで，外転サイクロイドに対して定理 2.2 が証明された．

図 2.11 において同様の議論を行えば，$\kappa_- = 1 - 2r/R$ および $\omega_- = 2 + \kappa_-$ として内転サイクロイドに対しても定理 2.2 が成り立つ．なぜなら，この場合には

$$\alpha = \beta - \varphi$$

だからである．

サイクロイドの全体冠および全体アーチ

面積 $[D]$ の円板 D が転がってちょうど1回転したときに，サイクロイド扇（外転サイクロイド扇，内転サイクロイド扇）で満たされる領域を**全体アーチ**という．これに対応するサイクロイド冠を**全体冠**という．補題 2.2 と定理 2.2 から，次の系 2.1 が得られる．

系 2.1. 任意の外転サイクロイドに対して，全体冠および全体アーチの面積は，それぞれ $\kappa_+[D]$, $\omega_+[D]$ に等しい．任意の内転サイクロイドに対して，全体冠および全体アーチの面積は，それぞれ $\kappa_-[D]$, $\omega_-[D]$ に等しい．そして，サイクロイドに対しては，全体冠および全体アーチの面積は，それぞれ $[D]$, $3[D]$ に等しい．ただし，$\kappa_\pm = 1 \pm 2r/R$ および $\omega_\pm = \kappa_\pm + 2 = 3 \pm 2r/R$ とする（複号同順）．

図 2.7 に示した曲線を含む，いくつかの古典的な曲線に対する r/R, $\kappa_\pm$, $\omega_\pm$ を表 2.1 に示す．ただし，1 行目はサイクロイドに対する値であり，この場合には $R = \infty$ である．2 行目，3 行目は，$\kappa_+ = 1 + 2r/R$ に対する2種類の外転サイクロイドであるカルジオイド（心臓形）$(r = R)$ とネフロイド（腎臓形）$(r = R/2)$ である．4 行目，5 行目は，$\kappa_- = 1 - 2r/R$ に対する2種類の内転サイクロイドであるデルトイド（三尖点形）$(r = R/3)$ とアストロイド（四尖点形）$(r = R/4)$ である．そして，6 行目は $r = R/2$ の場合で，意外な結果に思えるだろう．この内転サイクロイドは，底線である円の直径になるのである．このアーチと半径 R の円に挟まれた領域は，この円の面積の半分，すなわち $2\pi r^2$ を面積とする半円板である．

表 2.1 いくつかの古典的な曲線に対する r/R, $\kappa_\pm$, $\omega_\pm$ の値．

	曲線	r/R	$\kappa_\pm$	$\omega_\pm$
1	サイクロイド	0	1	3
2	カルジオイド	1	$\kappa_+ = 3$	$\omega_+ = 5$
3	ネフロイド	1/2	$\kappa_+ = 2$	$\omega_+ = 4$
4	デルトイド	1/3	$\kappa_- = 1/3$	$\omega_- = 7/3$
5	アストロイド	1/4	$\kappa_- = 1/2$	$\omega_- = 5/2$
6	直径	1/2	$\kappa_- = 0$	$\omega_- = 2$

サイクロイド冠の面積については，おそらくこれまでに研究されていないようだが，全体アーチについての結果は知られていた．第3章では，それをまた別の（積分を用いない）手法によって導く．その手法は，転がる円板と固定した円がどちらも正多角形の極限として得られるというものである．

$\omega_\pm = \kappa_\pm + 2$ であるから，系 2.1 によって，すべてのサイクロイドの種類に共通する（これまでに発見されたという記録のない）次の性質が得られる．

系 2.2. サイクロイド，外転サイクロイド，内転サイクロイドのいずれであっても，その全体アーチの面積は，全体冠の面積に，転がる円板の面積の2倍を加えたものに等しい．

図 2.12 に示す例では，水色の網掛け部分は全体アーチで，黄色の網掛け部分は全体冠である．これらの網掛け部分の面積の差は，転がる円板の面積の2倍に等しい．もし，簡単なやり方でこの一般的な性質が成り立つことがわかれば，全体アーチおよび全体冠の面積は，ほぼ自明ということになる．なぜなら，それらの和は，長方形または円環形の面積だからである．

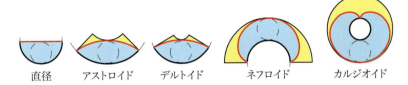

図 2.12 いくつかの外転サイクロイドや内転サイクロイドの全体アーチおよび全体冠. 水色の全体アーチの面積と黄色の全体冠の面積の差は, いずれも転がる円板の面積の 2 倍に等しい.

$\omega_+ + \omega_- = 6$ という関係から, また別の興味深い性質を導くことができる. 半径 R の固定した円の外側を転がる半径 r の円板から得られるどんな外転サイクロイドにも, 同じ固定した円の内側を転がる半径 r の円板から得られる内転サイクロイドを対応させることができ, それらは互いに**相補的**という. この外側を転がる円板と内側を転がる円板が同じ角度 θ だけ回転したとき, 定理 2.2 によって, 図 2.8 の相補的な扇形の面積の和は, R の値に関係なく, 転がる円板から弦 PC が切り出す弓形の面積の 6 倍に等しい. このことから, 相補的な全体アーチの面積の和に対する次の性質が導かれる.

系 2.3. 外転サイクロイドの全体アーチとその相補的な内転サイクロイドの全体アーチの面積の和は, 転がる円板の面積の 6 倍に等しい.

転がる円板の半径 r を固定して, それに対するさまざまな R の値の例を図 2.13 に示す. いずれの場合も, 濃い網掛け部分と薄い網掛け部分の面積の和は転がる円板の面積の 6 倍に等しい. ちなみに, それらの差は $(4r/R)[D]$ である.

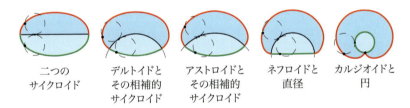

図 2.13 外転サイクロイドの全体アーチ (濃い網掛け部分) とそれに相補的な内転サイクロイドの全体アーチ (薄い網掛け部分). それらの面積の和は, いずれも転がる円板の面積の 6 倍に等しい.

2.5 サイクロイドの動径集合と縦線集合の面積

外転サイクロイドの動径集合 (図 2.14 (a) の緑色の網掛け部分) の面積は, 転がる円板の中心角 θ による動点 P の極座標表現をもとに, 標準的な積分を使って計算することができる. しかし, この計算は冗長で, その結果として得られる公式もかなり複雑である. この節では, この面積が, 極座標表現や積分を使わずとも定理 2.2 の簡単な帰結として得られることを示す.

図 2.14 (a) の外転サイクロイドの動径集合 $O'OP$ を考える. この動径集合は, 二つの動径線分 $O'O$ と $O'P$, そして外転サイクロイドの弧 OP で囲まれている. この面積を [Radial] とすると,

$$[\text{Radial}] = [OPC] + [O'OC] - [O'PC] \tag{2.13}$$

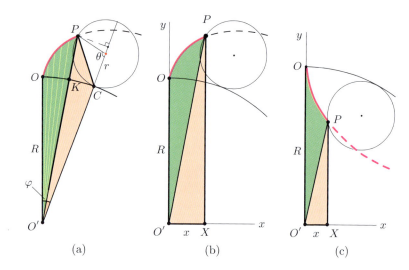

図 2.14 (a) 外転サイクロイドの動径集合 $O'OP$, (b) 外転サイクロイドの縦線集合 $O'OPX$, (c) 内転サイクロイドの動径集合と縦線集合の，それぞれの面積の幾何学的な求め方．

となる．ここで，$[OPC]$ は外転サイクロイド扇 OPC の面積，$[O'OC]$ は扇形 $O'OC$ の面積，$[O'PC]$ は三角形 $O'PC$ の面積である．定理 2.2 によって，$[OPC] = \omega_+[\text{Segm}]$ となる．ここで，$\omega_+ = 3 + 2r/R$ であり，$[\text{Segm}]$ は式 (2.6) によって得られる．また，$[O'OC] = (1/2)R^2\varphi = (1/2)Rr\theta$, $[O'PC] = (1/2)Rr\sin\theta$ であるから，式 (2.13) は

$$[\text{Radial}] = \left(\frac{R}{r} + \omega_+\right)[\text{Segm}] \tag{2.14}$$

と書くことができる．同様に，内転サイクロイドの動径集合の面積についても，次の公式が成り立つ．

$$[\text{Radial}] = \left(\frac{R}{r} - \omega_-\right)[\text{Segm}]$$

これらの結果は，次の定理に含まれている．

定理 2.3. 外転サイクロイドおよび内転サイクロイドの動径集合は，次の式で与えられる．

$$[\text{Radial}] = \left(\frac{R}{r} \pm \omega_\pm\right)[\text{Segm}] = \left(\frac{R}{r} + 2\frac{r}{R} \pm 3\right)\frac{r^2}{2}(\theta - \sin\theta) \tag{2.15}$$

ここで，複号の + は外転サイクロイドの場合，− は内転サイクロイドの場合である．

いまや，図 2.14 (b), (c) の縦線集合 $O'OPX$ の面積 $[\text{Ordinate}]$ は，簡単に求めることができる．それには，直角三角形 $O'XP$ の面積を外転サイクロイドまたは内転サイクロイドの動径集合 $O'OP$ の面積に加えればよい．

定理 2.4. 外転サイクロイドおよび内転サイクロイドの縦線集合の面積は，次の式で与えられる．

$$[\text{Ordinate}] = \left(\frac{R}{r} \pm \omega_\pm\right)[\text{Segm}] + \frac{1}{2}xy \tag{2.16}$$

ここで，複号の + は外転サイクロイドの場合，− は内転サイクロイドの場合である．

式 (2.16) において，x および y は，図 2.14 の (b) や (c) での原点 O' に関する P の直交座標の成分である．これらは，よく知られた媒介変数表示

$$x = (R \pm r) \sin \frac{r\theta}{R} - r \sin \left(1 \pm \frac{r}{R}\right) \theta$$
$$y = (R \pm r) \cos \frac{r\theta}{R} \mp r \cos \left(1 \pm \frac{r}{R}\right) \theta$$

によって，θ を用いて表すことができる．（これは図 2.14 から直接導くことができる．）ここで，複号の上側は外転サイクロイドの場合，下側は内転サイクロイドの場合である．$O'OPX$ の面積は，この媒介変数表示から積分を使うことで直接計算することもできる．きれいにまとまっていて幾何学的に明解な式 (2.16) と比べて，その積分計算は面倒で，得られる公式は読み取る気になれないほど冗長である．

図 2.14 (b) において $R \to \infty$ とすると，鉛直線分 OO' と PX は平行なままで，半径 R の円の外側にある領域 $O'OPX$ の一部は図 2.15 (a) の網掛け部分になる．これは，サイクロイドの縦線集合であり，その面積を $B(\theta)$ で表すことにする．この面積は，通常，サイクロイドの媒介変数表示から積分を使って計算される．

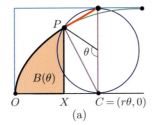 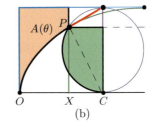

(a) (b)

図 2.15 (a) サイクロイド扇 OPC は，縦線集合 OXP と三角形 CXP の和になる．(b) 二つの網掛け部分の面積は等しい．

また，式 (2.15) または式 (2.16) の極限をとることによって，$B(\theta)$ を計算することもできるが，これは $\infty - \infty$ の形の不定形を含む．そのため，もっと簡単に定理 2.1 から直接的に $B(\theta)$ を求めるほうが，媒介変数表示，積分，不定形などを扱う必要がなく好ましい．

このためには，図 2.15 (a) において面積 $B(\theta)$ はサイクロイド扇 OPC の面積から直角三角形 CXP の面積 $[CXP]$ を引いたものに等しいことに注意しよう．したがって，定理 2.1 により

$$B(\theta) = 3[\text{Segm}] - [CXP] \tag{2.17}$$

が得られる．点 P の回転角 θ と座標 (x, y) を用いると，$[CXP] = (1/2)y(r\theta - x)$ となるので，$[\text{Segm}]$ は式 (2.6) によって与えられる．

図 2.15 (b) は，また別の興味深い面積の関係を表している．サイクロイドを取り囲む長方形の内側で縦線集合のすぐ上にある橙色の網掛け部分の面積を $A(\theta)$ で表す．補題 2.1 を用いると，$A(\theta)$ は図 2.15 (b) に示した転がる円板の緑色の網掛け部分の面積に等しいことがわかり，

$$A(\theta) = [\text{Segm}] + [CXP] \tag{2.18}$$

が成り立つ．すると，式 (2.17) と式 (2.18) から

$$A(\theta) + B(\theta) = 4[\text{Segm}] \tag{2.19}$$

となることがわかる．言い換えると，OX を底辺とする高さ $2r$ の長方形の面積は，常に $4[\text{Segm}]$ に等しい．これは，式 (2.5) とつじつまが合っている．

図 2.15 (b) の二つの網掛け部分の面積が等しいことは，図 2.16 (b) において弓形と尾部と示した二つの網掛け部分の面積が等しいことからも導くことができる．尾部の面積を $[\text{Tail}]$ とすると，ここでも，補題 2.1 によって，サイクロイドの場合は $[\text{Tail}] = [\text{Segm}]$ が成り立つ．外転サイクロイドおよび内転サイクロイドについては，それぞれ図 2.16 (a), (c) に対して補題 2.2 を用いると，

$$[\text{Tail}] = \kappa_{\pm}[\text{Segm}] \tag{2.20}$$

であることがわかる．

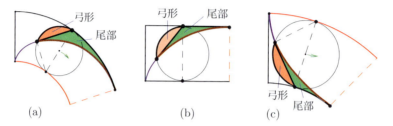

図 2.16 (a) 外転サイクロイド，(b) サイクロイド，(c) 内転サイクロイドの，それぞれの尾部の面積は，それに隣り合う転がる円板の弓形の面積の $\kappa_{\pm}$ 倍に等しい．

2.6 一般のトロコイド冠およびトロコイド扇の面積

次に，図 2.8 の半径 R の円の代わりに区分的に滑らかな底曲線 Γ を固定し，それに沿って半径 r の円板を転がすように一般化する．曲線 Γ には，いくつかの変曲点があってもよい．図 2.17 (a) では，点 B が変曲点であり，そこで曲線の曲がる向きが変わる．

図 2.17 (a) のように，円板の中心と Γ の曲率の中心が出発点 O における共通接線の反対側にある場合，この円板は Γ の外側を転がるという．この円板の周上の点 P が描く曲線を**外転トロコイド**という．外転トロコイドは，外転サイクロイドの概念を一般化したものである．

P が O から出発して E に達するまでに円板が 1 回転することで，外転トロコイドアーチが生成される．図 2.17 (a) において，転がる円板は，Γ から一定の距離 $2r$ だけ離れた Γ に平行な曲線 Γ' にも接する．この二つの平行な曲線は，図 2.3 のサイクロイドアーチを取り囲む長方形や，図 2.9 (a) の外転サイクロイドアーチを取り囲む円環形の一部と同じように，外転トロコイドアーチを取り囲む曲線台形の上辺および下辺となる．

転がる円板は，直径 OD の端点 O で Γ に接するところから出発する．円板が図 2.17 (a) の位置になるまでに角度 θ だけ回転したとき，接点 C を通る直径 CT が出発点での OD となす角度を φ とする．外転サイクロイドの場合と同じく，TPC は直角三角形であり，P において PC は外転トロコイドに直交し，PT は接する．$\beta = \theta/2$ とすると，$\alpha = \beta + \varphi$ は外転トロコイドの接線が出発点での接線 OD から回転した角度である．Γ に沿って C が点 O から B まで動くにつれ角度 φ は増加し，C が B を越えたあとは減少する．円板が 1 回転すると，動点 P は終点 E に達し，円板の直径 ET と出発点での直径 OD が最終的になす角度を φ_0 とする．円板が Γ に沿って点 O から B までを転がる間は，円板の中心と Γ の曲率の中心は C におけ

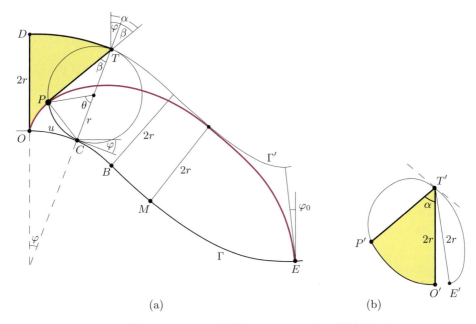

図 2.17 外転トロコイド冠と外転トロコイド扇の面積を求め方.

る共通接線の反対側にあり，B から E までを転がる間は，円板の中心と Γ の曲率の中心は共通接線の同じ側にある．この二つの曲率半径については，とくに制限はない．

円板の中心と Γ の曲率の中心が，出発点 O における共通接線の同じ側にある場合，この円板は Γ の内側を転がるという．そして，動点 P は，内転サイクロイドを一般化した**内転トロコイド**を描く．外転トロコイドおよび内転トロコイドを合わせて**トロコイド**と呼ぶ．まず，主として外転トロコイドにおける面積について解析し，そのあとで，内転トロコイドの場合にその結果をどれだけ変更しなければならないかを示す．

定理 2.1, 2.2 を一般のトロコイドの場合に拡張する．（このあとで述べる）定理 2.5 (a) は，図 2.17 (a) の外転トロコイド冠 $PODT$ の面積と，転がる円板内の楔形 TCP の面積 [Wedge] を関係づける．定理 2.5 (b) は外転トロコイド扇 POC の面積と転がる円板から弦 PC が切り出す弓形の面積 [Segm] を関係づける．これらの関係は，外転トロコイド冠および外転トロコイド扇の面積を，図 2.3 における同じ半径の円板が同じ角度 θ だけ回転したときの対応するサイクロイド冠およびサイクロイド扇の面積と比べることで得られる．系 2.4 は，外転トロコイドの全体冠と全体アーチの面積を，転がる円板の面積と関係づける．定理 2.6 と系 2.5 は，それぞれ対応する内転トロコイドの場合の結果である．予測されるように，一般のトロコイドの場合の結果は，（Γ が直線の場合の）定理 2.1 や（Γ が円周の場合の）定理 2.2 よりも複雑になる．

定理 2.5 と簡単に対比できるように，次の表記を用いて，図 2.17 (a) の一般の外転トロコイドにおける面積と図 2.3 のサイクロイドの面積の対応がわかるようにする．ここで，どちらの場合も，転がる半径 r の円板は同じ角度 θ だけ回転し，接点は円弧 PC の長さに等しい長さ $r\theta$ の弧 OC に沿って動くものとする．

[Trapez] = 図 2.17 (a) の曲線台形 $ODTC$ の面積

[EpiSect] = 図 2.17 (a) の直線分 PC, 外転トロコイド弧 OP, Γ の弧 OC が囲む扇形

POC の面積

[EpiCap] = 図 2.17 (a) の外転トロコイドの上側にある外転トロコイド冠 *PODT* の面積

すると，定理 2.5 の関係は，図 2.17 (a) における次の関係式から導くことができる．

$$[\text{EpiSect}] = [\text{Trapez}] - [\text{EpiCap}] - [\text{Tri}] \tag{2.21}$$

ここで，[Tri] は，これまでと同じく直角三角形 *TPC* の面積である．式 (2.21) の右辺の残りの二つの項を個別に取り扱う．

面積 [Trapez] は，平行な 2 本の辺の平均弧長にそれらの間の距離 $2r$ を掛けたものに等しい．Γ 上にある内側の辺 *OC* の長さを u で表すと，u は図 2.17 (a) の角度 φ の関数になるので，$u = u(\varphi)$ とする．すると，Γ' 上にある外側の辺 *DT* の長さは $u + 2r\varphi$ となり，その 2 辺の平均は $u + r\varphi$ に等しい．これに 2 本の曲線の間の一定距離 $2r$ を掛けると，[Trapez] $= 2ru + 2r^2\varphi$ が得られる．しかし，$u = r\theta$ であるから，$2ru = 2r^2\theta = $ [Rect]（図 2.6 の *OCTD* の面積）になる．したがって，

$$[\text{Trapez}] = [\text{Rect}] + 2r^2\varphi \tag{2.22}$$

が成り立つ．

次に，接線掃過領域の面積 [EpiCap] を考える．（それと同じ面積をもつ）対応する接線団は，図 2.17 (b) に示したように 2 本の曲線を境界とする．この接線団は，それぞれの接線分 *PT* の *T* を固定点 T' に移し，*P* を P' に移すように平行移動させることで得られる．接線団境界を構成する一つ目の曲線は，円板が Γ の弧 *OE* の前半に沿って転がるときに描かれる．二つ目の曲線は，円板が弧 *OE* の中間点 *M* を過ぎた後に転がることで描かれる．図 2.17 (a) において，接線分 *PT* の長さを t で表す．T' を原点とすると，点 P' の極座標は (t, α) になる．ここで，α は図 2.17 (a) に示した接線分の回転角である．すると，面積 [EpiCap] は対応する接線団の面積に等しく，それは次の極座標の積分で与えられる．

$$[\text{EpiCap}] = \frac{1}{2} \int t^2 \, d\alpha \tag{2.23}$$

この式は，簡単に表記するために不定積分で表しているが，実際には，0 から α までの定積分で，一般的に動点が *O* から *P* まで動く場合は，*OD* から始まる接線の角度を表す一時的な変数 α' を用いて $\int_0^\alpha t^2 \, d\alpha'$ になる．

$\alpha = \beta + \varphi$ であったことを思い出すと，$d\alpha = d\beta + d\varphi$ であるから，式 (2.23) は

$$[\text{EpiCap}] = \frac{1}{2} \int t^2 \, d\beta + \frac{1}{2} \int t^2 \, d\varphi \tag{2.24}$$

になる．式 (2.24) の右辺のそれぞれの積分は，自然な幾何学的解釈をもつ．前半の積分は，Γ が向きの固定された直線の場合に生じる接線掃過領域であるサイクロイド冠の面積である．この面積は，転がる円板内の楔形 *TCP* の面積 [Wedge] に等しい．後半の積分は，Γ がその向きを φ へと変えることによって生じる．したがって，式 (2.24) は

$$[\text{EpiCap}] = [\text{Wedge}] + \frac{1}{2} \int t^2 \, d\varphi \tag{2.25}$$

と書くことができる．式 (2.25) と式 (2.22) を式 (2.21) に使うと，

$$[\text{EpiSect}] = [\text{Rect}] - [\text{Wedge}] - [\text{Tri}] + 2r^2\varphi - \frac{1}{2} \int t^2 \, d\varphi$$

が得られる．式 (2.3) と式 (2.5) によって，この式の右辺の最初の 3 項は 3[Segm] になる．ここで，[Segm] は，転がる円板から弦 PC が切り出す弓形の面積である．それゆえ，この等式は

$$[\text{EpiSect}] = 3[\text{Segm}] + 2r^2\varphi - \frac{1}{2}\int t^2\,d\varphi \tag{2.26}$$

と書くことができる．そして，式 (2.26) の右辺の残りの 2 項は $(1/2)\int n^2\,d\varphi$ に等しい．ここで

$$n^2 = (2r)^2 - t^2 \tag{2.27}$$

とする．n^2 の幾何学的な意味は，図 2.17 (a) の直角三角形 TPC によって表されている．この直角三角形の斜辺の長さは $2r$ で，直角を挟む一方の辺 TP の長さは t になっている．すると，三平方の定理により，n^2 は外転トロコイドに垂直な PC の長さの平方に等しい．それゆえ，式 (2.26) は

$$[\text{EpiSect}] = 3[\text{Segm}] + \frac{1}{2}\int n^2\,d\varphi \tag{2.28}$$

となる．結果的に，式 (2.25), (2.28) から次の定理が得られる．

定理 2.5. (a) 外転トロコイド冠の面積 [EpiCap] と，転がる円板内の楔形 TCP の面積 [Wedge] の間に，次の関係式が成り立つ．

$$[\text{EpiCap}] = [\text{Wedge}] + \frac{1}{2}\int t^2\,d\varphi \tag{2.29}$$

(b) 外転トロコイド扇の面積 [EpiSect] と，弦 PC が転がる円板から切り出す弓形の面積 [Segm] の間に，次の関係式が成り立つ．

$$[\text{EpiSect}] = 3[\text{Segm}] + \frac{1}{2}\int n^2\,d\varphi \tag{2.30}$$

外転トロコイド冠は外転トロコイドの接線分によって掃過され，外転トロコイド扇は外転トロコイドの法線分によって掃過されることに注意しよう．サイクロイドおよび外転トロコイドに関する面積を扱うのに接線と法線を用いることは，直交座標を用いるよりも自然なのである．

外転トロコイドの全体冠と全体アーチに対して定理 2.5 を適用すると，次の系 2.4 が得られる．

系 2.4. 外転トロコイドの全体冠の面積 [FullEpiCap] は，次の式で与えられる．

$$[\text{FullEpiCap}] = [D] + \frac{1}{2}\int_0^{\varphi_0} t^2\,d\varphi \tag{2.31}$$

そして，外転トロコイドの全体アーチの面積 [FullEpiArch] は，次の式で与えられる．

$$[\text{FullEpiArch}] = 3[D] + \frac{1}{2}\int_0^{\varphi_0} n^2\,d\varphi \tag{2.32}$$

これらの両辺をそれぞれ加えると

$$[\text{FullEpiCap}] + [\text{FullEpiArch}] = 4[D] + 2r^2\varphi_0 \tag{2.33}$$

が得られる．

式 (2.27) を用いることで，式 (2.31) と式 (2.32) の積分の和は簡単になる．

式 (2.33) の左辺の和は，図 2.17 における外転トロコイドの全体アーチを取り囲む曲線台形の面積である．

内転トロコイドの場合の結果

内転トロコイドについては，外転トロコイドの場合とまったく同じように解析することができる．主たる相違点は，内転トロコイドの場合，図 2.11 のように円板が Γ の内側を転がるので，$\alpha = \beta + \varphi$ という関係式が $\alpha = \beta - \varphi$ に置き換わることである．定理 2.5 の証明と同じようにして，次の定理 2.6 が得られる．

定理 2.6. (a) 内転トロコイド冠の面積 [HypoCap] と，転がる円板内の楔形 TCP の面積 [Wedge] の間に，次の関係式が成り立つ．

$$[\text{HypoCap}] = [\text{Wedge}] - \frac{1}{2} \int t^2 \, d\varphi \tag{2.34}$$

(b) 内転トロコイド扇の面積 [HypoSect] と弦 PC が転がる円板から切り出す弓形の面積 [Segm] の間に，次の関係式が成り立つ．

$$[\text{HypoSect}] = 3[\text{Segm}] - \frac{1}{2} \int n^2 \, d\varphi \tag{2.35}$$

対応する内転トロコイドの全体冠および全体アーチについての結果は，次の系 2.5 で与えられる．

系 2.5. 内転トロコイドの全体冠の面積 [FullHypoCap] は，次の式で与えられる．

$$[\text{FullHypoCap}] = [D] - \frac{1}{2} \int_0^{\varphi_0} t^2 \, d\varphi \tag{2.36}$$

そして，内転トロコイドの全体アーチの面積 [FullHypoArch] は，次の式で与えられる．

$$[\text{FullHypoArch}] = 3[D] - \frac{1}{2} \int_0^{\varphi_0} n^2 \, d\varphi \tag{2.37}$$

これらの両辺をそれぞれ加えると

$$[\text{FullHypoCap}] + [\text{FullHypoArch}] = 4[D] - 2r^2 \varphi_0 \tag{2.38}$$

が得られる．

（予想どおりであるが）式 (2.29) から式 (2.38) までを見ると，外転トロコイドおよび内転トロコイドにおける領域の面積は，サイクロイドにおいてそれぞれに対応する領域の面積と Γ の曲率に起因する補正項によって表されている．

底線 Γ によらない面積の関係

与えられた半径の円板が曲線 Γ の両側を同じ角度だけ転がるとき，その外転トロコイドアーチと内転トロコイドアーチの互いに対応する部分を **相補的** という．定理 2.5 と定理 2.6 の結果を足し合わせると，Γ の曲率に起因する補正項が相殺されて，見事に次の結論が導かれる．

定理 2.7. (a) 外転トロコイド冠とそれに相補的な内転トロコイド冠の面積の和は Γ に依存せず，対応するサイクロイド冠の面積 [CycloCap] の 2 倍に等しい．

$$[\text{EpiCap}] + [\text{HypoCap}] = 2[\text{CycloCap}] \tag{2.39}$$

(b) 外転トロコイド扇とそれに相補的な内転トロコイド扇の面積の和は Γ に依存せず，対応するサイクロイド扇の面積 [CycloSect] の 2 倍に等しい．

$$[\text{EpiSect}] + [\text{HypoSect}] = 2[\text{CycloSect}] \tag{2.40}$$

証明： 式 (2.29) と式 (2.34) を足し合わせて，[Wedge] = [CycloCap] という形で補題 2.1 を用いると，式 (2.39) が得られる．式 (2.30) と式 (2.35) を足し合わせて，3[Segm] = [CycloSect] という形で定理 2.1 を用いると，式 (2.40) が得られる．

とくに，全体冠および全体アーチについては，次の系が成り立つ．

系 2.6. 外転トロコイドとそれに相補的な内転トロコイドの全体冠の面積の和は，転がる円板の面積の 2 倍に等しい．

$$[\text{FullEpiCap}] + [\text{FullHypoCap}] = 2[D] \tag{2.41}$$

系 2.7. 外転トロコイドとそれに相補的な内転トロコイドの全体アーチの面積の和は，転がる円板の面積の 6 倍に等しい．

$$[\text{FullEpiArch}] + [\text{FullHypoArch}] = 6[D] \tag{2.42}$$

底線 Γ が点対称の場合

図 2.18 に示す例では，底線 Γ は，その点対称の中心で接する二つの隣り合う半円から構成される．この例では，外転トロコイドはカルジオイド（心臓形）をちょうど半分にした形である．ここで，二つの隣り合う半径 r の半円弧からなる曲線 Γ に沿って，半径が r で面積が $[D] = \pi r^2$ の円板 D が転がる．すると，これによって生じるトロコイドのアーチは，Γ の上側でカルジオイドの下側にある領域から構成される．このトロコイドアーチの面積は $3[D]$ に等しい．なぜなら，（前述の表から）カルジオイドの上半分の面積は $5/2[D]$ であることがわかり，それに半円板の面積 $1/2[D]$ を加えたものだからである．

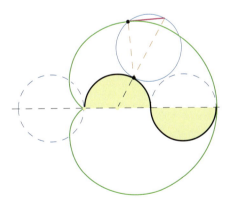

図 2.18 カルジオイドの半分を構成する外転トロコイド．

一般的な点対称の底線に対する次の結果は，系 2.6 および系 2.7 から直接導くことができる．

系 2.8. 底線 Γ が点対称の場合は，サイクロイドの場合と同じく，外転トロコイドの全体冠の面積は $[D]$ で，全体アーチの面積は $3[D]$ である．

系 2.8 は，図 2.19 に示す領域に式 (2.41), (2.42) を適用することで得られる．図 2.19 のように，この外転トロコイド冠は C_1 と C_2 という二つの領域から構成され，外転トロコイドアーチは A_1 と A_2 という二つの領域から構成される．底線が点対称であることから，これら四つの領域は，それぞれ Γ の下側にあり対称的な内転トロコイドによる同じ名前をつけた領域と合同である．式 (2.41) から $[C_1]+[C_2]=[D]$ となることがわかり，式 (2.42) から $[A_1]+[A_2]=3[D]$ が得られる．これで，系 2.8 が証明された．

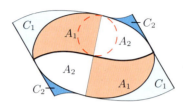

図 2.19 底線が点対称の場合の系 2.8 の証明．

サイクロイドアーチ，外転サイクロイドアーチ，内転サイクロイドアーチの場合と同じく，系 2.8 で示した二つの面積の差は $2[D]$ であり，和 $4[D]$ は全体を取り囲む曲線台形の面積を表している．

Γ の自然方程式を用いた面積の公式

トロコイドの全体アーチの面積は，別の公式で表すこともできる．$t^2 = (2r)^2 \cos^2\beta = 2r^2(1+\cos\theta)$ および $n^2 = (2r)^2 \sin^2\beta = 2r^2(1-\cos\theta)$ であったことを思い出すと，式 (2.31), (2.32) の積分は，それぞれ

$$\frac{1}{2}\int_0^{\varphi_0} t^2\,d\varphi = r^2\varphi_0 + r^2 I(\varphi_0) \tag{2.43}$$
$$\frac{1}{2}\int_0^{\varphi_0} n^2\,d\varphi = r^2\varphi_0 - r^2 I(\varphi_0)$$

となる．ただし

$$I(\varphi_0) = \int_0^{\varphi_0} \cos\theta\,d\varphi \tag{2.44}$$

とする．

式 (2.44) では，θ と φ は，ともに図 2.17 (a) に示したように曲線 Γ における OC の弧長 u の関数として表している．Γ の OC の弧長は，転がる円板の円弧 PC の長さである $r\theta$ に等しい．$u = r\theta$ であるから，$\theta = u/r$ となる．Γ がわからなければ，φ を明示的に u の関数として表すことはできないが，その関係を $\varphi = \varphi(u)$ とすると，これが Γ の自然方程式になる．そして，$u = 2\pi r$ のときには $\varphi(u) = \varphi_0$ になることに注意しよう．

式 (2.44) の積分を部分積分すると

$$\int_0^{\varphi_0} \cos\theta\,d\varphi = \varphi_0 + \int_0^{2\pi r} \varphi(u) \sin\frac{u}{r}\,d\frac{u}{r}$$

が得られる．これを式 (2.43) 下段に用いると，項 $r^2\varphi_0$ は相殺されて

$$\frac{1}{2}\int_0^{\varphi_0} n^2\,d\varphi = -r\int_0^{2\pi r} \varphi(u)\sin\frac{u}{r}\,du \tag{2.45}$$

が得られる．式 (2.43) 上段の積分では，項 $r^2\varphi_0$ は相殺されず，

$$\frac{1}{2}\int_0^{\varphi_0} t^2\,d\varphi = 2r^2\varphi_0 + r\int_0^{2\pi r} \varphi(u)\sin\frac{u}{r}\,du \tag{2.46}$$

となる．

こうして，系 2.4 および系 2.5 の公式から，次の定理 2.8 が得られる．

定理 2.8. $\varphi(u)$ を Γ の自然方程式とするとき，

$$[\text{FullEpiCap}] = [D] + 2r^2\varphi_0 + r\int_0^{2\pi r}\varphi(u)\sin\frac{u}{r}\,du \tag{2.47}$$

$$[\text{FullEpiArch}] = 3[D] - r\int_0^{2\pi r}\varphi(u)\sin\frac{u}{r}\,du \tag{2.48}$$

$$[\text{FullHypoCap}] = [D] - 2r^2\varphi_0 - r\int_0^{2\pi r}\varphi(u)\sin\frac{u}{r}\,du \tag{2.49}$$

$$[\text{FullHypoArch}] = 3[D] + r\int_0^{2\pi r}\varphi(u)\sin\frac{u}{r}\,du \tag{2.50}$$

が成り立つ．

底線 Γ が円周の場合

底線 Γ が円周の場合には，定理 2.5 (b) から定理 2.2 を導くことができる．外転サイクロイドの場合は，Γ は半径 R の円で，その弧長は $u = R\varphi = r\theta$ であるので，$\varphi = r\theta/R$ および $d\varphi = (r/R)\,d\theta$ となる．定理 2.2 を導くには，まず

$$n^2 = (2r)^2\sin^2\beta = 2r^2(1-\cos 2\beta) = 2r^2(1-\cos\theta)$$

に注意して，式 (2.30) の積分 $\int n^2\,d\varphi$ を計算し

$$\frac{1}{2}\int n^2\,d\varphi = r^2\int(1-\cos\theta)\frac{r}{R}\,d\theta = \frac{2r}{R}\frac{r^2}{2}(\theta-\sin\theta) = \frac{2r}{R}[\text{Segm}]$$

を得る．ただし，図 2.6 (b) の [Segm] に対して式 (2.6) を用いた．したがって，式 (2.30) から得られる

$$[\text{EpiSect}] = (3 + \frac{2r}{R})[\text{Segm}] = \omega_+[\text{Segm}]$$

は，定理 2.2 の主張と一致している．内転サイクロイドの場合も，$d\varphi/d\theta$ が負であることに注意すると，$d\varphi = -(r/R)\,d\theta$ となり，同様にして，定理 2.5 (a) から補題 2.2 を導くことができる．

2.7 定理 2.8 の応用

この節では，ここまでにトロコイドを作り出す底線には用いなかったいくつかの有名な曲線に，定理 2.8 を適用する．

底線 Γ がコルニュの螺旋の場合

クロソイドとも呼ばれる**コルニュの螺旋**は，オイラーが 1781 年に弾性のあるバネの研究で取り扱ったものである．この曲線は，光の回折に関する問題にも関係する．

定理2.8を適用するために，自然方程式 $\varphi(u) = cu^2$ によって底線 Γ を定義する．ここで，c は正定数とする．半径 r の円板が $\varphi = u = 0$ を出発点として Γ に沿って転がり，ちょうど1回転したとすると，$\varphi(u) = cu^2$ に対する式 (2.48) の積分は

$$c \int_0^{2\pi r} u^2 \sin \frac{u}{r} \, du = cr^3 \int_0^{2\pi} \theta^2 \sin \theta \, d\theta = -4\pi^2 cr^3 = -4\pi rc[D] \quad (2.51)$$

に等しい．ここで，$[D] = \pi r^2$ は転がる円板の面積である．これを式 (2.48) に用いると，

$$[\text{FullEpiArch}] = 3[D] + 4c[D]^2$$

が得られる．

この右辺の2番目の項において，媒介変数 a によってこの螺旋の極の座標を $(\pm a, \mp a)$ として表すこともできる．$a^2 c = \pi/8$ となることがわかっているので，外転トロコイドの全体アーチの面積を表す公式は

$$[\text{FullEpiArch}] = \left(3 + \frac{1}{2}\left(\frac{\pi r}{a}\right)^2\right)[D]$$

となる．これに対応する内転トロコイドの全体アーチの面積を表す公式は

$$[\text{FullHypoArch}] = \left(3 - \frac{1}{2}\left(\frac{\pi r}{a}\right)^2\right)[D]$$

となる．図 2.20 (a) に示す例では $r = a/\pi$ であり，右側のアーチの面積は $3\frac{1}{2}[D]$，左側のアーチの面積は $2\frac{1}{2}[D]$ に等しい．

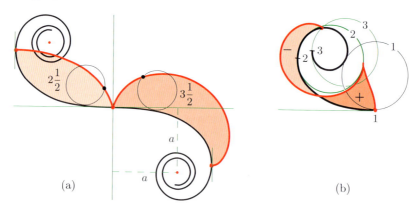

図 2.20 (a) 底線がコルニュの螺旋 $\varphi(u) = cu^2$ の場合．$a^2 c = \pi/8$ とすると，螺旋は二つの極 $(\pm a, \mp a)$ のまわりに巻きつく．$r = a/\pi$ のときには，外転トロコイドアーチの面積は $3\frac{1}{2}[D]$ に等しく，内転トロコイドアーチの面積は $2\frac{1}{2}[D]$ に等しい．(b) $r = a\sqrt{6}/\pi$ のときは，トロコイドの左半分には尖点があり，図のように底線と交わる．このとき，底線 Γ の反対側にできる（＋印と－印をつけた）二つのアーチの面積は等しい．

うまい具合に，この r の値に対しては，原点から最初に接線が鉛直になるまでの螺旋の弧長は，ちょうど $2a$ に等しい．この二つのアーチ部の面積の差は $[D]$ である．この接線が鉛直になる点を越えて，同じ円板が時計回りにちょうどもう1回転したならば，それによって生じるトロコイドアーチの面積は $4\frac{1}{2}[D]$ に等しい．そして，円板が1回転するごとに，トロコイドアーチの面積は $[D]$ だけ増える．

$r = a/2$ の場合, $[D]$ に乗じられる係数は $(3 \pm \pi^2/8)$ となることから

$$[\text{FullEpiArch}] \approx 4.27[D]$$
$$[\text{FullHypoArch}] \approx 1.73[D]$$

が得られる.

$r = a\sqrt{6}/\pi$ の場合には

$$[\text{FullEpiArch}] = 6[D]$$
$$[\text{FullHypoArch}] = 0$$

となる. この場合に $[\text{FullHypoArch}] = 0$ となる理由を, 図 2.20 (b) に示した. 転がる円板の半径が底線の曲率半径に等しくなると, トロコイドに尖点ができる. この尖点において, 円板の転がる向きが反時計回りから時計回りへと変化する. このとき, トロコイドは底線と交わり, Γ の凹側と凸側それぞれに一つずつ形作られるアーチの面積は等しい. 一般に, $[\text{FullEpiArch}]$ は正であるが, $[\text{FullHypoArch}]$ は正の場合も負の場合もある. しかし, それらの和は常に $6[D]$ に等しい.

底線 Γ が対数螺旋の場合

この場合には, Γ の弧長は $u = L(e^{a\varphi} - 1)$ で与えられる. ただし, 定数 L は, 原点から $\varphi = 0$ となる螺旋上の点までの螺旋の弧長である. すると, $\varphi = (1/a)\log(1 + u/L)$ であり, 式 (2.48) の積分は

$$\frac{1}{a}\int_0^{2\pi} \log\left(1 + \frac{r\theta}{L}\right) \sin\theta \, d\theta \tag{2.52}$$

となる. この積分を $1/a$ 倍したものは, 次の積分によって定義される超越関数である余弦積分 (積分余弦) $\text{Ci}(x)$ および正弦積分 (積分正弦) $\text{Si}(x)$ を用いて表すことができる.

$$\text{Ci}(x) = \gamma + \log x + \int_0^x \frac{\cos\theta - 1}{\theta} d\theta$$
$$\text{Si}(x) = \int_0^x \frac{\sin\theta}{\theta} d\theta$$

ただし, γ はオイラーの定数である. このとき, 式 (2.52) の積分は, 次の式に $1/a$ を掛けた閉形式になる.

$$\cos\frac{L}{r}\left(\text{Ci}\left(\frac{L}{r} + 2\pi\right) - \text{Ci}\left(\frac{L}{r}\right)\right) + \sin\frac{L}{r}\left(\text{Si}\left(\frac{L}{r} + 2\pi\right) - \text{Si}\left(\frac{L}{r}\right)\right) - \log\left(1 + \frac{2\pi r}{L}\right)$$

$L = 2\pi r$ の場合には, この式の値は

$$\text{Ci}(4\pi) - \text{Ci}(2\pi) - \log 2 = \int_{2\pi}^{4\pi} \frac{\cos\theta - 1}{\theta} d\theta$$

と簡略化することができる.

図 2.21 にこの場合を示す. 図の右側の二つのアーチ部の面積は $[\text{FullEpiArch}] = 3.8[D]$ および $[\text{FullHypoArch}] = 2.2[D]$ に等しい. また, 同様の計算によって, 図 2.21 の左側の二つのアーチ部の面積は $[\text{FullEpiArch}] = 3.2[D]$ および $[\text{FullHypoArch}] = 2.8[D]$ に等しい.

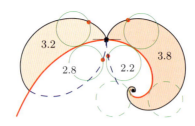

図 2.21 底線が対数螺旋 $\varphi(u) = (1/a)\log(1 + u/L)$ の場合.

底線 Γ が牽引曲線および懸垂線の場合

図 2.22 (a) に示すような牽引曲線が底線の場合の弧長は $u = -k\log(\cos\varphi)$ となるので, $\varphi(u) = \exp(-\arccos(u/k))$ であり, 式 (2.48) の積分は次の形になる.

$$\int_0^{2\pi r} \exp\left(-\arccos\frac{u}{k}\right)\sin\frac{u}{r}\,du = r\int_0^{2\pi} \exp\left(-\arccos\frac{r\theta}{k}\right)\sin\theta\,d\theta$$

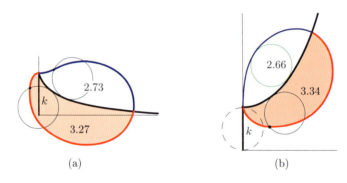

図 2.22 (a) 底線が牽引曲線 $\varphi(u) = \exp(-\arccos(u/k))$ の場合. (b) 底線が懸垂線 $\varphi(u) = \arctan(u/k)$ の場合.

$[D]$ を転がる円板の面積とすると, $r = k$ の場合, 外転トロコイドアーチの面積は $3.27[D]$ に等しく, 内転トロコイドアーチの面積は $2.73[D]$ に等しい.

図 2.22 (b) のような懸垂線が底線の場合の弧長は $u = k\tan\varphi$ であり, 式 (2.44) の積分は次の形になる.

$$\int_0^{2\pi r} \arctan\frac{u}{k}\sin\frac{u}{r}\,du = r\int_0^{2\pi} \arctan\frac{r\theta}{k}\sin\theta\,d\theta$$

$r = k$ の場合は, 外転トロコイドアーチの面積は $3.34[D]$, 内転トロコイドアーチの面積は $2.66[D]$ に等しい.

底線 Γ がサイクロイドの場合

この底線は, 水平な直線に沿って転がる半径 R の円板によって生成されるサイクロイドである.

図 2.23 (a) では, 半径 r の円板はサイクロイドのもっとも高い位置から転がり始めるので, サイクロイドの弧長は $u = 4R\sin\varphi$ になる. この円板はサイクロイドの弧長の半分を転がって 1 回転するので, $2\pi r = 4R$ という関係にある. 図 2.23 (b) では, 半径 r の円板はサイクロイドに沿って一方の端からもう一方の端まで転がるので, サイクロイドの弧長は $u = 4R(1 - \cos\varphi)$

になり，$2\pi r = 8R$ が成り立つ．前者では，式 (2.48) の積分は次の形になる．

$$\int_0^{2\pi r} \arcsin \frac{u}{4R} \sin \frac{u}{r} \, du = r \int_0^{2\pi} \arcsin \frac{\theta}{2\pi} \sin \theta \, d\theta$$

そして，後者では，式 (2.48) の積分は次の形になる．

$$\int_0^{2\pi r} \arccos \left(1 - \frac{u}{4R}\right) \sin \frac{u}{r} \, du = r \int_0^{2\pi} \arccos \left(1 - \frac{\theta}{\pi}\right) \sin \theta \, d\theta$$

これらから，それぞれの外転トロコイドアーチの面積は $3.4[D]$ および $3.7[D]$ となり，それぞれの内転トロコイドアーチの面積は $2.6[D]$ および $2.3[D]$ となる．

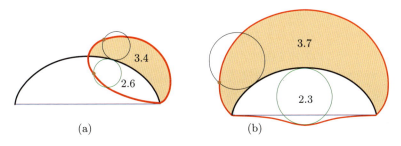

図 2.23 底線が半径 R の円板によって作られるサイクロイドの場合．(a) では $u = 4R\sin\varphi$，(b) では $u = 4R(1 - \cos\varphi)$ である．

底線 Γ が円の伸開線の場合

半径 a の円の伸開線に沿って転がる半径 $r = a/2$ の円板が作る外転トロコイドおよび内転トロコイドを図 2.24 (a) に示す．この場合の弧長は $u = r\varphi^2$ であり，したがって $\varphi(u) = \sqrt{u/r}$ となり，式 (2.48) の積分は次の形になる．

$$\int_0^{2\pi r} \sqrt{\frac{u}{r}} \sin \frac{u}{r} \, du = r \int_0^{2\pi} \sqrt{\theta} \sin \theta \, d\theta$$

これから，それぞれのトロコイドアーチの面積は $3.6[D]$ および $2.4[D]$ となる．

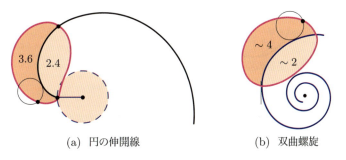

(a) 円の伸開線   (b) 双曲螺旋

図 2.24 (a) 半径 a の円の伸開線を底線とし，半径 $r = a/2$ の円板が転がる場合．(b) 自然方程式 $\varphi(u) = 2\pi u/(a - u)$ をもつ双曲螺旋を底線とし，半径 $r = a/(6\pi)$ の円板が転がる場合．

底線 Γ が双曲螺旋の場合

弧長関数が $u(\varphi) = a\varphi/(\varphi + 2\pi)$ であるような底線 Γ に沿って転がる半径 $r = a/(6\pi)$ の円板が作る外転トロコイドおよび内転トロコイドを図 2.24 (b) に示す．この弧長関数は

$u(0) = 0$ であり，$\varphi \to \infty$ のとき $u(\varphi) \to a$ となる．この Γ を**双曲螺旋**という．双曲螺旋は $\varphi(u) = 2\pi u/(a-u)$ を自然方程式とする．この $\varphi(u)$ に対して，式 (2.48) の積分の値は $-\pi r^2$ にほぼ等しく，このことから，それぞれのアーチ部の面積は $4[D]$ および $2[D]$ にほぼ等しい．

外転トロコイドアーチの極値問題

ここまでに示したいくつかの例から，次のような興味深い問題を考えることができる．

凸な底線の周長が転がる円板の周長に等しいとき，その外転トロコイドアーチの面積をどこまで大きくすることができるか．

この問題の基本形を図 2.25 に示す．ここで，底線は線分であり，トロコイドはサイクロイドになっている．そして，$[D]$ を転がる円板の面積とすると，サイクロイドアーチの面積はちょうど $3[D]$ に等しい．この問題を幾何学的に解釈するために，図 2.25 に示す櫛の歯のように，サイクロイドアーチを多数の細長い鉛直な短冊に裁断したと考えてみよう．この櫛の歯の根元の長さは，転がる円板の周長に等しい．同じ周長をもつさまざまな底線に沿って櫛の歯の根元を巻きつけたものを図 2.26〜2.28 に示す．図 2.26（左）は，そのような底線として，もとの底線を半分に折りたたんだ二重の底線を Γ とするものである．また，図 2.26（右）は，転がる円板と半径の等しい円に櫛の歯の根元を巻きつけて，円周を底線 Γ とするものである．この二つの例では，それぞれの外転トロコイドアーチの面積はちょうど $5[D]$ に等しい．

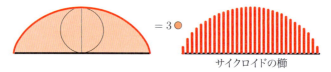

図 2.25 サイクロイドアーチの裁断．

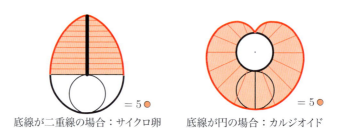

図 2.26 面積 $5[D]$ の外転トロコイドアーチを作る 2 種類の底線の折りたたみ方．

図 2.27 は，櫛の歯の根元を折り曲げてそれぞれ正三角形および正方形にしたものであり，いずれもその周長は転がる円板の周長に等しい．これらの外転トロコイドアーチの面積は，それぞれ約 $5.3[D]$ および約 $5.4[D]$ に等しい．図 2.28（左）では，櫛の歯の根元を 4 等分し，その両端の部分を折りたたんで二重の直線にしている．この場合には，円板は図に示したように転がり，その外転トロコイドアーチの面積は $5.80[D]$ に等しい．図 2.28（右）に示す三角形の底線を用いると，これよりも少し広い面積 $5.87[D]$ が得られる．これらの例から，外転トロコイドアーチのとりうる最大の面積は，$6[D]$ と予想される．これを解析的に定式化すると，自然方程式 $\varphi(u)$ をもつ凸な底線で，積分 $\int_0^{2\pi} \varphi(r\theta)\sin\theta\,d\theta$ が最大になるものを見つけるという問題

になる．

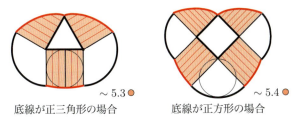

底線が正三角形の場合 　　底線が正方形の場合

図 2.27 底線が正三角形および正方形になるように折りたたむ．

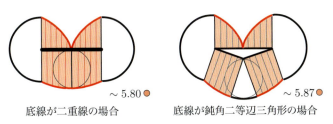

底線が二重線の場合　　　底線が鈍角二等辺三角形の場合

図 2.28 底線が二重線および鈍角二等辺三角形になるように折りたたむ．

2.8　サイクロイドの面積に関する結果

サイクロイドアーチの面積を最初に計算したのは，ロベルヴァルとトリチェリである．ロベルヴァルは「随伴」曲線を導入したが，実際にはそれは正弦曲線である．図 2.29 にはその補助的な正弦曲線は描かれていないが，本質的に同じ考え方に基づいた図である．

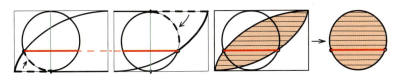

図 2.29 長方形に内接するサイクロイドアーチの半分．

この図の網掛け部分の面積が転がる円板の面積に等しいことの数式を用いない証明は，読者に委ねる．この事実から，サイクロイドの全体アーチの面積は転がる円板の面積の 3 倍に等しいことを簡単に導くことができる．

サイクロイドの求積の歴史上，ホイヘンス，ライプニッツ，ヨハン・ベルヌーイによるさらに見事な成果を図 2.30 に示す．この図において，長方形はサイクロイドアーチを取り囲み，サイクロイドを生じる円板は長方形の中心にあり，水平線は長方形を 2 等分している．

図 2.30 (a) では，長方形の上半分は水平な破線によって 2 等分されている．1658 年に，ホイヘンスは，この上半分の破線によってサイクロイドから切り出された弓状領域（ピンク色の網掛け部分）の面積が，円板に内接する正六角形の面積の半分（これは弓状領域の下側に隣接する緑色の正三角形の面積に等しい）に等しいことを証明した．

図 2.30 (b) では，弦によってサイクロイドから弓状領域（ピンク色の網掛け部分）が切り出されている．1678 年に，ライプニッツは，この弓状領域の面積は，円板の内部にある緑色の直角二等辺三角形の面積に等しいことを証明した．ホイヘンスおよびライプニッツによって求め

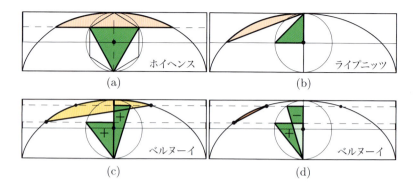

図 2.30 中央に円板を配置した場合のサイクロイドから切り出された弓状領域の面積. (a) はホイヘンス, (b) はライプニッツによるもので, (c) と (d) は J・ベルヌーイによる一般化である.

られた面積は,とくに興味深い.なぜなら,単位半径の円板に対して,それぞれの弓状領域の面積は多角形領域の面積に等しく,その面積は代数的数であって,π の有理数倍ではないからである.一方,全サイクロイドアーチの面積は 3π である.

図 2.30 (c), (d) では,それぞれ長方形の上辺および中心線から等距離にある 2 本の水平な破線を用いて,二人の結果を一般化している.1699 年に,ベルヌーイは,図 2.30 (c) のサイクロイドから切り出された弓状領域の面積は二つの直角三角形の面積の和に等しく,図 2.30 (d) のサイクロイドから切り出された小さな弓状領域の面積は一部が重複する二つの三角形の差に等しいことを証明した.図 2.30 (a) は,この 2 本の破線が一致する特別な場合であり,一方,図 2.30 (b) は,この 2 本の破線の距離が円板の半径に等しい特別な場合である.ベルヌーイは,この結果に非常に満足していて,彼の全集 4 巻すべての表紙に図 2.30 (c) の図を掲載した.この単位半径の円板に対して,ベルヌーイの三角形の面積は,ホイヘンスとライプニッツの特別な場合を除き,π の有理数倍になることもある.

これらの結果に触発されて,私たちもサイクロイド上の一般の点と最高点を結ぶ弦が切り出す弓状領域を考えた.図 2.31 (a) では,一般の点は中心線より下にあり,弓状領域の面積は二つの網掛けをした直角三角形の面積の和となる.私たちの方法では,図 2.31 (a) の面積の関係は図 2.32 を使って得ることができる.それは補題 2.1 と表裏一体の関係にあり,サイクロイドの尾部(接線掃過領域)の面積はそれに隣接する弓形(接線団)の面積に等しいのである.

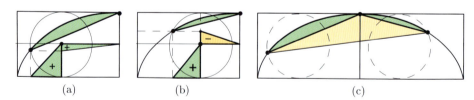

図 2.31 サイクロイド上の一般の点と最高点を結ぶ弦が切り出す弓状領域およびサイクロイドによる一般の弓状領域. (a) では,サイクロイドから切り出された弓状領域の面積は,二つの網掛けの三角形の面積の和に等しく, (b) では,二つの網掛けの三角形の面積の差に等しい.図 2.30 (c) のベルヌーイの結果は,図 2.31 (c) から導き出せる.

図 2.31 (b) では,一般の点は中心線より上にあり,弓状領域の面積は二つの網掛けをした直角三角形の面積の差となる.これら二つの弓状領域とそれらの間にできる三角形を組み合わせ

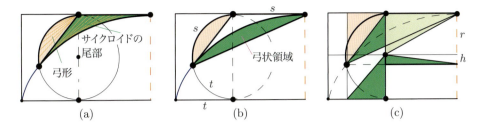

図 2.32 弓形とサイクロイドの尾部の関係を用いて，図 2.31 (a) の結果を導く．(a) 弓形とサイクロイドの尾部の面積は等しい．(b) サイクロイドから切り出された弓状領域に外接する三角形．(c) 図 2.31 (a) の面積の間に成り立つ関係式の証明．

て，複雑な分割を行うと，図 2.31 (c) のサイクロイドによる一般の弓状領域の面積を求めることができる．ここで，ベルヌーイの弓状領域は，その両端の点がいずれも中心線より上にある特別な場合になる．

図 2.32 (b) では，図 2.31 (a) のサイクロイドから切り出された弓状領域が，三角形に内接する．この三角形の水平な底辺の長さは，その三角形に隣接する弓形の境界となる円弧の長さ s に等しい．この図 2.31 (a) の結果は図 2.32 (c) から導くことができる．また，同じ図によって図 2.31 (b) の結果も得られるが，詳細については省略する．

図 2.30 のホイヘンス，ライプニッツ，ベルヌーイの特別な場合の結果と対比できるように，私たちの特別な場合の結果を図 2.33 に示す．曲線と直線で囲まれた橙色の部分の面積は，その斜め下にある緑色の正方形の面積に等しい．単位半径の円板の場合には，これらの面積は 1 になる．

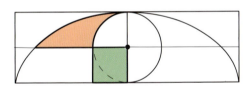

図 2.33 私たちが見つけた結果の特別な場合．曲線で囲まれた橙色の部分の面積は，緑色の正方形の面積に等しい．

2.9 外転サイクロイド冠および内転サイクロイド冠の面積

この節では，外転サイクロイド冠および内転サイクロイド冠の面積に関する興味深い問題を考える．半径 r の円板が，半径 R の円周に沿って転がるものとする．ここで，二つの半径の比は整数になる，すなわち $R = nr$ とする．転がる円板の直径に，目印になるように垂直なベクトルを描く．円板がこの円周を一回りするとき，この目印は何回転するだろうか．

小さい円板は大きい円周に沿って n 回転してもとの位置に戻ってくるから，目印も n 回転するはずだと考えるだろう．しかし，実際には，小さい円板が円周の外側を転がる場合，目印は $n + 1$ 回転し，内側を転がる場合，$n - 1$ 回転する．

たとえば，$n = 1$ ($r = R$) のとき，外側を転がる場合は目印は 2 回転し，内側を転がる場合はまったく回らない．これを図 2.34 (a) に図示する．読者は同じ大きさの硬貨 2 枚を使って，

実際に確認してみることができる．$n = 2$ のときに，外側を転がる場合と内側を転がる場合それぞれに何が起きているかを図 2.34 (b) に示す．一般の n のときにも同じことが起こる．小さい円板が外側を時計回りに転がるにつれ，目印もまた時計回りに回転し，$n = 2$ の途中の状態は図 2.34 (b) のようになり，円板がもとの位置に戻ったとき，目印は $n + 1$ 回転している．一方，小さい円板が内側を時計回りに転がる場合は，円板がもとの位置に戻ったとき，目印は反時計回りにちょうど $n - 1$ 回転している．

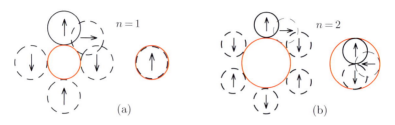

図 2.34 半径 nr の円板の周囲に沿って半径 r の円板が n 回転するときの目印の回転数．(a) $n = 1$ のとき，外側に沿って回転する場合には目印は 2 回転し，内側に沿って回転する場合には回転しない．(b) $n = 2$ のとき，外側に沿って回転する場合には目印は 3 回転し，内側に沿って回転する場合には 1 回転する．

目印の回転数が $n \pm 1$ だという事実から，互いに相補的な外転サイクロイド冠と内転サイクロイド冠の面積の和は $2[D]$ に等しい．ここで，$[D]$ は転がる円板の面積であり，サイクロイド冠の面積の和は固定された円の半径によらない（系 2.4 を参照）．そして，2.4 節でこれらのアーチについて求めたときと同じく，外転サイクロイド冠と内転サイクロイド冠の面積の差は $4(r/R)[D]$ に等しい．

付記

2.1～2.5 節と 2.8 節は，文献 [15] で最初に発表し，2010 年 8 月にレスター・R・フォード賞を受賞した．2.6 節と 2.7 節の題材は，これまでに論文として発表したことはない．第 3 章では，円ではなく多角形を転がすことによって，面積に関するいくつかの結果を導く．弧長についての関係式は，第 3 章でも論じる．

第3章

サイクロゴンとトロコゴン

　この章で説明する方法を使うと，次の問題を簡単に解くことができる．読者は，この章を読む前に，これらの問題に挑戦してみるのもよいだろう．

　点 A から点 B までを結ぶ単位長の辺 4 本からなる折れ線を図 (a) に示す．この折れ線の上側を単位正方形が転がると，その正方形の一つの頂点は長いアーチを描く．また，単位正方形が折れ線の下側を転がると，その正方形の頂点は短いアーチを描く．

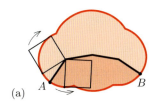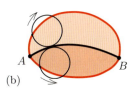

このとき，この二つのアーチの弧長の和は，折れ線の形状によらないことを示せ．また，それぞれのアーチと折れ線で囲まれた二つの網掛けの領域の面積の和も，折れ線の形状によらないことを示せ．
　図 (b) のように滑らかな曲線上を円が転がる場合にも，同じことが成り立つことを示せ．

第3章 サイクロゴンとトロコゴン

直線に沿って正多角形の板が転がるとき，多角形のそれぞれの頂点が描く曲線を**サイクロゴン**[訳注1] と呼ぶ．より一般的には，m 辺からなる折れ線に沿って正 n 角形が転がるとき，転がる正 n 角形に固定された点が描く曲線を**トロコゴン**[訳注2] と呼ぶ．この章では，微積分を用いずに，トロコゴンが作るアーチ（拱）の面積を求める．n と m を無限大に近づけた極限の場合には，正多角形の板は円板になり，第 2 章で調べたさまざまな種類のトロコイドアーチに対する古典的結果が得られる．

動点が多角形の頂点である場合には，同じく初等的な扱いによって対応するトロコゴンの弧長が得られ，多角形の板の極限として円板になった場合の古典的結果を導くことができる．

また，任意の n 角形が，固定されたその鏡像のまわりを転がるとき，n 角形に固定された点が描く曲線である**自己サイクロゴン**を考える．自己サイクロゴンの内側の領域の面積は，その多角形が直線に沿って転がるときに得られるサイクロゴンアーチの面積とを比較する定理によって，サイクロゴンアーチの面積の 2 倍になることがわかる．弧長についても，同様の定理が得られる．これらの極限の場合として，シュタイナーの古典的な定理を導くことができる．

これらの結果は，部分的なトロコイドや自己サイクロゴンにまで一般化することができる．そして，これを楕円的，双曲的，放物的懸垂線に適用する．

3.1 はじめに

第 2 章では，マミコンの接線掃過定理を用いて，図 3.1 のサイクロイドアーチの面積 A が転がる円板の面積 C の 3 倍に等しい，すなわち

$$A = 3C \tag{3.1}$$

となることを示し，この 3 という係数の意味するところを説明した．

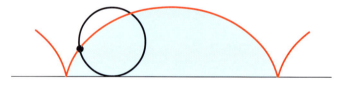

図 3.1 転がる円板の周上にある点が描くサイクロイド．

この章では，転がる円板の代わりに正多角形を用いて，より一般的な問題を解く．この問題は初等幾何学的なやり方で扱うことができ，その極限の場合としてサイクロイドの面積の公式が得られる．これには扇形の面積の公式を用いるが，サイクロイドを表す直交座標を使った方程式や媒介変数方程式は知らなくてもよい．

3.2 サイクロゴン

サイクロゴンは，多角形が直線に沿って滑ることなく転がるときに，その多角形の頂点が描く曲線である．サイクロイドと同じように，サイクロゴンは直線に沿った連続するアーチから

[訳注1] 「サイクロイド」（擺線）と「～ゴン」（～角形）を組み合わせた名称．
[訳注2] 「トロコイド」（余擺線）と「～ゴン」（～角形）を組み合わせた名称．

構成される．図 3.2 に，正 5 角形が転がる場合の例を示す．それぞれのアーチは円弧の組み合わせであり，その円弧の個数は多角形の頂点数より 1 だけ小さい．それぞれの円弧の半径は，動点となる多角形の頂点から回転の軸となる頂点までの距離に等しい．

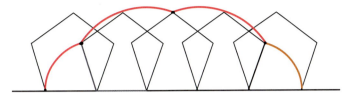

図 3.2 転がる正 5 角形の頂点が描くサイクロゴン．

まず，正多角形が作るサイクロゴンを考える．直線より上側にありサイクロゴンの一つのアーチの下側にある領域の面積を A，転がる多角形の面積を P，この多角形に外接する円板の面積を C とする．本章では，式 (3.1) を一般化した次の見事な結果を証明する．

定理 3.1. 任意の正多角形から作られたサイクロゴンに対して

$$A = P + 2C \tag{3.2}$$

が成り立つ．

円はこの多角形の辺数を限りなく増やした極限の場合と見なすことができる．また，サイクロゴンの極限はサイクロイドになる．そして，式 (3.1) は式 (3.2) の極限の場合であることがわかる．

転がる正 n 角形についての定理 3.1 は，3.3 節で証明する．一般の正 n 角形について考察する前に，単純な二つの例に対して式 (3.2) を直接導く．

例 1（正 3 角形が転がる場合）．1 辺の長さが a の正 3 角形 Δ が転がるときに，その頂点が描くサイクロゴンのアーチの一つを図 3.3 に示す．このアーチと直線で囲まれる領域は，a を半径とする二つの合同な扇形と Δ の複製から構成される．それぞれの扇形の面積は $(\pi/3)a^2$ であるが，これは Δ に外接する円板の面積 C にも等しい．したがって，Δ の面積を $[\Delta]$ とすると，

$$A = [\Delta] + 2 \times \frac{\pi}{3} a^2 = [\Delta] + 2C$$

となり，この場合には式 (3.2) が成り立つことを証明できた．

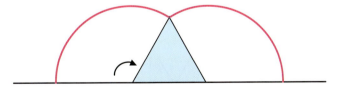

図 3.3 転がる正 3 角形の頂点が描くサイクロゴンのアーチの一つ．

例 2（正方形が転がる場合）．転がる正方形の頂点が描くサイクロゴンを図 3.4 に示す．サイクロゴンが作るアーチの下側の領域は二つの直角三角形と三つの四半円から構成され，その四半円の二つは a（正方形の辺長）を半径とし，残りの一つは $a\sqrt{2}$（正方形の対角線長）を半径と

する．二つの直角三角形の面積の和は転がる正方形の面積 a^2 に等しく，三つの四半円の面積の和は

$$2 \times \frac{\pi}{4}a^2 + \frac{\pi}{4}\left(a\sqrt{2}\right)^2 = 2 \times \pi \left(a\frac{\sqrt{2}}{2}\right)^2 = 2C$$

となる．したがって，$A = a^2 + 2C$ であり，この場合にも式 (3.2) が成り立つことが証明できた．

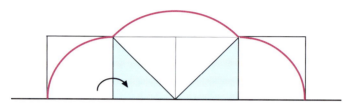

図 3.4 転がる正方形の頂点が描くサイクロゴンのアーチの一つ．

3.3 正多角形が生成するサイクロゴンアーチの面積

一般の正 n 角形の場合には，サイクロゴンのアーチの下側の領域は $(n-2)$ 個の三角形と $(n-1)$ 個の扇形から構成され，それぞれの扇形の中心角は $2\pi/n$ ラジアンになる．これらの三角形は，転がる多角形を一つの頂点とそれに隣接しない頂点を結ぶ対角線によって分割して得られる三角形が回転に伴って残す足跡と見なすことができる．$n = 6$ の場合の例を図 3.5 に示す．

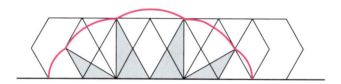

図 3.5 転がる正 6 角形を分割した三角形が残す足跡．

この三角形の面積の和は，正多角形が囲む領域の面積 P に等しい．正 6 角形の場合にこれを視覚化したものを図 3.6 に示す．

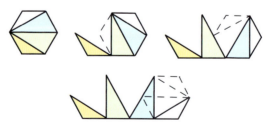

図 3.6 図 3.5 の足跡を残す三角形の配置を視覚化する．

また，扇形の半径は，一つの頂点から残りの $(n-1)$ 個の頂点までの線分の長さに等しい．r_k を半径とし $2\pi/n$ を中心角とする扇形の面積は $\pi r_k^2/n$ であるから，この $(n-1)$ 個の扇形の面積の和は

$$\frac{\pi}{n} \sum_{k=1}^{n-1} r_k^2$$

になる.

第7章の定理7.3から，1辺の長さが r_k の正方形の面積の和は

$$\sum_{k=1}^{n-1} r_k^2 = 2nr^2 \tag{3.3}$$

になる．ここで，r は多角形に外接する円の半径である．したがって，扇形の面積の和は $2\pi r^2$ に等しく，これは外接する円の面積の2倍の $2C$ であるから，定理3.1の式 (3.2) で述べているように，$A = P + 2C$ が証明できた．

定理3.1の別の解釈

定理3.1の式 (3.2) を

$$A - P = 2C$$

と書き直すと，興味深い事実が明らかになる．面積が C の円板に内接するすべての正多角形を考える．正多角形が異なれば，面積 A や P も異なるが，それらの差 $A - P$ は常に $2C$ に等しい．

そのいくつかの例を図3.7に示す．ここで，それぞれの網掛けの領域の面積が $A - P$ になる．図からは，この網掛けの領域の面積がどれも等しいことは明らかではない．しかしながら，定理3.1によって，それぞれの面積は $2C$ であることがわかる．右端の例は多角形の辺数が2になって退化した場合であり，左端の例は正多角形が円になりサイクロゴンがサイクロイドになった極限の場合である．

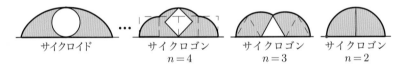

図 3.7 正 n 角形が生成するサイクロゴンアーチ．すべての網掛け領域の面積は等しい．

3.4 トロコゴン：サイクロゴンの一般化

すでに述べたように，サイクロイドは，円板が直線に沿って滑ることなく転がるときに円板の周上の点が描く曲線である．サイクロイドは，この直線に沿って周期的に連続する合同なアーチから構成される．転がる円板に固定された動点がその周上にないならば，動点が円板の内部にあるときは**内点のサイクロイド**，動点が円板の外部にあるときは**外点のサイクロイド**を描く．それぞれの例を図3.8に示す．

円板の代わりに正多角形を転がすと，多角形のそれぞれの頂点はサイクロゴンを描く．サイクロゴンの一つのアーチの下側の領域の面積 A は

$$A = P + 2C$$

で与えられることを定理3.1で証明した．ここで，P は転がる多角形の面積，C はこの多角形に外接する円板の面積である．

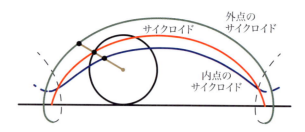

図 3.8 転がる円板に固定された点が描くサイクロイド，内点のサイクロイド，外点のサイクロイド．

この公式に $2C$ という項が現れる理由をもっと良く理解するために，より一般的に内点のサイクロゴンや外点のサイクロゴンの面積を考えると，驚くほど単純な次の結果が得られる．

定理 3.2. 転がる多角形の中心から動点 z までの距離を半径とする円板の面積を C_z とすると，

$$A = P + C + C_z \tag{3.4}$$

が成り立つ．

z が転がる多角形の周上にあれば，$C_z = C$ となり，式 (3.2) になる．また，P が C に近づく極限の場合には，この式はよく知られた $A = 2C + C_z$ になる．この節の主題であるトロコゴンという一般化されたサイクロゴンに関するより一般的な結果の極限の場合として，式 (3.4) を導く．

ここでは，より一般的な状況として，正 m 角形のまわりを転がる正 n 角形上の点 z が描く曲線を考える．ただし，二つの正多角形の 1 辺の長さは等しいものとする．正 n 角形に固定された点 z は，n 個の円弧から構成されるアーチを描き，それを周期的に繰り返す．この曲線を**トロコゴン**という．正 n 角形が正 m 角形の外側を転がる場合はこの曲線を**外転トロコゴン**といい，正 m 角形の内側を転がる場合は**内転トロコゴン**という．また，点 z が正 n 角形の内部にある場合は**内点のトロコゴン**といい，正 n 角形の外部にある場合は**外点のトロコゴン**という．動点 z が正 n 角形の頂点である場合は，z は内転サイクロゴンまたは外転サイクロゴンを描く．図 3.9 に，正 24 角形（$m = 24$）の外側を転がる正方形（$n = 4$）の内点の外転トロコゴンを示す．

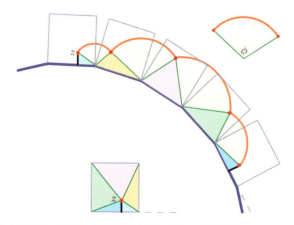

図 3.9 正 24 角形の外側を転がる正方形の内点が描く外転トロコゴンアーチ．

トロコゴンアーチの面積

この節の中心となる結果は，固定された多角形と一般的なトロコゴンのアーチに挟まれた領域の面積 A に関する単純で美しい公式である．これをトロコゴンアーチの**面積**と呼ぶ．これは，定理 3.3 の式 (3.5) により与えられる．ここで，P_n は同じ 1 辺の長さをもつ正 m 角形のまわりを転がる正 n 角形の面積，C は正 n 角形に外接する円板の面積，C_z はその円板と中心を共有し円周が動点 z を通る円板の面積である．

定理 3.3. トロコゴンアーチの面積は，次の式で与えられる．

$$A = P_n + \left(1 \pm \frac{n}{m}\right)(C_z + C) \tag{3.5}$$

ただし，複号の $+$ は外転トロコゴンの場合，$-$ は内転トロコゴンの場合である．

証明： 式 (3.5) の初等的証明には，積分もマミコンの接線掃過定理も使わない．図 3.9 の $n = 4$，$m = 24$ の場合の例によって，一般の正 m 角形の外側を転がる正 n 角形を扱うのに必要な本質的特徴を示す．動点 z は正方形の内部にあり，それが描くアーチは黄色の四つの扇形と網掛けの五つの三角形からなる．図 3.9 の下部には，それらの五つの三角形によって正方形が敷き詰められることが示されている．周期性によって，正 24 角形の外側にある最初と最後の直角三角形を合わせると，正方形内の下部の三角形になる．したがって，A は，転がる正方形の面積 P_4 に四つの扇形の面積の和を加えたものに等しい．

一般に正 m 角形の外側を正 n 角形が転がる場合，正 n 角形に固定された動点 z が描くアーチは，正 n 角形の分割を与える三角形の集合と n 個の扇形からなる．したがって，任意のトロコゴンアーチの面積 A は，転がる正 n 角形の面積 P_n に n 個の扇形の面積を加えたものに等しい．すべての扇形に共通する中心角を ϕ（ラジアン），それぞれの扇形の半径を $r_1, \ldots, r_n$ とすると，k 番目の扇形の面積は $\phi r_k^2 / 2$ になる．半径 r_k は，転がる多角形の k 番目の頂点と動点 z の距離に等しい．したがって，

$$A = P_n + \frac{1}{2}\phi \sum_{k=1}^{n} r_k^2 \tag{3.6}$$

が得られる．ここで，扇形の中心角が二つの正多角形の外角の和になること，すなわち $\phi = 2\pi/n + 2\pi/m$ であることは，簡単に示せる．すると，式 (3.6) は

$$A = P_n + \left(1 + \frac{n}{m}\right)\frac{\pi}{n}\sum_{k=1}^{n} r_k^2 \tag{3.7}$$

になる．式 (3.7) に含まれる平方の総和を求めるには，第 7 章の式 (7.10) を用いる．すなわち，r を転がる正 n 角形に外接する円の半径とし，$|z|$ を正 n 角形の中心から z までの距離とすると，

$$\frac{\pi}{n}\sum_{k=1}^{n} r_k^2 = \pi |z|^2 + \pi r^2 = C_z + C$$

が成り立つ．これを式 (3.7) に代入すると，外転トロコゴンアーチの面積の公式

$$A = P_n + \left(1 + \frac{n}{m}\right)(C_z + C) \tag{3.8}$$

が得られる．

同じようにして，正 m 角形の内側を正 n 角形が転がる場合の内転トロコゴンアーチの面積は

$$A = P_n + \left(1 - \frac{n}{m}\right)(C_z + C) \tag{3.9}$$

になる．式 (3.8) と式 (3.9) を合わせると，式 (3.5) になる．ここから，$m \to \infty$ のときには，式 (3.4) が得られる．

トロコゴンの極限：外転トロコイドおよび内転トロコイド

第 2 章では，外転トロコイドと内転トロコイドの面積の関係式を求めた．たとえば，定理 2.2 からは，固定された半径 R の円のまわりを，半径が r で面積が C の円板が転がって得られるトロコイドの全体アーチの面積が，$(3 \pm 2r/R)C$ になることがわかる．ただし，複号の + は外転トロコイドの場合，− は内転トロコイドの場合である．これは，定理 3.3 において，$n/m \to r/R$ となるように n と m をともに無限大に近づけた極限として導くこともできる．この極限の場合の式 (3.5) は，転がる円板に固定された一般の動点 z が描く外転トロコイドおよび内転トロコイドの全体アーチに対する系 2.1 の一般化にもなっている．定理 3.1 の表記を用いれば，多角形の面積 P は C になり，次の系が得られる．

系 3.1. トロコイドアーチの面積 A は，次の式で与えられる．

$$A = C + \left(1 \pm \frac{r}{R}\right)(C_z + C) \tag{3.10}$$

ただし，複号の + は外転トロコイドの場合，− は内転トロコイドの場合である．

動点 z が転がる円板の周上にある場合は $C_z = C$ であるから，式 (3.10) は，定理 2.2 からも導けるように $A = (3 \pm 2r/R)C$ と簡単な形にすることができる．

動点のとり方による違い

図 3.10 (a), (b), (c) はそれぞれ，転がる多角形の中心から同じ距離にある二つの動点 z が描くトロコゴンを示している．図 3.10 (a) は 2 角形が転がる場合で，中央の図は 2 角形の外部にあり 2 角形の中心から 1 辺の長さの半分の距離にある点 z が描くトロコゴン，右の図は 2 角形の頂点にある点 z が描くトロコゴンである．この二つのトロコゴンにおいて，面積 C_z は等しく，したがって式 (3.4) によって面積 A も等しい．図 3.10 (b) は正三角形が転がる場合で，中央の図は正三角形の内部にあり中心から底辺の中点までと同じ距離にある点 z が描くトロコゴン，右の図は正三角形の底辺の中点が描くトロコゴンである．この二つのトロコゴンにおいても C_z は等しく，したがってトロコゴンアーチの面積 A も等しい．

図 3.10 (c) の転がる多角形は，図 3.10 (b) と同じ正三角形である．中央の図は，正三角形の外部にあり中心までの距離が頂点と同じ点 z が描くトロコゴン，右の図は正三角形の頂点が描くトロコゴンである．この場合も，二つのトロコゴンアーチの面積は等しい．

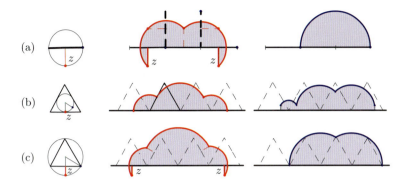

図 3.10 正三角形に固定された動点が描くトロコゴンアーチの例．それぞれの行において，網掛け領域の面積は等しい．

3.5 特別なトロコゴン

頂点を動点とする場合

ここで，式 (3.5) に戻って，動点 z が転がる正 n 角形の頂点にある場合を考える．このとき，円板の面積 C_z と C は等しくなり，式 (3.5) は外転サイクロゴンおよび内転サイクロゴンのアーチの面積を与える．

$$A = P_n + 2\left(1 \pm \frac{n}{m}\right)C \tag{3.11}$$

$n/m \to r/R$ となるように n と m をともに無限大に近づけた極限の場合には $P_n \to C$ となり，式 (3.11) は古典的な外転サイクロイドまたは内転サイクロイドのアーチの面積に対するよく知られた結果

$$A = \left(3 \pm 2\frac{r}{R}\right)C \tag{3.12}$$

になる．

式 (3.11) の特別な場合として，$n/m = 1$ の外転サイクロゴンである**カルジオゴン**[訳注3]（図 3.11）の面積は

$$A = P_n + 4C \tag{3.13}$$

で与えられる．$n \to \infty$ のときには，$P_n \to C$ となり，動点の描く曲線はカルジオイドになる．そして，式 (3.13) から $A = 5C$ が得られる．ここから，カルジオイドが囲む領域の面積は $6C$ に等しいという古典的な結果を導くことができる．なぜなら，カルジオイドのアーチの面積 $5C$ とその内部にある円板の面積 C を合わせると，カルジオイドが囲む領域の面積 $6C$ になるからである．

また，式 (3.11) の別の特別な場合として，$n/m = 1/2$ の外転サイクロゴンである**ネフロゴン**[訳注4]（図 3.12）では

$$A = P_n + 3C \tag{3.14}$$

となる．

[訳注3]　「カルジオイド」（心臓形）と「～ゴン」（～角形）を組み合わせた名称．
[訳注4]　「ネフロイド」（腎臓形）と「～ゴン」（～角形）を組み合わせた名称．

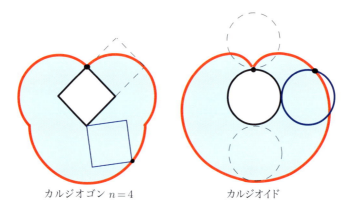

図 3.11 正 n 角形の外側を転がる正 n 角形の頂点が描くカルジオゴン．$n \to \infty$ の場合には，カルジオゴンはカルジオイドになる．

ここで $n \to \infty$ のときには，式 (3.14) は $A = 4C$ となり，ネフロイドのアーチの面積を与える．ネフロイド自体はそれぞれの面積が $4C$ の二つのアーチと内部にある面積 $4C$ の円板を合わせたものであるから，ネフロイドが囲む領域の面積は $12C$ であるというよく知られた結果に対する別証明が得られた．

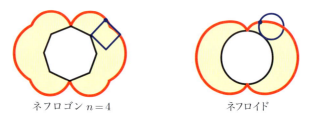

図 3.12 正 $2n$ 角形の外側を転がる正 n 角形の頂点が描くネフロゴン．$n \to \infty$ の場合には，ネフロゴンはネフロイドになる．

これに似たものとして，$n/m = 1/4$ の場合の内転サイクロゴンである**アストロゴン**[訳注 5]（図 3.13）がある．アストロゴンでは，式 (3.11) から

$$A = P_n + \frac{3}{2}C \tag{3.15}$$

が得られる．$n \to \infty$ のときには，四つの尖点をもつ内転サイクロイド（$r/R = 1/4$）であるアストロイドとなり，式 (3.15) は $A = (5/2)C$ になる．アストロイドと外側の円（面積 $16C$）に挟まれた四つのアーチの総面積は $4A = 10C$ になるので，アストロイドの内側の領域の面積は $6C$ であり，これは微積分を使わずに得られる古典的結果の一つである．

また，別の興味深い場合として，$n/m = 1/3$ の場合の内転サイクロゴンである**デルトゴン**[訳注 6]（図 3.14）がある．デルトゴンでは，式 (3.11) から

$$A = P_n + \frac{4}{3}C \tag{3.16}$$

が得られる．

[訳注 5] 「アストロイド」（四尖点形）と「〜ゴン」（〜角形）を組み合わせた名称．
[訳注 6] 「デルトイド」（三尖点形）と「〜ゴン」（〜角形）を組み合わせた名称．

アストロゴン $n=3$　　　　アストロイド

図 3.13 正 $4n$ 角形の内側を転がる正 n 角形の頂点が描くアストロゴン．$n \to \infty$ の場合には，アストロゴンはアストロイドになる．

デルトゴン $n=4$　　　　デルトイド

図 3.14 正 $3n$ 角形の内側を転がる正 n 角形の頂点が描くデルトゴン．$n \to \infty$ の場合には，デルトゴンはデルトイドになる．

$n \to \infty$ のときには，三つの尖点をもつ内転サイクロイド（$r/R = 1/3$）であるデルトイドとなり，式 (3.16) は $A = (7/3)C$ になる．デルトイドと固定円に挟まれた三つのアーチの総面積は $3A = 7C$ になり，固定円の面積は $9C$ なので，デルトイドの内側の領域の面積は $2C$ になる．これもまた，よく知られた結果である．

いささか驚くべき例として，**ダイアモゴン**[訳注7] と呼ばれる $n/m = 1/2$ の場合の内転サイクロゴンがある．ダイアモゴンは，正 $2n$ 角形の内側を転がる正 n 角形の頂点にある動点 z が描く曲線である．正 n 角形が正 $2n$ 角形の内側を 1 周すると，動点 z は正 $2n$ 角形の直径に関して対称的な位置にある二つの $(n-1)$ 個の円弧から構成される曲線を描く．$n=3$ と $n=4$ の場合の例を図 3.15 に示す．

ダイアモゴン $n=3$　　　　ダイアモゴン $n=4$

図 3.15 正 $2n$ 角形の内側を転がる正 n 角形の頂点が描くダイアモゴン．

$C_z = C$ であるから，式 (3.9) を用いると，ダイアモゴンの一つのアーチの面積が $A = P_n + C$ であることがわかる．したがって，ダイアモゴンと外側の正 $2n$ 角形に挟まれた二つのアーチの総面積は $2A = 2(P_n + C)$ になる．$n \to \infty$ とした極限の場合には，この値は $2A = 4C$ に

[訳注7]「ダイアミター」（直径）と「〜ゴン」（〜角形）を組み合わせた名称．

なる．しかし，固定された外側の円の面積も $4C$ なので，これはダイアモゴンの二つの弧に挟まれた領域の面積が 0 に近づくことを意味する．言い換えると，$n \to \infty$ のときには，ダイアモゴンは固定された円の直径を二重になぞるようになる．

定理 3.3 の別の幾何学的解釈

定理 3.3 の式 (3.5) を次の形に書き直す．

$$A - P_n = \left(1 \pm \frac{n}{m}\right)(C_z + C)$$

これは，この式の右辺が一定である限り，すべての正 n 角形に対して差分 $A - P_n$ が同じであることを表している．面積 C は同じ円に内接する n 角形すべてで一定であり，転がる多角形の中心からの距離が同じになるように動点 z を選べば面積 C_z に変わりはなく，n/m が一定であれば $(C_z + C)$ の係数は変わらない．$n/m = 1$，$C_z = C$，$A - P_n = 4C$ の場合の例を図 3.16 に示す．

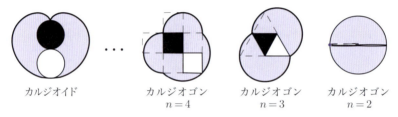

図 3.16　正 n 角形が描くカルジオゴンの例．すべての薄い網掛け領域の面積は等しい．

動点が頂点でない場合

ここで，n 角形の頂点にはない動点 z が描く内転トロコゴンの例を考えよう．$n/m = 1/2$ の場合のこの内転トロコゴンを**エリプソゴン**[訳注 8]と呼ぶ．なぜなら，$n \to \infty$ とした極限の場合は楕円になるからである．正 8 角形の内側を転がる正方形で，正方形の内部にある動点 z の例を図 3.17 に示す．この場合，エリプソゴンの二つのアーチは，それぞれ四つの円弧から構成される．

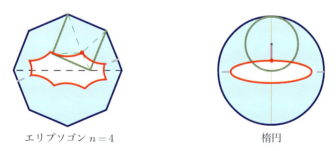

図 3.17　正 $2n$ 角形の内側を転がる正 n 角形の内点が描くエリプソゴン．$n \to \infty$ の場合には，エリプソゴンは楕円になる．

$n \to \infty$ とした極限の場合には，それぞれのアーチの面積は式 (3.9) によって $A = C + (C_z + C)/2$ で与えられるので，二つのアーチが作る領域の面積は $2A = 3C + C_z$ になる．エリプソ

[訳注 8]　「エリプス」（楕円）と「〜ゴン」（〜角形）を組み合わせた名称．

ゴンの極限として得られる楕円の面積は $4C - 2A = C - C_z$ に等しい．内側の円の半径が r で，その円の中心から z までの距離が s であれば，

$$C - C_z = \pi(r^2 - s^2) = \pi(r+s)(r-s)$$

が成り立つ．距離 $r+s$ と $r-s$ は楕円の二つの半軸長 $a = r+s$ と $b = r-s$ であるから，楕円の面積の一般的な公式 $C - C_z = \pi ab$ が得られた．

動点 z は，転がる n 角形の外部にある場合も，エリプソゴンを描く．転がる n 角形の内部または外部にある動点 z を n 角形の頂点に近づけていくと，エリプソゴンはダイアモゴンになり，それは $n \to \infty$ とすると直径になる．

3.6 サイクロゴンアーチの弧長

定理 3.1 と定理 3.2 では，正多角形から得られるサイクロゴンのアーチの面積に関する定理である．次に，サイクロゴンのアーチの弧長を求める問題を考える．この問題の本質をより良く理解するために，必ずしも正多角形とは限らない一般の凸 n 角形から得られるアーチの面積と弧長を扱う．まず，図 3.18 の例に示すように，一般の凸 n 角形が直線に沿って転がり，動点 z がこの n 角形の内部にある場合を考える．

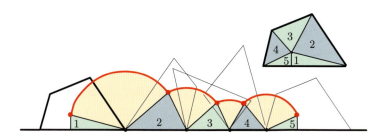

図 3.18 直線に沿って転がる四角形の内点が描く内点のサイクロゴン．

直線に沿って転がる一般の凸 n 角形で，動点が内点の場合

一般の凸 n 角形を扱うために必要となるすべての本質的特徴は，図 3.18 の転がる四角形に図示されている．

四角形が 1 回転すると，動点は四つの円弧を描く．このサイクロゴンの円弧と直線に囲まれた領域は，図 3.18 において，黄色の四つの扇形と右上の四角形の分割を与える三角形の集合で構成される．一般の n 角形が直線に沿って 1 回転すると，動点 z は n 個の扇形と n 角形の分割を与える三角形の集合で構成される領域を作り出す．このサイクロゴンが作る領域の面積と対応するアーチの弧長を求めたい．

この領域の面積 A は，転がる n 角形の面積 P_n に n 個の扇形の面積の和を加えたものになる．それぞれの扇形の半径を $r_1, \ldots, r_n$ とし，r_k を半径とする扇形の中心角を ϕ_k（ラジアン）とすると，k 番目の扇形の面積は $(1/2)\phi_k r_k^2$ になる．r_k は転がる多角形の k 番目の頂点と動点 z の距離に等しく，ϕ_k はその頂点の外角であることに注意しよう．こうして

$$A = P_n + \frac{1}{2}\sum_{k=1}^{n} \phi_k r_k^2 \tag{3.17}$$

が得られる．また，k 番面の扇形の円弧の長さは $\phi_k r_k$ である．これらの和が，この内点のサイクロゴンの一つのアーチの弧長 L になる．

$$L = \sum_{k=1}^{n} \phi_k r_k \tag{3.18}$$

半径と外角に関してより詳しくわからないと，式 (3.17) と式 (3.18) の右辺の総和をこれ以上簡単にすることはできない．それゆえ，ここからは正多角形が転がる場合を考える．

直線に沿って転がる正 n 角形の場合

転がる n 角形が正多角形の場合，動点が頂点にあればサイクロゴンが描かれ，動点が多角形の内部にあれば内点のサイクロゴンが，動点が多角形の外部にあれば外点のサイクロゴンが描かれる．この場合，それぞれの外角 ϕ_k は $2\pi/n$ に等しく，公式 (3.17) と式 (3.18) はそれぞれ

$$A = P_n + \frac{\pi}{n} \sum_{k=1}^{n} r_k^2 \tag{3.19}$$

$$L = \frac{2\pi}{n} \sum_{k=1}^{n} r_k \tag{3.20}$$

となる．動点が頂点にあれば，すでに述べたように，式 (3.19) の総和は第 7 章の式 (7.10) を用いて簡単にすることができ，ここから定理 3.1 と定理 3.2 が導かれる．

同じように式 (3.20) の総和を簡単にできるような，式 (7.10) に似た式はない．一般的に弧長の計算は面積の計算よりも大変であることが多いため，これは驚くに当たらない．たとえば，楕円に囲まれた領域の面積は（微積分を使わずに）簡単に求めることができるが，一般的な楕円の弧長の計算には楕円積分が必要となる．ここでは，（微積分を使わずに）動点 z が転がる正多角形の頂点にある場合の外転サイクロゴンや内転サイクロゴンのアーチの弧長を求めよう．

（動点が頂点の場合の）サイクロゴンの弧長

動点 z が正 n 角形の頂点にあるならば，それが描くトロコゴンはサイクロゴンであり，式 (3.19) は定理 3.1 の式 (3.2) になる．すでに述べたように，$n \to \infty$ とした極限の場合には，P_n は C となってサイクロゴンはサイクロイドとなり，式 (3.2) は古典的な結果 $A = 3C$ を与える．

また，D を転がる円の直径とすると，サイクロイドのアーチの弧長 L は $4D$ に等しいという古典的結果もある．次の定理は，この結果を一般化したものである．

定理 3.4. 転がる正 n 角形の頂点が描くサイクロゴンのアーチの弧長は，次の式で与えられる．

$$L = 4D \left(\frac{\pi}{2n} \cot \frac{\pi}{2n} \right) \tag{3.21}$$

ここで，D はこの正 n 角形に外接する円の直径である．

この定理から，$n \to \infty$ とすると $L \to 4D$ となることがわかる．なぜなら

$$\lim_{n \to \infty} \left(\frac{\pi}{2n} \cot \frac{\pi}{2n} \right) = 1$$

が成り立つからである．n が小さな値でも，

$$\frac{\pi}{2n} \cot \frac{\pi}{2n}$$

の値は,驚くほど 1 に近い.たとえば,$n = 3, 4, 5, 6$ のとき,この式の値の小数点以下 2 桁はそれぞれ $0.91, 0.95, 0.97, 0.98$ になる.

定理 3.4 の証明: r_k が動点から多角形の k 番目の頂点までの距離であることに注意すると,動点が頂点の一つである場合には,式 (3.20) は

$$L = \frac{2\pi}{n} \sum_{k=1}^{n-1} r_k \tag{3.22}$$

になる.ここで $r_1, \ldots, r_{n-1}$ は,動点である頂点と残りの $(n-1)$ 個の頂点それぞれを結ぶ線分の長さである.

図 3.19 に,正 5 角形の例 (a) と正 6 角形の例 (b) を示す.(a) では,長さ r_1, r_2, r_3, r_4 の線分 4 本が長さ D の直径に対して対称的に配置されている.(b) では,5 本の線分のうちの 1 本は直径であり,残りの 4 本が直径に対して対称的に配置されている.

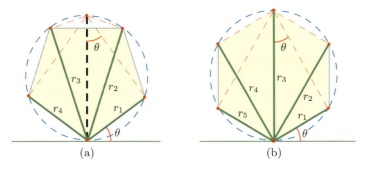

図 3.19 正多角形の一つの頂点から残りの頂点それぞれに引いた線分.

一般の正 n 角形では,長さ r_k のそれぞれの線分と長さ D の直径を合わせると,半円に内接し半円の直径を斜辺とする直角三角形になる.この直角三角形の一方の鋭角は $k\theta = k\pi/n$ であるから,

$$r_k = D \sin \frac{k\pi}{n}$$

が成り立ち,式 (3.22) は

$$L = \frac{2\pi D}{n} \sum_{k=1}^{n-1} \sin \frac{k\pi}{n} \tag{3.23}$$

となる.幸運なことに,式 (3.23) の $\sin$ の総和を簡単にすることができる三角関数の等式がある.それは,π の整数倍でない任意の実数 x に対して

$$\sum_{k=1}^{n} \sin(2kx) = \frac{\sin(n+1)x \sin nx}{\sin x} \tag{3.24}$$

が成り立つというものである.

この等式は,任意の複素数 $z \neq 1$ に対して成り立つ等比級数の和の初等的な公式

$$\sum_{k=1}^{n} z^k = z \frac{z^n - 1}{z - 1}$$

の見かけが変わっただけである．この公式で，$z = e^{2ix}$ とすると

$$\sum_{k=1}^{n} e^{2ikx} = e^{2ix} \frac{e^{2inx} - 1}{e^{2ix} - 1} = e^{2ix} \frac{e^{inx}(e^{inx} - e^{-inx})}{e^{ix}(e^{ix} - e^{-ix})} = e^{i(n+1)x} \frac{\sin nx}{\sin x} \tag{3.25}$$

が得られる．この式の両辺の虚数部をとると，式 (3.24) になる．$x = \pi/(2n)$ とすると，式 (3.24) の $k = n$ の項は消えて，

$$\sum_{k=1}^{n-1} \sin \frac{k\pi}{n} = \frac{\sin\left(\frac{\pi}{2n} + \frac{\pi}{2}\right) \sin\left(\frac{\pi}{2}\right)}{\sin \frac{\pi}{2n}} = \cot \frac{\pi}{2n}$$

となる．こうして，式 (3.23) は式 (3.21) になって，サイクロゴンの弧長を与えることがわかる．

式 (3.25) の実数部をとると，cos の公式

$$\sum_{k=1}^{n} \cos(2kx) = \frac{\cos(n+1)x \sin nx}{\sin x}$$

が得られる．この式の $\cos(2kx)$ を $1 - 2\sin^2(kx)$ で置き換えると

$$2 \sum_{k=1}^{n} \sin^2(kx) = n - \frac{\cos(n+1)x \sin nx}{\sin x} \tag{3.26}$$

となる．3.9 節ではこの結果を用いる．

3.7　外転サイクロゴンおよび内転サイクロゴンの弧長

次に，より一般的に正 n 角形が正 m 角形に沿って転がる場合を考える．ただし，この二つの正多角形の 1 辺の長さは等しいものとする．正 n 角形の頂点が描く曲線を**外転サイクロゴン**または**内転サイクロゴン**と呼ぶ．次の定理は，これらの弧長を（同じ正 n 角形が直線に沿って転がるときの）サイクロゴンの弧長に帰着させる．式 (3.21) で与えられるサイクロゴンの弧長を L_o と表記する．

定理 3.5. 正多角形の頂点が描く外転サイクロゴンおよび内転サイクロゴンのアーチの長さ L は，その多角形のサイクロゴンの弧長 L_o を用いて

$$L = \left(1 \pm \frac{n}{m}\right) L_o \tag{3.27}$$

と表すことができる．ただし，複号の + は外転サイクロゴンの場合，− は内転サイクロゴンの場合である．

証明： 多角形が直線に沿って転がる場合の式 (3.20) を導き出す際に用いた議論は，このより一般的な場合にも適用することができる．違いは，式 (3.18) では k 番目の頂点のまわりに多角形が回転する角度 ϕ_k が，外転サイクロゴンでは $2\pi/n + 2\pi/m$ に，内転サイクロゴンでは $2\pi/n - 2\pi/m$ になるということだけである．すると，一つのアーチの長さは，式 (3.20) ではなく，

$$L = \left(\frac{2\pi}{n} \pm \frac{2\pi}{m}\right) \sum_{k=1}^{n} r_k \tag{3.28}$$

になる．ただし，複号の＋は外転サイクロゴンの場合，－は内転サイクロゴンの場合である．ここでも，転がる多角形に外接する円の直径を D とすると，$r_k = D\sin(k\pi/n)$ が成り立ち，式 (3.21) の代わりに定理 3.5 の式 (3.27) が得られる．予想されるように，式 (3.21) は式 (3.27) で $m \to \infty$ とした極限の場合である．

$n/m \to r/R$ となるように n と m を無限大に近づけた極限においては，半径 r の円が半径 R の固定円のまわりを転がる場合になる．このとき，式 (3.27) の極限値として，対応する外転サイクロイドおよび内転サイクロイドの弧長が得られる．転がる円の直径 D が $2r$ であることに注意すると，この弧長の極限値は

$$L = 4D\left(1 \pm \frac{D}{2R}\right) = 8r\left(1 \pm \frac{r}{R}\right)$$

と表すことができる．

3.8 いくつかの特別なトロコゴン

いくつかの古典的なトロコイドには，カルジオイド（心臓形），ネフロイド（腎臓形），アストロイド（四尖点形），デルトイド（三尖点形）など，その形状を表す名前がつけられている．これらのトロコイドを極限とするようなトロコゴンには，そのトロコイドと同じような名前をつける．たとえば，カルジオゴンは，正 n 角形が固定されたそれ自身の複製のまわりを転がることで描かれる．図 3.20 に $n = 6$ の場合の例を示す．$n \to \infty$ とすると，カルジオゴンはカルジオイドになる．

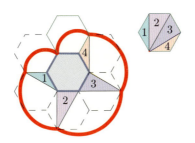

図 3.20 それ自身の複製のまわりを転がる正 6 角形が描くカルジオゴン．

式 (3.11) から導くことのできるいくつかの特別なトロコゴンの一つのアーチの面積と，それに対応するトロコイドのよく知られた古典的な結果を表 3.1 に示す．また，合わせてトロコイドの弧長も提示する．ここで，P_n は転がる正 n 角形の面積，C はそれに外接する円の面積，D はその円の直径である．

この表の最後の行は，いくぶん意外な結果である．ダイアモゴンは，$n/m = 1/2$ の場合の内転サイクロゴンである．その曲線は，正 $2n$ 角形の内側を転がる正 n 角形の頂点によって描かれる．正 n 角形が正 $2n$ 角形の内側を 1 周すると 2 本の曲線が描かれ，それぞれの曲線は正 $2n$ 角形の直径に関して対称的に配置された $(n-1)$ 個の円弧から構成される．式 (3.27) を用いると，ダイアモゴンの一つのアーチの長さ L_{diam} は

$$L_{\mathrm{diam}} = 2D\left(\frac{\pi}{2n}\cot\frac{\pi}{2n}\right)$$

表 3.1 いくつかの特別なトロコゴンの一つのアーチの面積と，それに対応するトロコイドの面積と弧長．トロコゴンの弧長は，式 (3.27) で与えられる．

トロコゴン	倍率 $1 \pm n/m$	面積	トロコイド	面積	弧長
サイクロゴン	$1 + n/\infty = 1$	$P_n + 2C$	サイクロイド	$3C$	$4D$
カルジオゴン	$1 + n/m = 2$	$P_n + 4C$	カルジオイド	$5C$	$8D$
ネフロゴン	$1 + n/m = 3/2$	$P_n + 3C$	ネフロイド	$4C$	$6D$
デルトゴン	$1 - n/m = 2/3$	$P_n + 4C/3$	デルトイド	$7C/3$	$8D/3$
アストロゴン	$1 - n/m = 3/4$	$P_n + 3C/2$	アストロイド	$5C/2$	$3D$
ダイアモゴン	$1 - n/m = 1/2$	$P_n + C$	直径	$2C$	$2D$

であることがわかる．$n \to \infty$ のときには，L_{diam} は正 $2n$ 角形に外接する円の直径 $2D$ に近づく．これは，$n \to \infty$ のときに，ダイアモゴンの一つのアーチはこの円の直径になるという事実とつじつまが合う．この円とアーチの間にある領域は，この円の半分の面積である面積 $2C$ の半円板である．

多くの古典的な曲線の歴史は，ウェブサイト

http://www-groups.dcs.st-andrews.ac.uk/history/Curves

にある．ここでは，それらの曲線に関連した動画を見ることもできる．また，面積や弧長の公式を含む別の情報源として，文献 [29] がある．

3.9 部分的なトロコゴン

第 2 章で，直線に沿って，あるいはより一般的には円周のまわりを転がる円板が完全に 1 回転しない場合のサイクロイドの面積の関係式を求めた．この節では，直線または多角形に沿って転がる多角形が完全に 1 回転しない場合の頂点が描く部分的なトロコゴンの面積や弧長に対する公式を求める．

部分的なサイクロゴン

3.6 節と同じように，直線に沿って転がる正 n 角形の頂点が描くサイクロゴンにおいて，多角形の n 本の辺のうち最初の p 本分だけを転がす．ただし，$p \leq n$ とする．このとき，面積 A_o^p と弧長 L_o^p の公式は，式 (3.19) と式 (3.20) の代わりに次のようになる．

$$A_o^p = P_n^p + \frac{\pi}{n} \sum_{k=1}^{p} r_k^2$$

$$L_o^p = \frac{2\pi}{n} \sum_{k=1}^{p} r_k$$

ここで，上つきの添字 p は多角形が p 本の辺だけを転がったことを表し，下つきの添字 o は多角形が直線に沿って転がることを表す．P_n^p は，図 3.6 のような隣り合う三角形の足跡から構成された転がる n 角形の切片の面積である．これまでと同じく，D を転がる n 角形に外接する円の直径とすると，

$$r_k = D \sin \frac{k\pi}{n}$$

が成り立つ．この r_k の値を用いると，面積と弧長の公式は

$$A_o^p = P_n^p + \frac{\pi D^2}{n} \sum_{k=1}^{p} \sin^2 \frac{k\pi}{n} \tag{3.29}$$

$$L_o^p = \frac{2\pi D}{n} \sum_{k=1}^{p} \sin \frac{k\pi}{n} \tag{3.30}$$

となる．$n = p$ とした式 (3.26) を使って式 (3.29) を変形すると，次の定理が得られる．

定理 3.6. 部分的なサイクロゴンの面積は，次の式で与えられる．

$$A_o^p = P_n^p + \frac{\pi D^2}{2n} \left[p - \frac{\sin \frac{p\pi}{n}}{\sin \frac{\pi}{n}} \cos \frac{(p+1)\pi}{n} \right] \tag{3.31}$$

同様にして，$n = p$ として式 (3.24) を使って式 (3.30) を変形すると，次の定理が得られる．

定理 3.7. 部分的なサイクロゴンの弧長は，次の式で与えられる．

$$L_o^p = \frac{2\pi D}{n} \frac{\sin \frac{p\pi}{2n}}{\sin \frac{\pi}{2n}} \sin \frac{(p+1)\pi}{2n} \tag{3.32}$$

$\omega = 2\pi p/n$ とする．これは，転がる多角形が p 本の辺だけを転がったときに，その半径が回転する角度である．この ω を用いると，式 (3.31) と式 (3.32) は

$$A_o^p = P_n^p + \frac{D^2}{4}\omega - \frac{D^2}{2} \frac{\frac{\pi}{n}}{\sin \frac{\pi}{n}} \sin \frac{\omega}{2} \cos \left(\frac{\omega}{2} + \frac{\pi}{n} \right) \tag{3.33}$$

$$L_o^p = 4D \frac{\pi}{2n} \frac{1}{\sin \frac{\pi}{2n}} \sin \frac{\omega}{4} \sin \left(\frac{\omega}{4} + \frac{\pi}{2n} \right) \tag{3.34}$$

となる．

ここで，比 p/n を一定値 $\omega/(2\pi)$ に保ちながら，n と p を無限大に近づける．このときの A_o^p と L_o^p の極限値をそれぞれ A_o^ω，L_o^ω と表記する．すると，C^ω を扇形の面積とするとき，$P_n^p \to C^\omega$ であることが容易にわかる．したがって，式 (3.33) から極限の面積は

$$A_o^\omega = C^\omega + \frac{D^2}{4}(\omega - \sin \omega) \tag{3.35}$$

となる．第 2 章の式 (2.6) で

$$C^\omega = \frac{D^2}{8}(\omega - \sin \omega)$$

であったことを思い出すと，式 (3.35) は

$$A_o^\omega = \frac{3D^2}{8}(\omega - \sin \omega) = 3C^\omega \tag{3.36}$$

になる．これは定理 2.1 の別証明になっていて，$\omega = 2\pi$ の場合には式 (3.36) は式 (3.1) に簡略化できる．

弧長については，式 (3.34) の極限値は

$$L_o^\omega = 4D \sin^2 \frac{\omega}{4} = 2D \left(1 - \cos \frac{\omega}{2} \right) \tag{3.37}$$

になる．

部分的な外転サイクロゴンおよび内転サイクロゴン

部分的な外転サイクロゴンや内転サイクロゴンの面積 A^p と弧長 L^p についても同じような公式が得られる．正 n 角形をそれと 1 辺の長さの等しい正 m 角形に沿って転がすとき，面積に関して次の定理が成り立つ．

定理 3.8. 外転サイクロゴン扇および内転サイクロゴン扇の面積は，対応するサイクロゴン扇の面積と次の関係式で結びつけられる．

$$A^p - P_n^p = \left(1 \pm \frac{n}{m}\right)(A_o^p - P_n^p) \tag{3.38}$$

外転サイクロゴン扇および内転サイクロゴン扇における $A^p - P_n^p$ を足し合わせると，式 (3.38) の右辺の和と差の項が打ち消し合うので，次の系が得られる．

系 3.2. 外転サイクロゴン扇と内転サイクロゴン扇における差分 $A^p - P_n^p$ の和は，$2(A_o^p - P_n^p)$, すなわち，対応するサイクロゴン扇の面積の 2 倍に等しい．

弧長に関しても，これらと対になる結果が成り立つ．

定理 3.9. 部分的な外転サイクロゴンおよび内転サイクロゴンの弧長は，対応するサイクロゴンの弧長と次の関係式で結びつけられる．

$$L^p = \left(1 \pm \frac{n}{m}\right) L_o^p \tag{3.39}$$

系 3.3. 部分的な外転サイクロゴンと内転サイクロゴンの弧長の和は，$2L_o^p$ に等しい．

3.14 節では，系 3.2 と系 3.3 を拡張する．$n/m \to r/R$ となるように n と m を無限大に近づけると，定理 3.8 によって

$$A^\omega - C^\omega = \left(1 \pm \frac{r}{R}\right)(A_o^\omega - C^\omega) \tag{3.40}$$

が成り立ち，ここから定理 2.2 を導くことができる．弧長についても，定理 3.9 からこれと対になる結果

$$L^\omega = \left(1 \pm \frac{r}{R}\right) L_o^\omega \tag{3.41}$$

が得られる．

3.10 インボリュートゴンの弧長と面積

与えられた曲線に巻きついた伸び縮みしない紐をピンと張りながらほどいていくと，紐の自由端はその曲線の**伸開線**と呼ばれる曲線を描く．ここでは，固定された多角形のまわりに巻きつく直線上の点が描く曲線である**インボリュートゴン**[訳注9] を導入する．インボリュートゴンは，転がる多面体の辺数が無限に近づいた場合の外転サイクロゴンの極限と見なすことができる．

この節では，多角形が正 m 角形であるようなもっとも単純な場合を扱う．$m=8$ の場合の例を図 3.21 に示す．この例では，（転がる多角形の極限の場合である）動く直線は，最初は正

[訳注9]「インボリュート」（伸開線）と「〜ゴン」（〜角形）を組み合わせた名称．

8角形の上側の辺に沿っていて，動点は正8角形の頂点にある．これは，正8角形に巻きついた伸び縮みしない紐をピンと張りながらほどくことで物理的に実現することができる．この紐の自由端がインボリュートゴンを描く．図3.21に示したインボリュートゴンの一部分は，四つの円弧の組み合わせになっている．

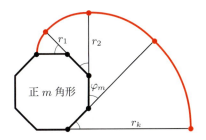

図 3.21 正8角形のまわりに巻きつく点が描くインボリュートゴン．

一般の正m角形に巻きついた紐を辺のp本分だけをほどくとき，この紐の端点が描く弧長L^pとこの紐が掃く領域の面積A^pの公式を示す．正m角形のそれぞれの辺の長さをaとすると，インボリュートゴンは$a, 2a, 3a, \ldots, pa$をそれぞれ半径とする円弧から構成され，それぞれの円弧の中心角は正多角形の頂点の外角φ_mに等しい．k番目の円弧の長さは$ka\varphi_m$になり，それが作る扇形の面積は$(ka)^2\varphi_m/2$になる．その結果として，

$$L^p = a\varphi_m \sum_{k=1}^{p} k = a\varphi_m \frac{p(p+1)}{2} \tag{3.42}$$

$$A^p = \frac{1}{2}a^2\varphi_m \sum_{k=1}^{p} k^2 = \frac{1}{2}a^2\varphi_m \left(\frac{p^3}{3} + \frac{p^2}{2} + \frac{p}{6}\right) \tag{3.43}$$

が得られる．

これらの公式は，正m角形に外接する円の半径Rを用いて表すこともできる．$a = 2R\sin(\pi/m)$で$\varphi_m = 2\pi/m$であるから，式(3.42)と式(3.43)はそれぞれ

$$L^p = p(p+1)\left(\frac{\pi}{m}\sin\frac{\pi}{m}\right)(2R) \tag{3.44}$$

$$A^p = \left(\frac{p^3}{3} + \frac{p^2}{2} + \frac{p}{6}\right)\left(\frac{\pi}{m}\sin^2\frac{\pi}{m}\right)(4R^2) \tag{3.45}$$

になる．

$m \to \infty$とした極限の場合には，インボリュートゴンは半径Rの円の伸開線になる．紐をほどいた部分のm角形の中心角を$\alpha = 2\pi p/m$とする．比p/mを一定に保つようにmとpを無限大に近づけると，式(3.44)と式(3.45)はそれぞれ$L^p \to L(\alpha)$，$A^p \to A(\alpha)$となるので，

$$L(\alpha) = \frac{1}{2}R\alpha^2 \tag{3.46}$$

$$A(\alpha) = \frac{1}{6}R^2\alpha^3 \tag{3.47}$$

が得られる．

3.11 自己サイクロゴンの面積と弧長

ここで，任意の n 角形（必ずしも正多角形である必要はない）をその鏡像に沿って転がし，それが1回転する間にそれぞれの辺が鏡像の対応する辺と相対する場合に立ち戻ろう．この転がる n 角形に固定された動点 z が描く曲線を**自己サイクロゴン**と呼ぶ．図 3.20 は，正 6 角形の頂点が描く自己サイクロゴンである．また，図 3.22 は，図 3.18 に示した一般の四角形の内部にある動点 z が描く自己サイクロゴンである．（これは内点の外転トロコゴンの例になっている．）

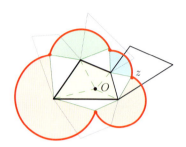

図 3.22 図 3.18 の四角形を固定されたそれ自身の複製に沿って転がして得られる自己サイクロゴン．点 O は，動点 z の鏡像である．

一般の自己サイクロゴンについては，それぞれの頂点での回転角は，直線に沿って転がる場合の外角 ϕ_k の 2 倍になる．それゆえ，式 (3.17) と式 (3.18) で与えられる面積と弧長の一般的公式は，それぞれ

$$A_a = P + \sum_{k=1}^{n} \phi_k r_k^2 \qquad (3.48)$$

$$L_a = 2\sum_{k=1}^{n} \phi_k r_k \qquad (3.49)$$

となる．ここで，A と L につけた添字 a は，これが自己サイクロゴンによるものであることを表す．一般的に式 (3.48) と式 (3.49) に現れる総和を簡略化することはできないが，この自己サイクロゴンの面積と弧長を，それぞれ式 (3.17) と式 (3.18) で与えられるサイクロゴンの面積 A と弧長 L と比較することはできる．式 (3.48) を式 (3.17) と比べると，$A_a - P = 2(A - P)$ であることがわかるので，$A_a + P = 2A$ になる．図 3.22 は，この式の幾何学的な意味を示している．自己サイクロゴンは固定された多角形を取り囲む一つの閉じたアーチから構成されるので，自己サイクロゴンが取り囲む全面積 $A + P$ は，対応するサイクロゴンの面積の 2 倍になる．また，式 (3.49) を式 (3.18) と比べると $L_a = 2L$ であることがわかるので，自己サイクロゴンの弧長は対応するサイクロゴンの弧長の 2 倍になる．こうして，次の二つの比較定理を証明することができた．

定理 3.10. 自己サイクロゴンが取り囲む領域の面積は，その多角形を直線に沿って転がして得られるサイクロゴンのアーチの面積の 2 倍に等しい．

定理 3.11. 自己サイクロゴンの弧長は，その多角形を直線に沿って転がして得られるサイクロゴンのアーチの弧長の 2 倍に等しい．

この二つの定理は，いずれも動点 z の位置にかかわらず成り立つ．図 3.22 の自己サイクロゴンを図 3.18 のトロコゴンと比較すると，これを幾何学的に説明することができる．この二つの図は，同じ形の転がる四角形の内部にある同じ動点 z により描かれたものである．図 3.22 のそれぞれの扇形の中心角は，図 3.18 の対応する扇形の中心角の 2 倍に等しいが，半径は等しく，したがって，その面積と弧長はそれぞれ 2 倍であることがわかる．図 3.22 において，すべての扇形に囲まれた角形領域は，固定された四角形と，それの分割を与える四つの三角形を合わせたものである．したがって，この多角形領域の面積は，四角形の面積の 2 倍に等しい．

部分的な自己サイクロゴン

部分的な自己サイクロゴンの場合も，式 (3.48) と式 (3.49) の総和の上端 n を p に置き換えるだけでよい．定理 3.10 と定理 3.11 の証明に用いた議論と同様にして，部分的な自己サイクロゴンについても同じような結果が得られる．ただし，部分的な自己サイクロゴン扇には，固定された多角形の対応する切片が含まれる．これらの切片は，図 3.22 に示したように，すべて動点 z の鏡像 O を共通の頂点とする三角形である．

定理 3.12. 自己サイクロゴン扇の面積は，この多角形を直線に沿って転がして得られる，対応するサイクロゴン扇の面積の 2 倍に等しい．

定理 3.13. 部分的な自己サイクロゴンの弧長は，この多角形を直線に沿って転がして得られる，対応するサイクロゴンの弧の弧長の 2 倍に等しい．

これらの定理の極限の場合として，滑らかな曲線が固定されたその鏡像に沿って転がるときのトロコイドである自己トロコイドに対する次の系が得られる．

系 3.4. 滑らかな曲線の自己トロコイド扇の面積は，この曲線を直線に沿って転がして得られる対応するトロコイド扇の面積の 2 倍に等しい．

系 3.5. 滑らかな曲線の部分的な自己トロコイドの弧長は，この曲線を直線に沿って転がして得られる対応するトロコイドの弧の弧長の 2 倍に等しい．

たとえば，円板に固定された点は，円板がそれと同じ大きさの円板のまわりを転がると自己トロコイド（内点の自己トロコイド，外点の自己トロコイド，カルジオイド）を描き，直線に沿って転がると，サイクロイド曲線（内点のトロコイド，外点のトロコイド，通常のサイクロイド）を描く．系 3.4 から，自己トロコイド扇の面積は，対応するトロコイド扇の面積の 2 倍になることがわかる．系 3.5 から，自己トロコイドの弧の弧長は，対応するトロコイドの弧の弧長の 2 倍になることがわかる．とくに，これらの結果は全体アーチに対して成り立つ．これらの系の応用を次の 2 節で示す．

3.12　楕円的懸垂線，双曲的懸垂線，放物的懸垂線

楕円的懸垂線

直線に沿って転がる楕円を図 3.23 (a) に示す．このとき，楕円の焦点 F_1 が描く曲線を**楕円的懸垂線**と呼ぶ．楕円的懸垂線は，周期的に繰り返すアーチから構成され，それぞれのアーチ

は楕円のちょうど1回転に対応する．このとき，図 3.24 (a) に示す弧長 s と縦線集合の面積を求めたい．これらを求めるには，図 3.23 (b) のように，この楕円と同じ弧長をもつ複製を固定し，それに沿ってこの楕円を転がし，系 3.4 と系 3.5 を適用する．この場合，焦点が描く自己トロコイドは，半径 R が楕円の長軸長に等しい円になる．

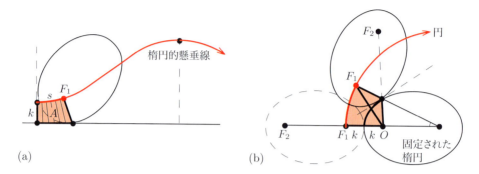

図 3.23 (a) 楕円を直線に沿って転がすと，その焦点 F_1 は楕円的懸垂線を描く．(b) 楕円を固定されたそれ自身の複製に沿って転がすと，その焦点 F_1 は，半径 R が楕円の長軸長に等しい円弧を描く．

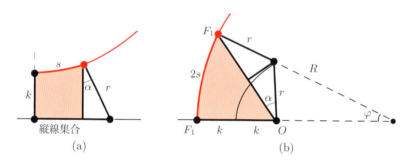

図 3.24 図 3.23 を拡大したもの．(a) の楕円的懸垂線の下側にある縦線集合の面積は，(b) の網掛け領域の面積の半分に等しい．

　系 3.4 によって，楕円的懸垂線の一つのアーチ全体が囲む領域の面積は，図 3.23 (b) の半径 R の円の面積の半分，すなわち $\pi R^2/2$ になる．そして，系 3.5 によって，楕円的懸垂線の弧長は，この円の周長の半分，すなわち πR になる．より一般的には，これらの系によって，図 3.23 (b) の楕円が固定された楕円のまわりを途中まで転がるとき，楕円を転がった弧長と同じだけ直線に沿って転がすと，対応する（図 3.23 (a) の網掛け部分の）面積 A は，図 3.23 (b) の扇形の中の網掛け部分の面積の半分に等しいことがわかる．そして，図 3.23 (a) の楕円的懸垂線の弧長 s は，図 3.23 (b) の円弧の長さの半分に等しい．図 3.23 (b) の網掛け部分の面積は簡単に計算できる．それは，扇形の面積から，3 辺の長さが r, $R-r$, $R-2k$ の三角形の面積を引けばよい．

　図 3.24 は図 3.23 の一部を拡大したものであり，楕円的懸垂線より下側の縦線集合の面積の求め方を示している．斜辺の長さが r で，斜辺ともう 1 辺がなす角度が α の二つの直角三角形は合同である．その結果として，縦線集合の面積は，図 3.24 (b) の網掛け部分の面積の半分に等しくなる．

双曲的懸垂線

双曲線に対して同じ問題を解くこともできる．直線に沿って転がる双曲線の一方の分枝を図 3.25 (a) に示す．この分枝の内側にある焦点 F_1 は，**双曲的懸垂線**と呼ばれる曲線を描く．

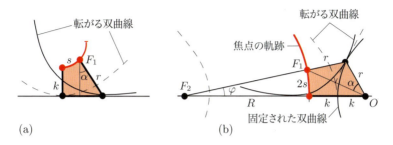

(a)　　　　　　　　　　　(b)

図 3.25 (a) 双曲線を直線に沿って転がすと，その焦点 F_1 は双曲的懸垂線を描く．(b) 双曲線を固定されたそれ自身の複製に沿って転がすと，その焦点 F_1 は，半径 R が双曲線の長軸長に等しい円弧を描く．

完全に 1 回転することができる楕円とは異なり，双曲線はその 2 本の漸近線がなす角度の半分である γ より大きく転がることはできない．この角度は，$\cos\gamma = 1/e$ という式によって，双曲線の離心率 e と結びつけられる．したがって，双曲的懸垂線は，限られた範囲での対称な弧になる．図 3.25 (b) のように同じ双曲線を固定されたそれ自身の複製に沿って転がすと，その焦点 F_1 は双曲線の長軸の長さ R を半径とする円弧を描く．

楕円的懸垂線の場合と同じ議論により，図 3.25 (b) の双曲線が固定された双曲線に沿って途中まで転がるとき，双曲線を転がった弧長と同じだけ直線に沿って転がすと，対応する（図 3.25 (a) の網掛け部分の）面積は，図 3.25 (b) の扇形に外側にある網掛け部分の面積の半分に等しいことがわかる．そして，図 3.25 (a) の双曲的懸垂線の弧長 s は，図 3.25 (b) の円弧の長さの半分に等しい．図 3.25 (b) の網掛け部分の面積は，3 辺の長さが r, $R+r$, $R+2k$ の三角形の面積から半径 R の扇形の面積を引いた値に等しい．

放物的懸垂線

放物線についても同じ問題を考える．直線に沿って転がる放物線を図 3.26 (a) に示す．このとき，放物線の焦点 F は，**放物的懸垂線**と呼ばれる無限に伸びる対称な曲線を描く．同じ放物線を固定されたそれ自身の複製に沿って転がすと，その焦点の軌跡は固定された放物線の準線になる．このとき，放物線を転がった弧長と同じだけ直線に沿って転がすと，対応する（図 3.26 (a) の網掛け部分の）面積 A は，図 3.26 (b) の網掛けした台形の面積の半分に等しいことがわかる．

懸垂線の弧長および縦線集合の面積の公式

図 3.27 は図 3.26 の一部を拡大したものであり，放物的懸垂線の下側にある縦線集合の面積の求め方を示している．斜辺の長さが r で，斜辺ともう 1 辺がなす角度が α の直角三角形は合同である．その結果として，縦線集合の面積は，図 3.27 (b) の網掛けの直角三角形の面積の半分に等しくなる．s を放物的懸垂線の弧長とすると，この直角三角形の面積は $2ks$ になる．したがって，放物的懸垂線の縦線集合の面積 [Ordinate] は

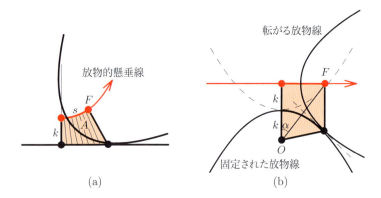

(a)　(b)

図 3.26 (a) 放物線を直線に沿って転がすと，その焦点 F は放物的懸垂線を描く．(b) 放物線を固定したそれ自身の複製に沿って転がすと，その焦点 F は，固定された放物線の準線を描く．

$$[\text{Ordinate}] = ks \tag{3.50}$$

で与えられる．図 3.24 (b) の直角三角形から，

$$s = k\tan\alpha \tag{3.51}$$

であることがわかる．この図に示したように，k はこの放物線の頂点から焦点までの距離である．

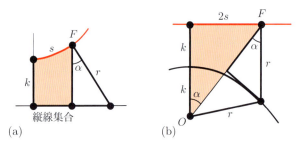

(a)　(b)

図 3.27 図 3.26 の一部を拡大したもの．(a) の放物的懸垂線の下側にある縦線集合（網掛けの領域）の面積は，(b) の網掛けの直角三角形の面積の半分に等しい．

　放物的懸垂線は，通常の懸垂線と同じものである[訳注 10]から，自己トロコイドに関する結果として，完全に初等的な方法で懸垂線の縦線集合の弧長 s と面積を計算することができた．

　図 3.24 (a) に示した楕円的懸垂線の弧長や縦線集合の面積も，同じように初等的なやり方によって得ることができる．弧長 $s = R\varphi/2$ は，図 3.24 (b) に示した円弧の弧長の半分に等しい．円弧の中心角 φ は，2 辺の長さが r と $R - 2k$ である三角形に正弦定理を適用して求めることができる．長さ $R - 2k$ の辺を対辺とする角は 2α であるから，$(R - 2k)\sin\varphi = r\sin 2\alpha$ が成り立ち，ここから

$$s = \frac{1}{2}R\varphi = \frac{1}{2}R\arcsin\left(\frac{r\sin 2\alpha}{R - 2k}\right) \tag{3.52}$$

が得られる．

[訳注 10]　式 (3.51) が原著第 11 章の式 (11.24) と同じであることから，軟らかい均質な鎖がそれ自身の重みで垂れ下がるときの形状である通常の懸垂線の自然方程式を与えることがわかる．

$R \to \infty$ とすると，$\varphi \to 0$ になり，楕円は放物線になるので，式 (3.52) の s の極限が式 (3.51) で示した $k \tan \alpha$ になることは容易に示せる．

すでに述べたように，図 3.24 (a) の縦線集合の面積は，図 3.24 (b) の網掛け部分の面積（これを S とする）の半分に等しい．そして，面積 S は，φ を中心角とする扇形の面積 $R^2\varphi/2$ から角度 φ の頂点を挟む 2 辺の長さが R と $R - 2k$ である三角形の面積（これを T とする）を引いたものに等しい．この三角形の頂点 O から長さ R の辺までの高さは $r \sin 2\alpha$ であるから，$T = (1/2)rR\sin 2\alpha$ となる．したがって，図 3.24 (a) の縦線集合の面積 [Ordinate] は，$(1/2)(S - T)$ である．これは，

$$[\text{Ordinate}] = ks + \frac{1}{4}R(R - 2k)(\varphi - \sin\varphi)$$

あるいはこれを書き直して

$$[\text{Ordinate}] = \frac{1}{2}kR\sin\varphi + \frac{1}{4}R^2(\varphi - \sin\varphi) \tag{3.53}$$

となる．$R\varphi/2 = s$ となるように $R \to \infty$，$\varphi \to 0$ とすると，楕円は放物線になり，式 (3.53) の極限が通常の懸垂線の縦線集合の面積を与えることは容易に示しうる．

双曲的懸垂線では，式 (3.52) と式 (3.53) に対応する公式は，それぞれ

$$s = \frac{1}{2}R\varphi = \frac{1}{2}R\arcsin\left(\frac{r\sin 2\alpha}{R + 2k}\right)$$

$$[\text{Ordinate}] = \frac{1}{2}kR\sin\varphi - \frac{1}{4}R^2(\varphi - \sin\varphi)$$

となる．楕円的懸垂線や双曲的懸垂線の縦線集合の面積は，私たちが知る限り，楕円的懸垂線の総面積を除いて，これまでに取り扱われたことはない．注目すべきは，回転角を用いて表されたこれらの初等的な公式である．

3.13 垂足曲線とシュタイナーの定理

いくつかの転跡線は，次のように定義される垂足曲線になる．与えられた滑らかな曲線 Γ と Γ 上にない点 z に対して，z から Γ の接線へ下ろした垂線の足を p とする．Γ のすべての接線から構成されたこのような点 p 全体による軌跡を，z に関する Γ の**垂足曲線**という．1.15 節では，円の垂足曲線である蝸牛線（パスカルのリマソン）を紹介した．とくに，z が円周上にあるときは，蝸牛線はカルジオイドになる．

19 世紀の幾何学者ヤコブ・シュタイナーは，転跡線とその垂足曲線の面積を結びつけ，またそれらの弧長を結びつける驚くべき性質を発見した．

定理 3.14（シュタイナーの第 1 定理）．滑らかな閉曲線 Γ が直線に沿って転がるとき，Γ に固定された点 z が描く転跡線の一つのアーチ全体と直線に挟まれた領域の面積は，z に関する Γ の垂足曲線が囲む領域の面積の 2 倍に等しい．

定理 3.15（シュタイナーの第 2 定理）．この転跡線の弧長は，この垂足曲線の弧長に等しい．

系 3.4 と系 3.5 から，シュタイナーの定理を導くことができる．しかし，その前に，自己サイクロゴンとその垂足曲線の面積や弧長を結びつける比較結果について述べる．

自己サイクロゴンと垂足曲線

多角形の接線は有限の本数（それぞれの辺に 1 本）しかないので，垂足曲線の通常の定義では，垂足曲線として有限個の点しか得られない．そこで，垂足曲線の概念を多角形にも適用できるように拡張する必要がある．問題は，多角形の頂点において接線の代わりにどのようなものを使うかである．ここでは，次のように定義する．

多角形のそれぞれの頂点 v は，隣り合う 2 本の辺の交点である．多角形の内部または外部にある点 z が与えられたとき，z からその 2 本の辺に下ろした垂線の足をそれぞれ p, q とする．図 3.28 (a) では，点 z は多角形の内部にある．

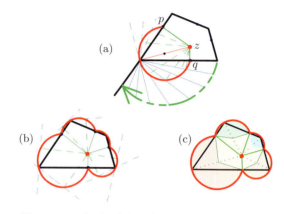

図 3.28 四角形の内部の点 z に関する垂足曲線．

この頂点 v のまわりに，一方の辺を通る直線がもう一方の辺を通る直線に重なるまでこの頂点の外側を回転したとしよう．この直線が回転している途中の位置をそれぞれ接線と考えて，z からそれに垂線を下ろすことができる．この垂線の足の軌跡は（この頂点を通る）円周上にあり，その円の直径は z からその頂点までの距離に等しい．この p と q を結ぶ円弧を，この頂点から作られる垂足曲線の部分と定義する．すると，n 角形の垂足曲線は，頂点それぞれに一つある円弧 n 個で構成される．それぞれの円弧の直径は，点 z から対応する頂点までの距離に等しい．図 3.28 (b) の四角形の垂足曲線は，四つの円弧で構成されている．凸多角形では，垂足曲線が多角形の内部に入ることはない．

任意の n 角形を固定したその鏡像に沿って転がし，それが 1 回転する間にそれぞれの辺は鏡像の対応する辺と相対するようにする．このとき，転がる n 角形に固定された点 z は，自己サイクロゴンを描く．この n 角形の点 z に関する垂足曲線は，この自己サイクロゴンを $1/2$ 倍にした形状になる．滑らかな曲線に対してこの事実が成り立つことは知られているが，任意の n 角形に対しても同じように成り立つ．その理由は，垂足曲線上のそれぞれの点は点 z から下ろした垂線の足であり，それゆえ z とその鏡像を結ぶ垂線の中点でなければならないからである．その結果として，完全な自己サイクロゴンと対応する垂足曲線だけでなく，部分的な自己サイクロゴンについても，次のような比較結果が成り立つ．これらは，それぞれ系 3.4 および系 3.5 と対になる結果と考えることもできる．

定理 3.16. 動点 z が描く自己サイクロゴン扇の面積は，z に関する垂足曲線の対応する扇形の面積の 4 倍に等しい．

定理 3.17. 動点 z が描く自己サイクロゴンの弧の弧長は，z に関する垂足曲線の対応する部分の弧長の 2 倍に等しい．

これらの定理は，図 3.28 (c) の垂足曲線の内側の網掛け部分と図 3.22 の自己サイクロゴンの比較によって，幾何学的に説明することができる．図 3.22 では自己サイクロゴンを描く点 z に対して，図 3.28 では同じ点 z に関する垂足曲線が示されている．図 3.22 において z が掃くそれぞれの扇形は，図 3.28 (c) の対応する扇形と中心角は等しいが半径は 2 倍になる．したがって，図 3.22 のそれぞれの扇形の面積は，図 3.28 (c) の対応する扇形の面積の 4 倍になり，図 3.22 のそれぞれの円弧の弧長は，図 3.28 (c) の対応する円弧の弧長の 2 倍になる．そして，図 3.22 の扇形が取り囲む多角形領域のそれぞれの辺は，図 3.28 (c) の多角形領域の対応する辺の 2 倍の長さなので，面積は 4 倍になる．具体的には，次の例が知られている．

1. カルジオイド（あるいは蝸牛線）で作られる扇形の面積は，同じ円板を直線に沿って転がすことで得られるサイクロイド扇（あるいは対応する外点または内点のサイクロイド扇）の面積の 2 倍に等しい．
2. カルジオイド（あるいは蝸牛線）の弧長は，同じ円板を直線に沿って転がすことで得られるサイクロイド（あるいは対応する外点または内点のサイクロイド）の弧長の 2 倍に等しい．

シュタイナーには，蝸牛線の全体の面積や任意の弧の長さに関する結果は既知であった．

シュタイナーの定理の新しい証明

いまや，定理 3.16 と定理 3.17 を系 3.4 と系 3.5 と合わせると，滑らかな曲線に対するシュタイナーの定理を導くことができる．系 3.4 によって，直線に沿って転がる n 角形に固定された点 z が描くサイクロゴンのアーチの面積は，対応する自己サイクロゴンの面積の半分に等しい．したがって，定理 3.16 によって，それは n 角形の z に関する垂足曲線の面積の 2 倍に等しい．このことから，n 角形の極限となる任意の滑らかな曲線に対してシュタイナーの第 1 定理が成り立つことがわかる．同様にして，系 3.5 と定理 3.17 から，シュタイナーの第 2 定理を導くことができる．

3.14 弧長および面積の簡約公式

この節では，いくつかのトロコゴンの弧長や面積の計算は，同じ転がる多角形が描くサイクロゴンの弧長や面積の計算に帰着できるという事実を明らかにする．

転がる正多角形に固定された点が描く曲線

直線に沿って正 n 角形の辺の最初の p 本分だけを転がすとき，正 n 角形の頂点が描く部分的なサイクロゴンの弧長を L_o^p とする．ただし，$p \leq n$ とする．また，同じ正 n 角形を，それと 1 辺が等しい正 m 角形に沿って，その辺のうち p 本分だけを転がすとき，同じ頂点が描く部分的な外転サイクロゴンまたは内転サイクロゴンの弧長を L^p とする．定理 3.9 は，次の簡単な関係式によって弧長 L^p をサイクロイドの弧長 L_o^p に簡約する．

$$L^p = \left(1 \pm \frac{n}{m}\right) L_o^p \tag{3.54}$$

ただし，複号の + は外転サイクロゴンの場合，− は内転サイクロゴンの場合である．

転がる正 n 角形に固定された点が描く内点および外点の外転サイクロゴンや内転サイクロゴンに対しても，同じように弧長の公式を簡約することができる．これは，式 (3.28) の代わりにより一般的な次の公式を使うと容易にわかる．

$$L^p(z) = \left(\frac{2\pi}{n} \pm \frac{2\pi}{m}\right) \sum_{k=1}^{p} r_k = \left(1 \pm \frac{n}{m}\right)\left(\frac{2\pi}{n} \sum_{k=1}^{p} r_k\right) \tag{3.55}$$

ただし，$L^p(z)$ は z に依存することがわかるように書いている．（なぜなら，この場合には r_k は z に依存するからである．）式 (3.55) の右端の因子 $(2\pi/n)\sum_{k=1}^{p} r_k$ は，正 n 角形が直線に沿って転がるときに同じ点 z が描くサイクロゴンの弧長 $L_o^p(z)$ を表している．したがって，簡約公式 (3.55) は

$$L^p(z) = \left(1 \pm \frac{n}{m}\right) L_o^p(z) \tag{3.56}$$

と書くことができる．これは，z が頂点である特別な場合の式 (3.54) と同じ形をしている．一般には，弧長 $L^p(z)$ または $L_o^p(z)$ を求める直接的な方法はないが，この簡約公式はそれらの間の単純な関係が成り立つことを示している．

同じような分析によって，定理 3.8 の面積に対する簡約公式は，転がる n 角形に固定された任意の点 z を動点とする場合に一般化することができる．この場合には，式 (3.38) を拡張して

$$A^p(z) - P_n^p(z) = \left(1 \pm \frac{n}{m}\right)(A_o^p(z) - P_n^p(z)) \tag{3.57}$$

となる．ただし，$P_n^p(z)$ は，図 3.18 のような転がる n 角形が残した三角形の足跡の面積を足し合わせたものである．

相補的トロコゴンの弧長および面積の和

半径 R の固定された円の外側を転がる半径 r の円板から得られる外転サイクロイドに対して，同じように内側を転がる半径 r の円板から得られる内転サイクロイドがある．第 2 章では，これらの曲線を**相補的**と呼び，相補的なアーチの面積の和は転がる円板の面積の 6 倍に等しく，それは同じ円板が直線に沿って転がるときに描かれるサイクロイドのアーチの面積の 2 倍であることを見た（系 2.3 と図 2.13 を参照）．この事実が固定された円の半径 R に依存しないことは注目に値する．定理 2.7 では，この事実を円板が一般の底線 Γ の反対側を転がる際に得られる互いに相補的な外転トロコイド扇と内転トロコイド扇にまで拡張した．それは，外転トロコイド扇とそれに相補的な内転トロコイド扇の面積と和は，Γ にかかわらず，対応するサイクロイド扇の面積の 2 倍に等しくなるというものである．すなわち，互いに相補的な外転トロコイドと内転トロコイドの弧長の和は，対応するサイクロイドの弧長の 2 倍に等しくなる．それゆえ，正多角形の頂点だけでなく，転がる（必ずしも正多角形ではない）一般の凸多角形に固定された点 z が描く相補的なトロコゴンについても同様の関係が成り立つとしても，驚くに当たらない．

この理由は，図 3.29 (a) と図 3.29 (b) を比較することで簡単に説明できる．図 3.29 (a) では，多角形とその鏡像が直線 Γ_0 の反対側を転がる．多角形の頂点 V とその鏡像 V' は，軸となる頂点のまわりに同じ中心角 ϕ をもつ相補的な円弧を描く．

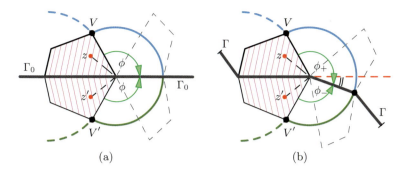

図 3.29 サイクロゴンおよび互いに相補的なトロコゴンの動点が描く円弧. (a) の二つの中心角の和は, (b) の二つの中心角の和に等しい.

図 3.29 (b) では，Γ_0 は転がる多角形の境界線を開いた折れ線 Γ で置き換えられ，多角形とその鏡像がそれぞれ Γ の反対側に沿って転がるように構成されている．Γ の頂点の角度は任意である．すると，頂点 V とその鏡像 V' は，軸となる頂点のまわりにそれぞれ中心角 ϕ_+ と ϕ_- の相補的な円弧を描く．この軌道が折れ曲がっていれば，二つの中心角は等しくないが，それぞれの軸となる頂点において，それらの和は $\phi_+ + \phi_- = 2\phi$ になる．ここで，ϕ は，図 3.29 (a) での対応する回転角である．

この結果として，任意の辺数の軌道を多角形が転がる間に累積した相補的な円弧の弧長の和は，Γ が頂点でどのように折れ曲がっていても一定となり，そして，その和は，Γ_0 に沿って同じ辺数だけ多角形が転がる間に累積した円弧の弧長の 2 倍になる．転がる多角形の三角形の足跡を含めるかどうかによらず，部分的な回転の間に蓄積された相補的なトロコゴンアーチの面積の和についても同じことが成り立つ．

同じような解析によって，点 z とその鏡像 z' が描く相補的なトロコゴンの弧長や面積に対しても同じ性質が成り立つことがわかる．

ここまでの主張は，次の二つの定理に要約される．ここで，動点 z は，前述の折れ線の軌道 Γ に沿って転がる任意の凸多角形に固定されているものとする．点 z とその鏡像は，相補的なトロコゴンの弧を描く．

定理 3.18. 相補的な弧の長さの和は，Γ によらず一定で，その多角形を直線に沿って転がして得られる弧の長さの 2 倍に等しい．

定理 3.19. （三角形の足跡を含めるかどうかによらず）相補的なトロコゴン扇の面積の和は，Γ によらず一定で，その多角形を直線に沿って転がして得られるトロコゴン扇の面積の 2 倍に等しい．

これらの定理の極限の場合として，滑らかな曲線とその鏡像が曲線 Γ の反対側を転がる際に得られる相補的なトロコイドについて，次の系が得られる．

系 3.6. 相補的なトロコイドの弧長の和は，Γ によらず一定で，Γ が直線であるときに得られるトロコイドの弧長の 2 倍に等しい．

系 3.7. 相補的なトロコイド扇の面積の和は，Γ によらず一定で，Γ が直線であるときに得ら

れるトロコイド扇の面積の 2 倍に等しい.

定理 3.12 と定理 3.13 による自己サイクロゴンについての結果と，系 3.4 と系 3.5 による自己トロコイドについての結果は，上述の定理と系の特別な場合と見なすことができる．

付記

この章は，文献 [4], [6], [9] で発表した題材を書き直したものである．部分的なトロコゴンのアーチの面積と弧長を扱った 3.9 節と 3.14 節は，これまでに発表されたことはない．楕円的，双曲的，放物的懸垂線の 3.12 節とインボリュートゴンを扱った 3.10 節も同様である．第 2 章では，3.9 節の多角形の板が円板になる極限の場合の面積を別のやり方で求めた．

楕円的，双曲的，放物的懸垂線を生成する動画は，これらの曲線を描く機構とともに，次のウェブサイトで見ることができる．

http://www.mathcurve.com/courbes2d/delaunay/delaunay.shtml

第4章

外接形と外接体

この章で説明する方法を使うと,次の問題を簡単に解くことができる.読者は,この章を読む前に,これらの問題に挑戦してみるのもよいだろう.

下図 (a) の水を満たした円筒状のコップを (b) のように傾けて,コップにちょうど半分の体積の水が残るようにする.(c) では,さらに,水面が円形の底面を 2 等分するところまでコップを傾ける.(c) において $\delta = 30°$ であったとすると,残っている水の体積の割合を求めよ.

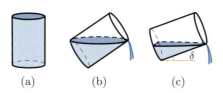

(a)　　(b)　　(c)

次に,コップの形状が下図のように円錐台だったとしよう.最初は (a) のように水が満たされているコップを,(b) のように水面がコップの縁に触れるところまで傾ける.そこからさらに,(c) のように円形の底面を水面が 2 等分するところまでコップを傾ける.(c) に示したように,円錐台の一つの斜辺が垂直になったとき,印をつけた 2 本の赤色の線分の長さが等しいことから,コップの形状は定まる.水が完全に満たされた状態に対して,(b) および (c) の状態でそれぞれ残っている水の割合を求めよ.

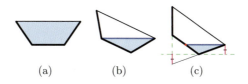

(a)　　(b)　　(c)

すべての三角形には内接する円があり，これを**内接円**という．内接円の半径を**内径**といい，内接円の中心を**内心**という．頂点が3個よりも多い多角形には，円が内接する場合とそうでない場合がある．内接する円をもつ多角形は，**外接形**と呼ばれる図形の一例である．外接形には，それぞれ内径と内心がある．すべての三角形やすべての正多角形は外接形であるが，正多角形ではないある種の多角形や，(星形多角形のような) 凸でない多角形，線分と円弧から構成された平面図形の中にも，外接形となるものがある．この章では，すべての外接形には面積と周長の比や重心に関する共通の性質があることを示す．たとえば，(円周長の半分に対する円板の面積の比が，その半径に等しいのと同じように) 外接形の周長の半分に対する外接形が囲む領域の面積の比は，内径に等しい．また，外接形が囲む領域の面積重心および外周の重心は内心と同一直線上にあり，それらの内心からの距離の比は，三角形の場合と同じように2:3になる．二つの相似な外接形に挟まれた平面領域である外接環に対しても，同様の結果を導くことができる．外接環は一定の幅をもち，外接環の周長の半分に対する外接環が囲む領域の面積の比は，その一定の幅に等しい．外接環の面積重心と外接環の境界の重心の間の関係もわかる．

これらの結果は，n次元球面に外接する立体である**外接体**を考えることで，n次元に拡張できる．それぞれの外接体には内心と内径がある．$n=3$の場合は，四面体，正多面体，正多面体ではないある種の多面体や，(星形多面体のような) 凸でない多面体，そしてそれぞれの面が平面だけでなく柱面，錐面，球面であるような多くの立体の中にも，外接体となるものがある．n次元のすべての外接体は，どれも共通する性質をもつ．それは，外縁面積に対する体積の比は内径の$1/n$倍になるということである．第6章では，この性質から導かれる重要な帰結について述べる．また，外接体の体積重心とその外側の境界表面の重心は内心と同一直線上にあり，それらの内心からの距離の比は$n/(n+1)$になる．

外接体には，星形12面体などの星形外接体や外接体の相貫体といった3次元の例が示すように，幅広い応用がある．体積と表面積の比の応用の一つは，外接体の内心を通る平面で分割された外接体の二つの部分は，体積が等しいとき，そしてそのときに限り，表面積も等しくなるというものである．また，同じ内接球をもつ直円錐とそれに直交する直円柱の相貫体となる立体の体積を，(積分を使わずに) 求めることもできる．この極限は，円柱同士の相貫体に関するアルキメデスの古典的結果になる．

この章では，3次元空間において同じ内心をもつ二つの相似な外接体に挟まれた立体である外接殻についても調べる．外接殻は一定の厚みをもち，内側と外側の表面積の平均に対する体積の比は，この厚みの$1/3$になる．ここから，切頭正四角錐の体積に対するエジプト人の古典的な公式や角錐台の体積の公式を，平らでない面をもつ立体にまで拡張することができる．

4.1 はじめに

まずは，円板の面積に関するアルキメデスの驚くべき発見を一般化することから始める．そのためには，アルキメデスの公式を次の形で述べるのが望ましい．

定理 4.1 (アルキメデス)．円板の面積は，その周長と半径の積の半分に等しい．

これを式で表すと，次のようになる．

$$A = \frac{1}{2}Pr \tag{4.1}$$

ここで，A は円板の面積，P は周長，r は半径である．まず，この式 (4.1) を円に外接する平面図形の大きなクラスに拡張する．4.2 節で定義するこのような図形を**外接形**という．任意の三角形やすべての正多角形だけでなく，正多角形でないある種の多角形や，線分と円弧で構成されたいくつかの図形の中にも，外接形になるものがある．図 4.1 から図 4.4 に外接形の例を示す．4.3 節では，二つの相似な外接形に挟まれた領域である**外接環**を扱う．外接環に対して，半径の代わりに定幅を用いて式 (4.1) を拡張する．そして，すべての定幅な環状領域は，必ず外接環になることを示す．また，外接形と外接環の重心に関する関係も明らかにする．台形の重心に関するアルキメデスの結果は，この特別な場合である．

4.6 節では，3 次元空間における同様の結果を示す．これは，アルキメデスによる次の結果を一般化したものである．

定理 4.2 (アルキメデス)．球の体積は，その表面積と半径の積の 1/3 に等しい．

この結果を，外接形の 3 次元への拡張である**外接体**と呼ばれる一般的な立体のクラスに拡張する．外接体のそれぞれの面は，平面だけでなく，柱面，錐面，球面などの曲面になることもある．それぞれの外接体はある球面に外接し，定理 4.2 は任意の外接体にまでそのまま拡張することができる．さらに，$n \geq 3$ としたときの n 次元空間にも拡張できる．

ここから，応用として数多くの新しい結果が得られる．たとえば，円錐と円柱が交わる部分の立体の体積を，微積分を用いずに求めることができる．また，さまざまな古くから知られている重心間の関係や，切頭正四角錐の体積に対するエジプト人の公式，角錐台の体積の公式も一般化する．

4.2 外接形

外接形を一般的に定義する下準備として，いくつかの例から始めよう．その原型は三角形である．三角形は，その三つの角それぞれの二等分線の交点を中心とする円に外接する．三角形を，それに内接する円の中心を共通の頂点とする三つの小三角形に分割すると，面積が A で周長が P である任意の三角形に対して式 (4.1) が成り立つことはすぐにわかる．ここで，r は内接する円の半径である．

4 辺以上の多角形には，内接円をもつものとそうでないものがある．ここでは内接円をもつ多角形を取り扱う．なぜなら，それらは外接形の例となっているからである．すべての正多面体は外接形であるが，図 4.1 (b) に示すような正多角形でない外接形もある．三角形と同じように，内接する円をもつ多角形はどれも外接形である．この円を**内接円**といい，その半径を**内径**，そしてその中心を**内心**という．外接形のすべての内角の二等分線は内心で交わる．多角形を，内心を共通の頂点とする三角形に分割すると，境界が凸多角形となるすべての外接形に対して式 (4.1) が成り立つことがすぐにわかる．

さらに，式 (4.1) を，図 4.2 (a) の多角形や図 4.2 (b) の星形多角形のような必ずしも凸ではない一般の外接形にも拡張する．そして，図 4.4 (a) のような必ずしも閉じていない，より一般的な形状にまで拡張する．凸でない多角形が円に外接すると言うと，意外に思うかもしれな

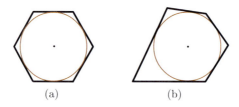

図 4.1 外接形の例. (a) 正 6 角形. (b) 等辺でない 5 角形.

い．ここで取り上げる例は，そこらにあるような円に外接する普通な多角形ではないが，適切な見方をすると円に外接しているのである．たとえば，図 4.2 (a) の多角形では，2 辺だけが内接円に接している．残りの 4 辺は内接円に触れてさえいないが，それらの辺をそれぞれ延長すると，点線で示したように内接円に接する．また，図 4.2 (b) の五芒星形では，どの辺も内接円に触れてはいないが，それぞれを延長すると，点線で示したように内接円に接する．

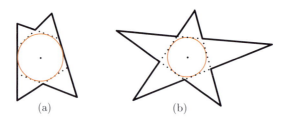

図 4.2 辺を延長すると内接円に接する外接領域の例．それぞれの外接領域の面積は，その周長と内径の積の半分に等しい．

外接領域の構成部品　一般的な外接領域の定義は，構成部品と呼ばれるより単純な要素を用いて定式化できる．外接領域の構成部品は次のように定義される．

まず，円に対して，一つの頂点がその円の中心にあり，その対辺がその円に接する直線上にある三角形領域を考える．この三角形領域を外接領域の**構成部品**と呼ぶ．そして，円の接線上にあって中心に相対する辺を構成部品の**外縁**と呼ぶ．その例を図 4.3 (a) に示す．この円が内接円，その半径が内径，その中心が内心になる．円弧は外接する多角形の極限と見なせるので，外接領域の構成部品として図 4.3 (b) に示すような内接円の扇形も許すと，その弧が外縁になる．そして，構成部品が三角形領域であっても扇形であっても，それぞれの面積は，外縁の長さと内径の積の半分に等しい．

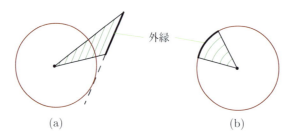

図 4.3 外接領域の構成部品になる (a) 三角形領域と (b) 扇形．その周長は外縁の長さである．

定理 4.1 を拡張するためには，構成部品の周長をその外縁の長さと定義するだけである．こ

れで，次の定理が得られる．

定理 4.3. 外接領域の構成部品の面積は，その周長と内径の積の半分に等しい．

外接領域および外接形の定義．外接領域とは，同じ内接円をもつ互いに重ならない有限個の構成部品の和集合である．それらの外縁の和集合を**外接形**と呼ぶ．そして，外縁の長さの和を外接形の**周長**と呼ぶ．

この定義に従えば，外接形が閉じていない場合には，その周長は通常の 2 次元図形の周長とは一致しない．

この定義から，すぐさま定理 4.3 を拡張することができる．

定理 4.4. 外接領域の面積は，その周長と内径の積の半分に等しい．

定理 4.3 および定理 4.4 は，定理 4.1 に使われている公式

$$A = \frac{1}{2} Pr \tag{4.2}$$

で説明できる．ここで，A は外接形の面積，P はその周長，r は内径である．式 (4.2) が成り立つ 2 種類の例を図 4.4 に示す．

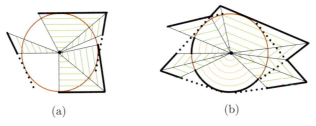

(a) (b)

図 4.4 外接領域のいくつかの例．それぞれの面積は周長と内径の積の半分に等しい．

4.3 外接環

$0 < \lambda < 1$ として，相似比が λ である重なり合わない二つの相似な単純閉曲線に挟まれた領域の単純な例を図 4.5（右）に示す．外側の曲線に対する内側の曲線の相対的な大きさは λ によって決まるので，λ を**倍率**と呼ぶ．外側の曲線の周長が P_0 で，その曲線の囲む領域の面積が A_0 であれば，相似の中心の位置にかかわらず，内側の曲線の周長は λP_0，面積は $\lambda^2 A_0$ になる．

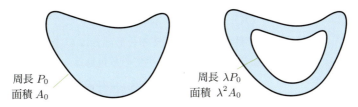

周長 P_0
面積 A_0

周長 λP_0
面積 $\lambda^2 A_0$

図 4.5 周長が P_0 で面積が A_0 の単純閉曲線による倍率 λ の環状領域．

ここでは，外接領域の内心を中心とした相似形を考えることにする．外接形は閉じている必要はないので，ここでも内側および外側の境界線は閉じた曲線でなくてもよい．

一般的な環状領域では，たとえば二つの相似な長方形の場合のように境界のある部分が平行であったとしても，境界線同士の垂直距離は必ずしも一定ではない．しかし，外接領域の内心を中心として拡大縮小して得られる環状領域では，対応する平行な線分（または円弧）同士の垂直距離は一定であることがすぐにわかる．この距離を環状領域の**幅**と呼ぶ．

外接環の例を図 4.6 に示す．円環形 (a) と台形 (b) は，その極端な場合である．より一般的な場合は (c) のようになる．いずれの場合も，定幅 w は，平行な辺の間の垂直距離である．外接環となるのは，定幅をもつ環だけである．実際，次の定理が成り立つ．

定理 4.5. (a) 外接領域をその内心を中心として拡大縮小させて得られる外接環は定幅になる．

(b) 逆に，二つの相似な曲線で作られる環状領域で，外側の曲線が有限個の線分と円弧で構成されているとき，この環状領域が定幅ならば必ず外接環となる．

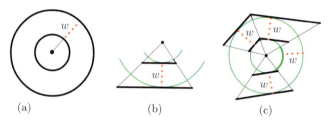

図 **4.6** 外接環の例．円環形 (a) と台形 (b) はその極端な場合である．

証明： (a) の証明は簡単な練習問題であり，r を外側の外接形の内径，$\lambda < 1$ を倍率とするとき，定幅 w は

$$w = (1-\lambda)r$$

となることを示せばよい．

(b) を証明するためには，図 4.7 を用いる．図では，環状領域の平行な線分 AB と $A'B'$ によって作られる台形部分において，それらの線分の垂直距離が w である．直線 AA' と BB' の交点 O は相似の中心であり，$\lambda\,(<1)$ を倍率とするとき，$OA' = \lambda OA$ となる．ここで，Q を O から AB に下ろした垂線の足とする．O を中心，OQ を半径とする円は AB を含む直線に接するので，AB は内心が O で，内径が OQ の外接形の外縁になる．同様にして，OQ 上の点 Q' は $OQ' = \lambda OQ$ であり，O を中心，OQ' を半径とする円は $A'B'$ を含む直線に接するので，$A'B'$ は内心が O で内径が OQ' の外接形の外縁になる．しかし，$w = OQ - OQ' = (1-\lambda)OQ$ であるから，$OQ = w/(1-\lambda)$，$OQ' = \lambda w/(1-\lambda)$ となる．このように，内径は幅 w および倍率 λ によって完全に決定され，環状領域のすべての台形部分は O を中心とする同じ円の対に外接することになる．結果として，環状領域のすべての多角形部分は，O を内心とする外接領域になる．環状領域の（幅 w の）円弧部分については，これよりも簡単に証明することができる．

次の結果は，定理 4.4 を外接環に拡張したものである．

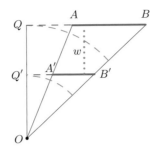

図 4.7 定幅の環状領域はすべて外接環になることの証明.

定理 4.6. 外接環の面積は，その周長と（一定な）幅の積の半分に等しい．

これは，式 (4.2) に似た次の式で表すことができる．

$$A = \frac{1}{2}Pw \tag{4.3}$$

ここで，A は外接環の面積，P は全周長，w は定幅である．

証明： 外側の境界は周長が P_0 で面積 A_0 の領域を囲むとすると，外接環の面積は $A = (1-\lambda^2)A_0$，全周長は $P = (1+\lambda)P_0$ になる．外側の外接形の内径が r である外接環では $A_0 = P_0 r/2$ となるので，

$$A = (1-\lambda)(1+\lambda)\frac{P_0 r}{2} = (1-\lambda)\frac{Pr}{2} = \frac{1}{2}Pw$$

が成り立つ．

式 (4.3) から円環形（図 4.6 (a)）の面積の公式が得られるとしても，驚くに当たらない．しかし，式 (4.3) が，台形の面積は上底と下底の平均と高さの積になるというよく知られた公式だとわかれば，なお安心できるだろう．実際，図 4.6 (b) において，外接環の周長の半分は平行な 2 辺の長さの平均に等しく，外接環の幅は台形の高さである．

4.4 外接領域の重心

この節では，外接領域の面積重心とその境界の重心の間の単純だが驚くべき関係を導く．内心 O から面積重心へのベクトルを $\boldsymbol{C}(A)$，内心 O から境界線の（弧長に関する）重心へのベクトルを $\boldsymbol{C}(B)$ と表記する．三角形におけるこれらのベクトルを図 4.8 (b) に示す．ここで，外接形に対して，これら重心の一方の位置がもう一方の重心の位置を決めることを証明する．実際には次の定理が成り立つ．

定理 4.7. 外接領域の面積重心 $\boldsymbol{C}(A)$ とその境界線の重心 $\boldsymbol{C}(B)$ は，その内心と同一直線上にあり，次の関係が成り立つ．

$$\boldsymbol{C}(B) = \frac{3}{2}\boldsymbol{C}(A) \tag{4.4}$$

証明： アルキメデスの古典的な結果では，三角形の面積重心は中線の交点にある．また，それぞれの頂点から重心までの距離は，その頂点からの中線の長さの 2/3 になることも知られて

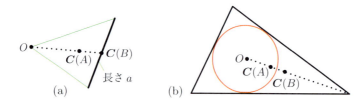

図 4.8 三角形部品 (a) と O を内心とする任意の三角形 (b) における面積重心と境界線の重心の関係 $\boldsymbol{C}(A) = (2/3)\boldsymbol{C}(B)$.

いる．これを，図 4.8 (a) のような内心が O で外縁の長さが a の三角形領域に適用する．ベクトル表記を用いて外縁の中点を $\boldsymbol{C}(B)$ とすると，$\boldsymbol{C}(A) = (2/3)\boldsymbol{C}(B)$ が成り立つ．すなわち，

$$\boldsymbol{C}(B) = \frac{3}{2}\boldsymbol{C}(A) \tag{4.5}$$

となり，これで三角形領域について式 (4.4) が証明された．

それでは，外縁の長さがそれぞれ $a_1, \ldots, a_n$ であり，内心 O を共通の頂点とする三角形の構成部品からなる多角形状の外接形を考える．これらの三角形の面積をそれぞれ $A_1, \ldots, A_n$ とする．外接形が三角形の場合を図 4.8 (b) に示す．

内心からそれぞれの構成部品の面積重心へのベクトルを $\boldsymbol{C}(A_1), \ldots, \boldsymbol{C}(A_n)$ とする．これらの和集合の面積重心のベクトルは，次の式で表される．

$$\boldsymbol{C}(A) = \frac{\sum_{k=1}^n A_k \boldsymbol{C}(A_k)}{\sum_{k=1}^n A_k} \tag{4.6}$$

内径を r とすると，式 (4.6) において $A_k = a_k r/2$ となる．すると，分母分子から共通因子 $r/2$ を取り除くことができ，式 (4.6) は

$$\boldsymbol{C}(A) = \frac{\sum_{k=1}^n a_k \boldsymbol{C}(A_k)}{\sum_{k=1}^n a_k} \tag{4.7}$$

となる．

一方，O から境界線の重心へのベクトル $\boldsymbol{C}(B)$ は

$$\boldsymbol{C}(B) = \frac{\sum_{k=1}^n a_k \boldsymbol{C}(B_k)}{\sum_{k=1}^n a_k}$$

と表すことができる．ここで，$\boldsymbol{C}(B_k)$ は，O から k 番目の外縁の中点へのベクトルである．式 (4.5) をそれぞれの三角形部品に適用すると，$\boldsymbol{C}(B_k) = (3/2)\boldsymbol{C}(A_k)$ が成り立つ．これを前述の等式に代入し，式 (4.7) と比較すると，多角形状の外接形に対する式 (4.4) が得られる．

円弧は，外接する多角形の極限と見なすことができるので，円弧を境界線の一部に含む外接形に対しても式 (4.4) は成り立つ．

扇形の場合の式 (4.4) は，また別のやり方でも導くことができる．半径 r で中心角 2α の扇形の面積重心は，中心角の二等分線上で中心からの距離が $(2/3)r(\sin\alpha)/\alpha$ の位置にあり，外側の弧の重心は，中心からの距離が $r(\sin\alpha)/\alpha$ の位置にあることが知られている．このことから，外接形の任意の扇形の構成部品に対して，式 (4.4) が成り立つ．

とくに，式 (4.4) は任意の三角形に対して成り立ち，また任意の円に外接する多角形に対しても成り立つ．これらの場合は非常に基本的なので，これを定理の系として述べておく．

系 4.1. (a) 三角形の面積重心 $\boldsymbol{C}(A)$ とその境界線の重心 $\boldsymbol{C}(B)$ は，三角形の内心と同一直線上にあり，次の式が成り立つ．

$$\boldsymbol{C}(B) = \frac{3}{2}\boldsymbol{C}(A) \tag{4.8}$$

(b) 円に外接する多角形に対しても，同じ関係式が成り立つ．

　これら二つの古典的な場合の結果はあまりにも単純なので，間違いなく既知だったと思われる．しかし，そうであっても，どこか奥深くに埋もれていて，文献中に見つけることはできなかった．

　系 4.1 (a) は，図 4.9 のようにして導くこともできる．三角形の境界線の重心は，図に示した中点三角形の内心 O' になることが知られている．二つの三角形は中線を共有するので，面積重心はともに点 M になる．もとの三角形の内心 O は，O' および M と同一直線上にあり，その内径は中点三角形の内径の 2 倍なので，$OM = 2MO'$ が成り立つ．したがって，$OO' = OM + MO' = (3/2)OM$ となり，式 (4.8) が得られる．

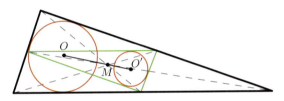

図 4.9 三角形に対して $\boldsymbol{C}(B) = (3/2)\boldsymbol{C}(A)$ が成り立つことの別証明．

4.5 外接環の重心

　外接環の重心についても，同様の結果が得られる．簡単のため，倍率 λ の外接環を **λ 外接環**と呼ぶことにする．すると，まず次の関係式が成り立つ．

定理 4.8. λ 外接環の面積重心 $\boldsymbol{C}(A_{\text{ring}})$ は，その外側の外接形の面積重心 $\boldsymbol{C}(A_{\text{outer}})$ と次の関係にある．

$$\boldsymbol{C}(A_{\text{ring}}) = \frac{1-\lambda^3}{1-\lambda^2}\boldsymbol{C}(A_{\text{outer}}) \tag{4.9}$$

証明： λ 外接環の内側の外接形の面積重心を $\boldsymbol{C}(A_{\text{inner}})$，外側および内側の外接形の面積をそれぞれ $A_{\text{outer}}, A_{\text{inner}}$ とする．回転モーメントを考えると，

$$(A_{\text{outer}} - A_{\text{inner}})\boldsymbol{C}(A_{\text{ring}}) + A_{\text{inner}}\boldsymbol{C}(A_{\text{inner}}) = A_{\text{outer}}\boldsymbol{C}(A_{\text{outer}})$$

が成り立つ．

　この等式に関係式

$$\boldsymbol{C}(A_{\text{inner}}) = \lambda\boldsymbol{C}(A_{\text{outer}}), \quad A_{\text{inner}} = \lambda^2 A_{\text{outer}}$$

を用いると，式 (4.9) が得られる．

ここで，$(1-\lambda^3)/(1-\lambda^2) = (\lambda^2+\lambda+1)/(\lambda+1)$ であるから，式 (4.4) は，式 (4.9) において $\lambda \to 1$ とした極限になる．実際，式 (4.4) はもともと式 (4.9) の極限として得られたものなのである．

次に，定理 4.7 を拡張して，外接環の面積重心 $\boldsymbol{C}(A_{\text{ring}})$ とその全境界の重心 $\boldsymbol{C}(B_{\text{total}})$ の関係を導く．

定理 4.9. λ 外接環の面積重心 $\boldsymbol{C}(A_{\text{ring}})$ とその全境界の重心 $\boldsymbol{C}(B_{\text{total}})$ の間には，次の関係式が成り立つ．

$$\boldsymbol{C}(A_{\text{ring}}) = \frac{2}{3}\frac{\lambda^2+\lambda+1}{\lambda^2+1}\boldsymbol{C}(B_{\text{total}}) \tag{4.10}$$

証明： 内心から内側および外側の境界の重心へのベクトルを，それぞれ $\boldsymbol{C}(B_{\text{inner}})$，$\boldsymbol{C}(B_{\text{outer}})$ とする．また，内側および外側の周長をそれぞれ P_{in}, P_{out} とする．重心の定義から

$$\boldsymbol{C}(B_{\text{total}}) = \frac{P_{\text{in}}\boldsymbol{C}(B_{\text{inner}}) + P_{\text{out}}\boldsymbol{C}(B_{\text{outer}})}{P_{\text{in}} + P_{\text{out}}}$$

が成り立つ．

この式に，$P_{\text{in}} = \lambda P_{\text{out}}$ を用いると

$$\boldsymbol{C}(B_{\text{total}}) = \frac{\lambda\boldsymbol{C}(B_{\text{inner}}) + \boldsymbol{C}(B_{\text{outer}})}{\lambda + 1} \tag{4.11}$$

が得られるが，

$$\boldsymbol{C}(B_{\text{inner}}) = \lambda\boldsymbol{C}(B_{\text{outer}})$$

と式 (4.4) によって

$$\boldsymbol{C}(B_{\text{outer}}) = \frac{3}{2}\boldsymbol{C}(A_{\text{outer}})$$

となるので，式 (4.11) は

$$\boldsymbol{C}(B_{\text{total}}) = \frac{3}{2}\frac{\lambda^2+1}{\lambda+1}\boldsymbol{C}(A_{\text{outer}})$$

と書き直すことができる．これと式 (4.9) を合わせると

$$\boldsymbol{C}(A_{\text{ring}}) = \frac{2}{3}\frac{\lambda+1}{\lambda^2+1}\frac{1-\lambda^3}{1-\lambda^2}\boldsymbol{C}(B_{\text{total}}) = \frac{2}{3}\frac{\lambda^2+\lambda+1}{\lambda^2+1}\boldsymbol{C}(B_{\text{total}})$$

が得られる．

次の定理は，外接環の面積重心 $\boldsymbol{C}(A_{\text{ring}})$ と，その外側および内側の境界線の重心を結びつける．

定理 4.10. 任意の λ 外接環に対して，次の関係式が成り立つ．

$$\boldsymbol{C}(A_{\text{ring}}) = \frac{2}{3}\frac{\lambda^2+\lambda+1}{\lambda+1}\boldsymbol{C}(B_{\text{outer}}) \tag{4.12}$$

$$\boldsymbol{C}(A_{\text{ring}}) = \frac{2}{3}\frac{\lambda^2+\lambda+1}{\lambda(\lambda+1)}\boldsymbol{C}(B_{\text{inner}}) \tag{4.13}$$

$$\boldsymbol{C}(A_{\text{ring}}) = \frac{2}{3}\frac{\lambda^2+\lambda+1}{1-\lambda^2}(\boldsymbol{C}(B_{\text{outer}}) - \boldsymbol{C}(B_{\text{inner}})) \tag{4.14}$$

$$\boldsymbol{C}(A_{\text{ring}}) - \boldsymbol{C}(B_{\text{inner}}) = \frac{\lambda+2}{1+2\lambda}(\boldsymbol{C}(B_{\text{outer}}) - \boldsymbol{C}(A_{\text{ring}})) \tag{4.15}$$

証明： 定理 4.8 と式 (4.4) から式 (4.12) が成り立ち，そこから式 (4.13) が得られる．式 (4.12) と式 (4.13) から，式 (4.14) を導くことができる．そして，式 (4.13) から，次の関係式が得られる．

$$C(A_{\text{ring}}) - C(B_{\text{inner}}) = \frac{(1-\lambda)(\lambda+2)}{3\lambda(\lambda+1)} C(B_{\text{inner}})$$
$$= \frac{(1-\lambda)(\lambda+2)}{3(\lambda+1)} C(B_{\text{outer}})$$

ここで，式 (4.12) から

$$C(B_{\text{outer}}) - C(A_{\text{ring}}) = \frac{(1-\lambda)(1+2\lambda)}{3(\lambda+1)} C(B_{\text{outer}})$$

が成り立つ．これら二つの等式を比べると，式 (4.15) が得られる．

台形の場合には，式 (4.15) の結果は，アルキメデスによって命題 15 として知られていた [20; p.201]．

系 4.2 (アルキメデス)．台形の面積重心は，平行な 2 辺の中点同士を結ぶ線分上にあり，短辺から長辺に向かってその線分を $(\lambda+2)/(1+2\lambda) : 1$ に分ける位置にある．ただし，λ は長辺に対する短辺の比である．

アルキメデスは面積重心が中点を結ぶ線分を分ける比率について明示的に述べていないが，証明に添えられた図から，この比率を読み取ることができる．

4.6　3 次元への拡張

任意の四面体が球に外接することはよく知られているが，一見したところ，次の二つの単純な帰結はこれまでどこにも述べられていない．その一つは，内接する球の中心を通る平面で分割された四面体の二つの部分は，体積が等しいとき，そしてそのときに限り，表面積も等しくなるというものである．もう一つは，四面体の表面の重心と体積の重心は，常に内接する球の中心と同一直線上にあり，球の中心からの距離の比は 4:3 になるというものである．

この章の残りでは，これらの結果やさらに深い結果が，四面体や球に外接する多面体だけでなく，より一般的に (4.8 節で定義する) 外接体という立体に対しても成り立つことを示す．外接体のそれぞれの面は，平面だけでなく，柱面，錐面，球面であってもよい．すべての外接体は，いずれもそれに内接する球（内接球）があり，4.8 節で証明する次の性質をもつ．

定理 4.11． 外接体の体積は，その外縁面積と内接球の半径の積の 1/3 に等しい．

4.7 節では，定理 4.11 が，実際には外接体である多くのよく知られた立体の体積と表面積の公式を本質的に含むことを明らかにする．4.8 節では，外接形を拡張し，3 次元の外接体を定義する．4.9 節では，星形外接体を含むいくつかの興味深い外接体の例に定理 4.11 を適用する．4.11 節では，正円錐とそれに直交する正円柱の相貫体の体積を計算するという難しい問題を，定理 4.11 を用いて解く．定理 4.17 として述べるこの結果は，二つの直円柱の相貫体の体積を求めるアルキメデスの古典的な結果の一般化になっている．4.12 節では，外接体の体積重心と

表面の面積重心の関係を示す．4.13 節では，外接殻の厚みからその体積を決定し，古くから知られている切頭正四角錐の体積に対するエジプト人の公式や角錐台の公式に対する広範囲な拡張がそこから得られることを示す．4.14 節では，外接殻の重心を扱う．

4.7　よく知られた外接体の例

外接体の体積を V，外縁面積を S，内接球の半径（**内径**と呼ぶ）を r とすると，定理 4.11 は $V/S = r/3$ が成り立つことを示している．次の例は，馴染み深い立体も外接体であり，この性質が成り立つことを示している．

例 1（球）．半径 r の球面に対して，よく知られた体積および表面積の公式 $V = 4\pi r^3/3$ および $S = 4\pi r^2$ から $V/S = r/3$ が得られる．

例 2（球に外接する角柱）．すべての角柱が球に外接するわけではない．その顕著な例外は，底面が正 n 角形である直角柱である．底面が半径 r の円に外接するならば，内接球の半径も r でなければならない．底面のそれぞれの辺の長さを a とすると，側面の表面積は $2nar$，底面の面積は $nar/2$ になるので，総表面積は $S = 3nar$ になる．体積は $V = nar^2$ であるから，$V/S = r/3$ になる．

例 3（球に外接する円柱）．半径 r の球に外接する直円柱の体積は $V = 2\pi r^3$，側面の表面積は $4\pi r^2$，総表面積は $S = 6\pi r^2$ であるから，$V/S = r/3$ となる．これは例 2 からも導くことができる．なぜなら，この円柱は外接体である角柱の極限だからである．

例 4（四面体）．正四面体であろうとなかろうと，すべての四面体は球に外接する．その体積 V と表面積 S の間には，r を内径とすると，関係式 $V = Sr/3$ が成り立つことが知られていて，簡単に確かめることができる．実際，四つの面の三角形の面積をそれぞれ S_1, S_2, S_3, S_4 とすると，$S = S_1 + S_2 + S_3 + S_4$ である．一方，四面体は，内接球の中心を共通の頂点とする四つの角錐に分割することができ，それぞれの体積は $V_k = S_k r/3$ であるから，その和は $V = Sr/3$ になる．

定理 4.11 から，四面体の内径と 4 方向の高さの間の単純な関係を導くことができる．面積 S_k の面からそれに相対する頂点までの高さを h_k とする．すると，それぞれの k に対して，$V = S_k h_k/3$ であるから，$S_k = 3V/h_k$ となり，それらの和は

$$S = 3V\left(\frac{1}{h_1} + \frac{1}{h_2} + \frac{1}{h_3} + \frac{1}{h_4}\right)$$

となる．

しかし，$S = 3V/r$ であることがわかっているから，

$$\frac{1}{r} = \frac{1}{h_1} + \frac{1}{h_2} + \frac{1}{h_3} + \frac{1}{h_4}$$

が得られる．

言葉で表現するならば，四面体の内径の逆数は，4 方向の高さの逆数の和になるということである．これは，三角形の内径の逆数は 3 方向の高さの逆数の和になるという，三角形の内径についての同様の結果を拡張したものになっている．

例 5 (球に外接する角錐). 底面が正多角形で頂点からの垂線が底面の中心を通る直角錐は，球に外接する．その体積 V と総表面積 S の間には $V = Sr/3$ という関係がある．ここで，r は内径である．これは，例 4 と同じように，角錐を内接球の中心を共通の頂点とする小角錐に分割することで確かめることができる．実際には，多角形の底面が角錐の軸に直交せずに図 4.10 (a) のように傾斜していても，同じ方法を適用することができる．この場合にも，$V = Sr/3$ が成り立つ．直角錐の場合には，この関係式は，よく知られた角錐の体積と表面積の公式から（少し頑張れば）導くこともできる．

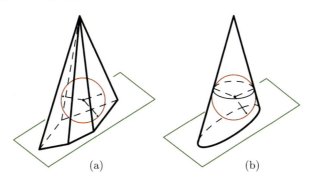

図 4.10 (a) 球に外接する角錐．(b) 球に外接する円錐．

例 6 (球に外接する円錐). 例 5 において多角形の底面の辺数を無限に近づけると，角錐は図 4.10 (b) に示したように円に外接する円錐になる．その結果，この極限となる円錐においても関係式 $V/S = r/3$ は成り立つ．直円錐の場合は，円錐の高さと斜高（母線の長さ）で体積と表面積を表すよく知られた公式からも，この関係式を導くことができる．しかし，これらの量と内径 r を結びつけるには，多少なりとも頑張らなければならない．

直円錐の体積および表面積は，古くから研究されてきた．しかし，総表面積，体積，内径を結びつける見事な関係式 $V/S = r/3$ については，これまでどこにも述べられていないように思われる．

ここまでの例によって，馴染みのある外接体には本質的に定理 4.11 の主張が存在していることがわかる．定理 4.11 をこのほかの外接体にまで拡張するために，4.2 節で外接形を定義したのと同じように，単純な構成部品を用いて一般的な外接体を定義する．

4.8 外接体の構成部品

平面の場合には 2 種類の構成部品を用いたが，ここでは図 4.11 に示す 4 種類の構成部品を考える．これを用いることで，外接体は，平面の外接形の場合に比べてさらに幅広く応用できるのである．

平面部品

まずは，球面（**内接球**と呼ぶ）とその接平面から始める．接平面上の単純閉曲線で囲まれた領域 F を考え，F の面積は有限と仮定する．内心（内接球の中心）と F の点を結ぶすべての線分の和集合を作る．これは，F を底面，内心を頂点，内径を高さとする錐体である．ここで，

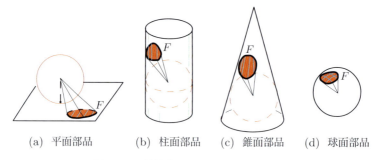

(a) 平面部品　　(b) 柱面部品　　(c) 錐面部品　　(d) 球面部品

図 4.11　外接体の 4 種類の構成部品.

「錐体」という語は，底面が多角形の場合には角錐を意味する．この構成部品を**平面部品**と呼び，F をその**外縁面**と呼ぶ（図 4.11 (a)）．これは，図 4.3 (a) の三角形状の構成部品の 3 次元版であり，外縁面は外縁に相当する．さらに，2 次元の場合と同じように考えて，この構成部品の外縁面積をその外縁面の面積と定義する．錐体の体積は，底面の面積とその高さの積の $1/3$ であるから，平面部品の体積はその外縁面積と内径の積の $1/3$ になる．

　球に外接する任意の多面体は，平面部品の有限個の和集合であり，それぞれの平面部品の外縁面は多角形になる．多面体の表面積は，この多角形の面積の和になり，体積は平面部品の体積の和になる．したがって，多面体である任意の外接体に対して，定理 4.11 が成り立つ．

　もっとも一般的な外接体は，平面部品の極限として得られる．再び，球面（内接球）とそれに接する曲面，たとえば，内接球に接する直線を母線とする可展面（展開可能面）上の有限面積の領域 F を考える．内心と F の点を結ぶすべての線分の集合は，F を外縁面とする構成部品と考えることができる．ここで，F の面積をこの構成部品の**外縁面積**と呼ぶ．この球面に接する一般的な曲面をわかりやすく示すのはそれほど簡単ではない．簡単のために，内接球に接する馴染み深い 4 種類の曲面を考える．それは，平面，柱面，錐面，そして球面そのものである．この 4 種類は，外接体の応用にとくに適している．平面からは平面部品が得られた．次に，残りの 3 種類の曲面について調べることにする．

柱面部品

　図 4.11 (b) の部品の外縁面 F は，球面に接する円柱の側面上にある．この部品を**柱面部品**と呼ぶ．すべての柱面部品は平面部品の極限になっているので，その体積は外縁面積と内径の積の $1/3$ に等しい．

錐面部品

　図 4.11 (c) の部品の外縁面 F は，球面に外接する円錐の側面上にある．この部品を**錐面部品**と呼ぶ．すべての錐面部品もまた平面部品の極限になっているので，その体積は外縁面積と内径の積の $1/3$ に等しい．

球面部品

　図 4.11 (d) の部品は，扇形の構成部品の 3 次元版に相当するもので，**球面部品**と呼ぶ．この場合，F は内接球の表面上にあって，図 4.3 (b) での扇形が切り取る弧と同じ役割を果たす．他の部品と同じように，球面部品もまた平面部品の極限になり，その体積は外縁面積と内径の積の $1/3$ に等しい．

外接体の定義. **外接体**は，同じ内接球をもつ重なり合わない構成部品の有限個の和集合である．これらの構成部品の外縁面積の和を，外接体の**外縁面積**という．

この定義によって，任意の外接体において外縁面積に対する体積の比は内径の 1/3 に等しいという，定理 4.11 と同値な定式化が得られる．

n 次元への拡張

n 次元球面を内接球として，図 4.11 と同様に $(n-1)$ 次元の超平面，柱面，錐面，球面の一部を用いた構成部品によって n 次元外接体を定義する．予想されるように，高次元になればなるほど構成部品の種類はより多くなる．第 6 章では，柱状体，双錐状体，六角錐状体などを含むさまざまな新しい種類の n 次元外接体を調べる．これらの外接体には，定理 4.11 を拡張したすべてに共通する基本性質があり，それによってその体積と表面積が結びつけられる．半径 r の内接球をもつ n 次元外接体の体積が V_n で，外縁面積が S_n だとすると，次の定理が成り立つ．

定理 4.12 (外接体の性質). n 次元外接体において，外縁面積に対する体積の比は，その内径の $1/n$ に等しい．これは

$$V_n = \frac{r}{n} S_n \tag{4.16}$$

と書くことができる．

$n=2$ 次元の場合，外接体は外接領域，内接球は内接円であり，定理 4.12 は定理 4.4 になる．$n=3$ 次元の場合，定理 4.12 は定理 4.11 に帰着される．定理 4.12 から，内径や立体の次元には明示的に依存しない帰結として次の定理が得られる．

定理 4.13. 同じ内径をもつ二つの n 次元外接体において，それらの体積の比はそれらの外縁面積の比に等しい．

証明: 同じ内径をもつ二つの n 次元外接体のそれぞれの体積を V, V' とし，それぞれの外縁面積を S, S' とする．式 (4.16) から，$V/V' = S/S'$ が成り立ち，ここからすぐに定理 4.13 が得られる．

4.9 定理 4.13 の応用

この節では，$n=2$ または $n=3$ と仮定する．n 次元外接体をその内心を通る $(n-1)$ 次元平面で切ることによって，定理 4.13 から驚くべき結果が得られる．（ここでは，より正確に，「超平面」とは言わずに「平面」と言うことにする．それは，$n=3$ の場合は通常の平面を意味し，$n=2$ の場合は外接形がある平面上の直線を意味するからである．）外接体は，内心を通る有限個の平面によって，同じ内接球をもついくつかの小外接体に分割される．ただし，分割した平面によってできる $(n-1)$ 次元の面は，小外接体の外縁面には含めない．どの二つの小外接体も同じ内径をもつので，定理 4.13 から次の定理が得られる．

定理 4.14. n 次元外接体は，その内心を通る有限個の平面によっていくつかの小さな n 次外接体に分割されるが，これらのどの二つの外縁面積の比も，それらの体積の比に等しい．

系 4.3. n 次元外接体の内心を通る平面は，それが外接体の体積を 2 等分するとき，そしてそのときに限り，外接体の外縁面積を 2 等分する．この場合，この分割によって得られた二つの立体の体積および（分割によって生じた共通の面を含む）総表面積はともに等しい．

四面体においては，4.6 節の冒頭で述べた結果になるが，これは新しい結果だと思われる．平面三角形に対するこの 2 等分の性質は，これまでに知られていた [27]．定理 4.13 に基づく私たちの単純な証明では，この結果は三角形だけでなく任意の外接形に対してほぼ自明になる．

定理 4.12 は，多くの馴染みのある外接体との結びつきや，定理 4.13, 4.14 を導くことができるという点で重要である．しかし，定理 4.12 は，広い範囲の複雑な外接体に適用する際に真の威力を発揮する．たとえば，図 4.12 (a), (b) に示した例のように，例 2 の多角柱や例 5 の多角錐の底面の正多角形を外接形に置き換えることで，新しい種類の外接体を構成することができる．また，図 4.12 (c), (d), (e) のように，外接体をその内接球に接する一つ以上の平面で切り落とすことでも新しい種類の外接体が得られる．

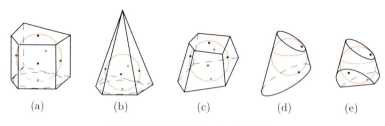

図 4.12 外接体のいくつかの例．

これらの結果は，同じ内接球をもつ外接体のさまざまな相貫体を調べるためにも使うことができる（4.11 節を参照）．

例 7（アルキメデスドームと外接する多角柱）．（第 5 章で定義する）**アルキメデスドーム**（アルキメデス穹窿(きゅうりゅう)）は，図 4.13 (a) に示すような外接体である．これは柱面部品の和集合になっている．すべての柱面の軸は同一平面上にあり，1 点で交わる．内接球の赤道に沿ったアルキメデスドームの断面は，その赤道に接する多角形になるが，アルキメデスドームを外接体として扱う場合には，その底面は外縁面には含めない．赤道に平行な平面による断面は，いずれも内接球の断面である円に外接する相似な多角形になる．図 4.13 (b) に示すアルキメデスドームに外接する多角柱は，同じ内接球をもつ外接体である．赤道に平行な平面によるこの多角柱の断面は，図 4.13 (a) の赤道面の多角形と合同になる．

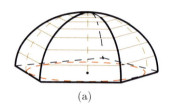 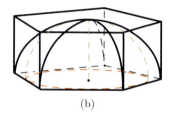

図 4.13 (a) アルキメデスドーム．(b) それに外接する多角柱の容器．表面積を比較する際にはいずれも底面は含めない．

アルキメデスドームとそれに外接する多角柱の容器については，第 5 章でさらに考察する．

そこでは，ドームの体積 V_d に対する多角柱の体積 V_p の比 V_d/V_p は $2/3$ になり，また，ドームの側面積 S_d に対する多角柱の側面と上面の面積の和 S_p の比 S_d/S_p も同じく $2/3$ になることを示す．このことから $V_d/S_d = V_p/S_p$ が成り立ち，定理 4.11 によって，この比は $r/3$ になる．ここで，r はこれらの内径とする．

例 8（星形外接体）．外接形と同様，外接体も凸である必要はなく，凸正多面体の面を延長して得られる星形多面体のような星形の形状でもよい．図 4.14 (a) は，正 12 面体のそれぞれの正五角形の面を五芒星形になるまで延長して作った**小星形 12 面体**である．12 個の五芒星形によって構成される小星形 12 面体は，図 4.14 (b) のように正 12 面体に 12 個の五角錐を加えて作ることもできる．小星形 12 面体は，すべての面が内接球に接するので，外接体である．凸多面体の外接体の外縁面を延長して作ったものや，与えられた内接球に適当な円錐を付け加えたものも，星形の外接形になる．それぞれの場合，総表面積に対する体積の比は，内径の $1/3$ に等しい．

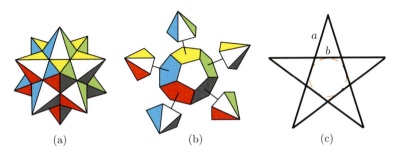

図 4.14 (a) 小星形 12 面体．(b) 五角錐を付加した正 12 面体．(c) (b) の五角錐を展開して得られる五芒星形と正五角形．

星形多面体とその核になる多面体は，同じ球に外接する．定理 4.12 によって，それらの体積の比は，それらの総表面積の比に等しい．この比は，平面図形の比を用いて表すことができる．

これを例 8 を使って説明する．図 4.14 (b) の五角錐の五つの三角形の側面を正五角形の底面を囲むように平面上に展開すると，図 4.14 (c) の五芒星形になる．この五芒星形の 10 本の辺の長さを a とし，五角形の 5 本の辺の長さを b とする．$\gamma = a/b$ とすると，これらの図形の周長の比は $10a/(5b) = 2\gamma$ になる．五芒星形と五角形は同じ円に外接するので，それらの面積の比もまた 2γ になる．

小星形 12 面体の表面積は，12 個の五角錐の側面積の和に等しく，それぞれの五角錐の側面は 5 個の合同な三角形であり，その総面積は五芒星形の面積から中心の正五角形の面積を引いたものに等しい．結果として，正 12 面体の表面積に対する小星形 12 面体の表面積の比は $2\gamma - 1$ となり，これはそれらの体積の比でもある．ここで，$\gamma = (1 + \sqrt{5})/2$（黄金比）であるから，$2\gamma - 1 = \sqrt{5}$ となる．例 8 での簡単な計算によって，次の関係式が成り立つ．

$$\frac{\text{五芒星形の面積}}{\text{正五角形の面積}} = \frac{\text{五芒星形の周長}}{\text{正五角形の周長}} = 2\gamma = 1 + \sqrt{5}$$

$$\frac{\text{小星形 12 面体の体積}}{\text{正 12 面体の体積}} = \frac{\text{小星形 12 面体の表面積}}{\text{正 12 面体の表面積}} = 2\gamma - 1 = \sqrt{5}$$

定理 4.11 を用いると，平面図形を解析するだけで体積と表面積の関係を導くことができるの

である.

4.10 最適外接形と最適外接体

平面（または3次元空間）にある二つの図形は，一方を拡大縮小してもう一方と合同になるとき，同形という．したがって，相似な図形は同形である．平面上の典型的な等周問題は，等しい周長をもつが形状の異なる図形を比べて，より大きい面積をもつ図形を問うものである．このような図形を**最適**という．3次元空間では，与えられた表面積をもつが形状の異なる立体を比べて，より大きい体積をもつ立体を最適という．この節では，**最適外接形**と**最適外接体**を調べる．例9や例10に示すように，図形は凸である必要はなく，図形の比較から得られる量的な関係式はとくに興味深い．

任意のn次元外接体に対する基本公式(4.16)は拡大縮小に対して不変であるから，最適性を考える上で図形の大きさは影響しない．式(4.16)を二つのn次元外接体でそれぞれの体積がVおよびV'，外縁面積がSおよびS'，内径がrおよびr'のものに適用すると

$$\frac{V}{V'} = \frac{S}{S'} \frac{r}{r'}$$

となることから，次の定理が得られる．

定理 4.15. 二つの異なるn次元外接体の外縁面積が等しいとき，それらの内径の比をρとすると，それらの体積の比もρになる．内径が大きい図形ほど体積も大きく，したがって最適になる．

系 4.4. 与えられた外縁面積をもつすべてのn次元外接体の中で，n次元球の内径および体積は最大となり，したがって最適である．

定理4.15は，質的な結果である最適性を示すだけでなく，外縁面積と体積の量的な比較も含んでいる．このことを次の二つの例で示す．

例 9（正三角形と正六角形）．図4.15 (a)に示す正六角形と正三角形の周長は等しい．そして，正六角形は正三角形よりも円に近いので，より大きい面積をもつ．これらの面積の正確な比は，いくつになるだろうか．定理4.15の2次元版を用いると，この問いに答えることができる．それらの面積の比はそれらの内径の比に等しいので，それらの内径の比を求めさえすればよいのである．

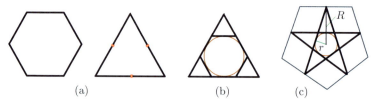

図 4.15 (a) 周長が等しい正六角形と正三角形．(b) 正三角形に内接する正六角形．(c) 例10．

正六角形と正三角形の内径の比を求める一つの方法は，図4.15 (b)のように正三角形に内接する小さな正六角形を考えることである．この正三角形と正六角形は同じ円に外接するので，

それらの周長の比が 9 : 6 すなわち 3/2 であることは，図 4.15 (b) から明らかである．したがって，内心を中心としてこの内接する六角形を 3/2 倍に拡大すると，正三角形と同じ周長をもつ図 4.15 (a) の正六角形が得られる．この正六角形ともとの正三角形は内径の比が 3/2 の外接形であるから，定理 4.15 によって，それらの面積の比もまた 3/2 になる．言い換えると，正三角形と同じ周長の正六角形の面積は，正三角形の面積の 3/2 倍になる．図 4.15 (a) のそれぞれの多角形を小さな正三角形の集まりに分割して比較することでも，同じ結果が得られる．

例 10 (五芒星形と正五角形)．図 4.15 (c) のように，正五角形が五芒星形に外接し，五芒星形と正五角形の周長は等しいものとする．これらの面積の比はいくらになるだろうか．

外側の正五角形のそれぞれの辺の中点が五芒星形の頂点であり，明らかにこの正五角形の周長 P は五芒星形の周長に等しい．この正五角形は内径 R で面積 $PR/2$ の外接形であり，五芒星形は内径 r で面積 $Pr/2$ の外接形であるから，それらの面積の比は定理 4.15 で示したように内径の比 R/r である．図 4.14 (c) と図 4.15 (c) の相似な三角形から $R/r = a/(b/2) = 2\gamma$ となるので，これを用いると

$$\frac{外側の正五角形の面積}{五芒星形の面積} = 2\gamma = 1 + \sqrt{5}$$

が得られる．

外側の正五角形を実際に構成しなくても，同じ結果を得ることができる．五芒星形とその核となる小五角形は同じ内径をもち，例 8 でそれらの周長の比は 2γ であることがわかっている．したがって，その小五角形を，その内心を中心として 2γ 倍に拡大すると，五芒星形と同じ周長をもつ正五角形が得られる．これらの内径の比は 2γ であるから，定理 4.15 によって，これらの面積の比もまた 2γ になる．ある多角形と等しい周長をもつもう一方の多角形を明示的に構成する方法がわからない場合にも適用できるので，応用範囲は定理 4.15 を用いるやり方のほうが広い．

定理 4.16 は，同じ内径をもつ二つの n 次元外接体に関する定理である．定理 4.15 によれば，それらの体積の比は表面積の比に等しい．この（小さいほうの外接体に対する大きいほうの外接体の）共通の比の値を μ とすると，$\mu \geq 1$ になる．

定理 4.16. 二つの異なる n 次元外接体が同じ内径をもつならば，二つのうち小さい体積（または小さい外縁面積）の外接体のほうが最適である．また，外縁面積が同じになるように拡大縮小すると，最適な外接体は，もう一方の外接体の μ 倍の体積をもつ．

証明： 表面積が小さいほうの外接体を，その内心を中心として μ 倍に拡大して，大きいほうの外接体の表面積と等しくなるようにする．この拡大によって，内径は μ 倍になる．定理 4.15 に照らし合わせると，体積は μ 倍になるので，この形状が最適である．

例 11 (小星形 12 面体)．例 8 では，小星形 12 面体の体積は，同じ内接球をもつ正 12 面体の体積の $\sqrt{5}$ 倍であることを示した．したがって，$\mu = \sqrt{5}$ として定理 4.16 を用いると，外縁面積が同じであれば，正 12 面体の体積は小星形 12 面体の体積の $\sqrt{5}$ 倍になる．同様にして，定理 4.16 からすぐさま例 9 および例 10 の結果を導くことができる．

4.11 同じ内接球をもつ円錐と円柱の相貫体

図 4.16 (a) では，鉛直方向の軸をもつ円錐と水平方向の軸をもつ円柱が，半径 R の同じ内接球に外接している．この円錐と円柱の相貫体の体積を求める問題を考える．

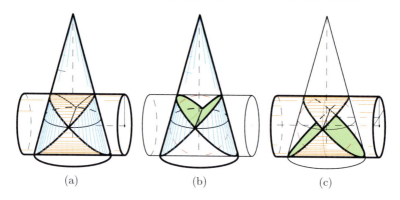

図 4.16 同じ内接球をもつ円錐と円柱の相貫体．(a) の相貫体は，(b) の錐面と (c) の柱面で囲まれている．

これに相当する二つの円柱の相貫体の問題は，もともとはアルキメデスが考えたもので，微積分の標準的な練習問題として比較的簡単に解くことができる．なぜなら，この場合，相貫体のある方向の断面は正方形になるからである．その結果は，相貫体に外接する立方体の 2/3，すなわち $16R^3/3$ になる（定理 5.3 を参照）．

円錐と円柱の相貫体の体積の計算は格段に難しい．図 4.16 (a) では，円錐の軸に直交する水平なすべての断面は，長方形の相対する 2 辺に弓形をかぶせた形になっている．この断面積は内接球の中心からの垂直距離の複雑な関数として表すことができ，相貫体の体積 V はその断面積の積分として表すことができる．このやり方では，そう簡単には計算できない美しくない積分が出てくる．しかし，定理 4.11 を用いると，そのような積分を必要とせずに相貫体の体積が求められるのである．問題の立体は外接体であり，定理 4.11 を用いると $V = RS/3$ となることがわかる．ここで，S は相貫体の外縁面の面積である．これによって，この問題は S を計算する問題に帰着される．

図 4.16 (a) の境界面は，錐面部（図 4.16 (b)）と柱面部（図 4.16 (c)）から構成される．錐面部の表面積を S_1，柱面部の表面積を S_2 とすると，これらはいずれも積分を用いずに別個に計算することができる．ここでは，その計算を詳細に説明する．なぜなら，その計算に用いるこれら境界面の幾何学的性質は，それだけでも興味深いものだからである．最終的な結果は，次のようになる．

定理 4.17. 半径 R の同じ内接球に外接する頂角 2α の直円錐と，それに直交する円柱の相貫体は外接体であり，その境界面は表面積

$$S_1 = 4R^2 \left(1 + \frac{2\alpha}{\sin 2\alpha}\right) \tag{4.17}$$

をもつ錐面部と，表面積

$$S_2 = 4R^2(2 + 2\alpha \tan \alpha) \tag{4.18}$$

をもつ柱面部から構成される．相貫体の体積は $V = R(S_1 + S_2)/3$, すなわち

$$V = \frac{4}{3}R^3 \left(3 + 2\alpha \tan\alpha + \frac{2\alpha}{\sin 2\alpha}\right) \tag{4.19}$$

となる．

式 (4.19) において R を固定し，$\alpha \to 0$ とすると，円錐は半径 R の円柱になり，予想どおり，その相貫体は直交する二つの円柱による体積 $16R^3/3$ の相貫体（アルキメデス球体）となる．

定理 4.17 を証明するには，いくつかの補題が必要になる．一つ目は，よく知られた楕円の性質を用いる．円錐に付随するパラメータには関係しない次の補題である．その証明は読者に委ねる．

補題 4.1. (a) $B \leq A$ とするとき，A を長径，B を短径とする楕円の離心率は $\sqrt{1-(B/A)^2}$ になる．

(b) 水平面と角 β をなす斜面上にこの楕円があり，その短軸が水平面と平行であるとき，この楕円の短軸を通る鉛直面への射影は，B および $A\sin\beta$ を半軸長とする楕円になる．

(c) $B/A = \sin\beta$ であるとき，そしてそのときに限り，(b) の射影による楕円は円になる．このとき，斜面上にある楕円の離心率は $\cos\beta$ になる．

次の補題は，図 4.16 のように，水平面と角 β をなす平面によって頂角 2α の直円錐から切り出された離心率 $\cos\beta$ の楕円に関するものである．この楕円の離心率は $\cos\beta$ であることから，この鉛直射影は円になり，図 4.16 に示したように，この円を導線とする円柱は楕円およびそれと対称の位置にある合同な楕円に沿って円錐と交わる．円錐と円柱は共通の内接球をもつ外接体であり，この内接球の半径を R とする．

円錐と円柱をそれらの軸を含む鉛直な平面で切ったときの断面を，図 4.17 (a) に示す．O は内心であり，C は長軸を QP とする傾斜した二つの楕円の一方の中心である．（図には，もう一方の楕円は描いていない．）CO の長さを c とし，これを $|CO| = c$ と書く．円錐と円柱は同じ内接球に外接するので，α と β は次の補題で記述する関係にあり，内径 R と $\sin\beta$ を用いて楕円の軸の長さを表すことができる．

補題 4.2. (a) 角度 α と β は次の関係式を満たす．

$$\cos\alpha = \tan\beta \tag{4.20}$$

(b) 傾斜した楕円の短径は R, 長径は $R/\sin\beta$ になる．

証明： まず，いくつかの点や長さに名前をつける．図 4.17 (a) において，接線分 NP の中点を M とし，QP の中点を C とする．したがって，MC は NQ に平行で，角 OMC は α に等しい．O から底辺への垂線の足を W，C から NP への垂線の足を T, QW への垂線の足を S とする．内接円は NQ に Z で接する．それゆえ，NM と NZ の長さは等しく，その長さを t とする．また，QZ と QW の長さも等しく，その長さを s とする．そして，$a = |QS| = |TP|$, $d = |MC|$ とする．ここで，$c = |CO| = |TM|$ とすると，$t = |MP|$ であるから，$t = a - c$ である．また，MC は NQ に平行なので，$2d = s + t$ である．しかし $s = a + c$, $t = a - c$

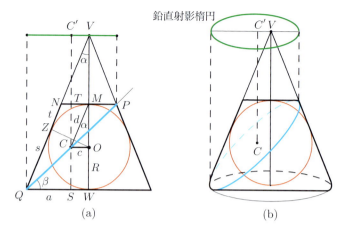

図 4.17 (a) 同じ内接球をもつ円錐と円柱の相貫体の鉛直断面. (b) 傾いた楕円を円錐の頂点を含む水平面へ鉛直射影してできた楕円.

であるから, $2d = s + t = (a + c) + (a - c) = 2a$ となり,

$$a = d \tag{4.21}$$

が成り立つ.

次に, 直角三角形 COM において $R = d\cos\alpha$ であり, 直角三角形 QSC において $R = a\tan\beta$ である. $a = d$ であることから式 (4.20) が得られ, これで (a) が証明された.

楕円の短径は R である. 三角形 QSC を見れば, 楕円の長径は $A = |QC| = R/\sin\beta$ であり, これで (b) が証明された.

鉛直射影楕円

頂点 V を通る水平面への射影を**鉛直射影**と呼び, 円錐の断面として現れる傾いた楕円の鉛直射影を**鉛直射影楕円**と呼ぶ (図 4.17 (b)). 鉛直射影楕円の短径は R で, 長径は $a = R/\tan\beta$ になる. 内接円の中心 O は鉛直射影で頂点 V に写され, 楕円の中心 C を鉛直射影した点を C' とする.

補題 4.3. 鉛直射影楕円の離心率は $\sin\alpha$ であり, V はその一方の焦点になる.

証明: まず, 離心率を求める. 鉛直射影楕円の短径は R, 長径は $a = R/\tan\beta$ なので, 補題 4.1 (a) によって, その離心率は $\sqrt{1 - \tan^2\beta}$ になる. ここで式 (4.20) を使うと, 離心率は $\sqrt{1 - \cos^2\alpha} = \sin\alpha$ に等しい.

V が焦点であることを証明するには

$$|C'V| = a\sin\alpha \tag{4.22}$$

であることを示せば十分である. 式 (4.22) は, $|C'V|$ が長径と離心率の積に等しいことを主張している. しかし, これは図 4.17 (a) の三角形 COM と式 (4.21) から

$$|C'V| = c = d\sin\alpha = a\sin\alpha$$

として, すぐに導くことができる.

補題 4.4. 直角錐の底面が正 n 角形で，頂点からの底面への垂線は底面の内心を通るものとする．この垂線がそれぞれの側面となす角を α とすると，この側面上にある面積 S の領域は，水平面上の面積 $S\sin\alpha$ の領域に射影される．また，頂角が 2α の直円錐の側面上にある面積 S の領域についても，同じことが成り立つ．

証明： 角錐の側面である面積 T のそれぞれの三角形は，水平面の面積 $T\sin\alpha$ の三角形に射影される．したがって，角錐の側面上にある面積 S の領域は，水平面の面積 $S\sin\alpha$ の領域に射影される．この性質は n に依存しないので，$n \to \infty$ とすることにより，円錐の場合の結果も得られる．

錐面部の面積 S_1 の計算

図 4.18 (a) において，水平面上にある緑色の網掛け部分は錐面上の面積が S_1 の領域の鉛直射影であり，その面積は $S_1 \sin\alpha$ に等しい．この面積は，重なり合う二つの共焦楕円の面積の和から，それらの交わり部分の面積の 2 倍を引いたものに等しい．ここで，E をそれぞれの鉛直射影楕円が囲む領域の面積とし，I をそれらの交わり部分の面積とすると，$S_1 \sin\alpha = 2(E - I)$ が成り立つ（図 4.18 (b)）．また，F を長軸に垂直な焦弦（焦点を通る弦）が楕円から切り出す焦弦弓形の面積とすると，面積 I は $2F$ に等しい．これらから

$$S_1 \sin\alpha = 2E - 4F \tag{4.23}$$

が得られる．ここで，E と F を個別に計算する．それぞれの鉛直射影楕円の半軸長は R および $R/\tan\beta$ なので，$E = \pi R^2 / \tan\beta$ であり，式 (4.20) から

$$E = \frac{\pi R^2}{\cos\alpha} \tag{4.24}$$

が得られる．

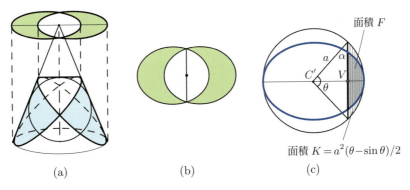

図 4.18 (a) 円錐から傾いた平面で切り出された二つの楔形．(b) その鉛直射影．(c) 焦弦弓形の面積 F の計算．

次の補題は，R と α を用いて F を表す．

補題 4.5. 焦弦弓形の面積 F は次の式で与えられる．

$$F = R^2 \left(\frac{\pi - 2\alpha}{2\cos\alpha} - \sin\alpha \right) \tag{4.25}$$

証明： 図 4.18 (c) の網掛け部分が面積 F の焦弦弓形である．C' を中心とし半径が楕円の長径の長さ a に等しい円に，鉛直射影楕円を内接させる．この楕円の離心率は $\sin\alpha$ なので，C' から楕円の焦点 V を通る鉛直な弦の端点への直線は，その弦と角度 α で交わる．この直線およびその鏡像は中心角 $\theta = \pi - 2\alpha$ をなし，V を通る鉛直な弦が円から切り出す弓形の面積は $K = a^2(\theta - \sin\theta)/2$ になる．しかし，$a = R/\cos\alpha$ であるから，

$$K = \frac{1}{2}\left(\frac{R}{\cos\alpha}\right)^2 (\theta - \sin\theta) = R^2 \left(\frac{\pi - 2\alpha}{2\cos^2\alpha} - \frac{\sin 2\alpha}{2\cos^2\alpha}\right) = R^2 \left(\frac{\pi - 2\alpha}{2\cos^2\alpha} - \frac{\sin\alpha}{\cos\alpha}\right)$$

が得られる．

ここで，$\cos\alpha$ は円の弓形を焦弦弓形に変換する鉛直方向の倍率なので，$K\cos\alpha = F$ となり，式 (4.25) が得られる．最後に，式 (4.23) に式 (4.25) および式 (4.24) を使い，両辺を $\sin\alpha$ で割ると，定理 4.17 の式 (4.17) が得られる．

柱面部の面積 S_2 の計算

まず，直円柱の側面上の楕円を平面に展開したときのよく知られた性質を思い出そう．この性質については，5.8 節で考察する．半径 R の直円柱を，その底面の直径を通り底面と角度 γ の傾きをなす平面で切る．ただし，$0 < \gamma < \pi/2$ とする．図 4.19 (a) は，円柱から切り出された楔形とその断面である楕円の一部を示している．楕円の長軸に平行な鉛直平面は，この楔形と直角三角形 T（図の網掛け部分）に沿って交わる．直角三角形の斜辺と底辺がなす角は γ になる．底面の円周を展開した直線が x 軸になるように，円柱の側面を平面上に展開する．ここで，x は，図 4.19 (a) のように底面の直径の端点 I から三角形 T の底辺の頂点 J までの円弧の長さである．T の底辺長は $R\sin(x/R)$，高さは $H\sin(x/R)$ になる．ただし，$H = R\tan\gamma$ とする．したがって，展開された柱面の境界線は，図 4.19 (b) に示すような $y(x) = H\sin(x/R)$ で与えられる周期 $2\pi R$，高さ H の正弦関数のグラフになる．

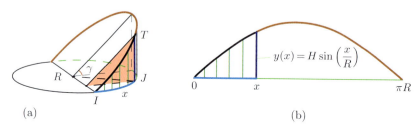

図 4.19 円柱から切り出された楔形とその側面の展開図．(a) の長さ x の円弧 IJ を (b) の線分 $[0,x]$ として展開する．展開すると三角形 T の高さは $y(x) = H\sin(x/R)$ になる．ただし，$H = R\tan\gamma$ である．

同じ考え方を図 4.16 の相貫体に用いるために，図 4.20 では相貫体を傾けて円柱の軸を鉛直にする．円柱の水平の断面に対して切断面は角 $\gamma = \pi/2 - \beta$ をなし，切断面が円柱の軸を通る点と内接球の中心との距離を h とする．切断面は円柱の側面を二つの部分に切り分け，それらの面積の和は求めようとしている面積 S_2 の半分になる．この二つの部分を平面上に展開すると，正弦曲線 $y = H\sin(x/R)$ と水平線 $y = h$ で囲まれた二つの網掛け部分になる．直線 $y = h$ より上にある網掛け部分の面積を A とし，直線 $y = h$ より下にある網掛け部分の面積を B とすると，側面積 S_2 は $2(A + B)$ に等しい．

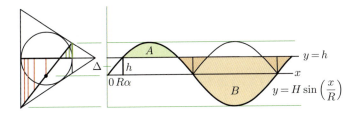

図 4.20 相貫体の柱面部と，その展開図．側面積 S_2 は，正弦曲線が囲む網掛け領域の面積の和 $A + B$ の 2 倍に等しい．

曲線 $y = H \sin(x/R)$ が 1 周期の間に囲む領域の面積は $4HR$ であり，図 4.20 では $4HR = A + B - 4\Delta$ となっている．ただし，Δ は，区間 $[0, R\alpha]$ でこの正弦曲線より上で直線 $y = h$ より下にある三角形状領域の面積である．距離 $R\alpha$ は，半径 R，中心角 α の円弧を展開したときの長さである（図 4.21 を参照）．そして，面積 Δ は，幅 $R\alpha$ で高さ h の長方形の面積から，この長方形内で正弦曲線より下にある三角形状領域の面積を引いたものである．$h = H \sin \alpha$ であるから，第 5 章の系 5.4 によって

$$\Delta = R\alpha h - HR(1 - \cos \alpha)$$

となり，したがって

$$A + B = 4HR + 4\Delta = 4RH(\alpha \sin \alpha + \cos \alpha)$$

が得られる．ここで，式 (4.20) の結果から $H = R \tan \gamma = R \tan(\pi/2 - \beta) = R \cot \beta = R/\cos \alpha$ が成り立つので，

$$A + B = 4R^2(\alpha \tan \alpha + 1)$$

となり，よって式 (4.18) が成り立ち，定理 4.17 の証明が完成する．

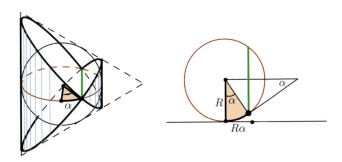

図 4.21 円柱の切断面が内接球の赤道面と交わる（緑色の）弦の端点は，その弦に平行な直径と中心角 α をなす．半径 R，中心角 α の円弧を展開すると，その長さは $R\alpha$ になる．

4.12 外接体の重心

定理 4.7 において，外接形の面積重心とその境界の重心の間には，単純だが驚くべき関係があることを示した．これは，それらは内心と同一直線上にあり，内心からの距離の比は $3 : 2$ になるというものである．ここでは，外接体についても同じような結果を導く．具体的には，内

心 O から外縁面の重心へのベクトルを $\boldsymbol{C}(S)$ とし，O から外接体の体積重心へのベクトルを $\boldsymbol{C}(V)$ とするとき，この一方の重心の位置によって，もう一方の重心の位置が決まる．実際には，次の定理が得られる．

定理 4.18. 外接体の体積重心 $\boldsymbol{C}(V)$ とその外縁面の重心 $\boldsymbol{C}(S)$ は内心と同一直線上にあり，次の関係式が成り立つ．

$$\boldsymbol{C}(S) = \frac{4}{3}\boldsymbol{C}(V) \tag{4.26}$$

証明： まず，三角形の外縁面をもつ角錐状の平面部品を考える．この三角形の外縁面の重心 $\boldsymbol{C}(S)$ は，三角形のある平面上（3中線の交点）にある．この外縁面を底面とする角錐の重心 $\boldsymbol{C}(V)$ は，角錐の頂点から底面の重心に向かって $3/4$ の位置にある．$\boldsymbol{C}(V)$ は内心と $\boldsymbol{C}(S)$ を結ぶ線分上にあるのだから，$\boldsymbol{C}(V) = (3/4)\boldsymbol{C}(S)$ であり，それゆえ，任意の三角形を外縁面とする平面部品に対して式 (4.26) が成り立つ．

次に，いくつかの多角形を外縁面とする外接体については，それぞれの多角形を三角形領域に分割すると，三角形を外縁面とし内心 O を共通の頂点とする角錐状の平面部品の集合が得られる．それら角錐状の平面部品のそれぞれの外縁面積を $S_1, \ldots, S_n$，それぞれの体積を $V_1, \ldots, V_n$ とする．また，内心 O から外縁面が三角形の角錐状の平面部品の体積重心それぞれへのベクトルを $\boldsymbol{C}(V_1), \ldots, \boldsymbol{C}(V_n)$，$O$ から外縁面の面積重心それぞれへのベクトルを $\boldsymbol{C}(S_1), \ldots, \boldsymbol{C}(S_n)$ とする．すると，O からそれら平面部品の和集合の体積重心へのベクトル $\boldsymbol{C}(V)$ と，それらの外縁面の和集合の面積重心へのベクトル $\boldsymbol{C}(S)$ は，それぞれ次の式で与えられる．

$$\boldsymbol{C}(V) = \frac{\sum_{k=1}^{n} V_k \boldsymbol{C}(V_k)}{\sum_{k=1}^{n} V_k}, \quad \boldsymbol{C}(S) = \frac{\sum_{k=1}^{n} S_k \boldsymbol{C}(S_k)}{\sum_{k=1}^{n} S_k} \tag{4.27}$$

r を内径として，式 (4.27) の $\boldsymbol{C}(V)$ の右辺に $V_k = S_k r/3$ を用い，$\boldsymbol{C}(S)$ の右辺に，式 (4.26) を角錐状の平面部品に対して適用した $\boldsymbol{C}(S_k) = (4/3)\boldsymbol{C}(V_k)$ を用いると，多角形を外縁面とする外接体に対して式 (4.26) が成り立つことがわかる．そのほかの構成部品は多角形を外縁面とする外接体の極限と見なすことができるので，式 (4.26) は4種類の構成部品すべてに対して成り立ち，したがって，すべての外接体に対しても成り立つ．

四面体の場合の定理 4.18 については，4.6 節の冒頭で述べた．これは，分数 $3/2$ を $4/3$ に置き換えることで，外接体に対して定理 4.7 を拡張した結果である．

例 12（アルキメデスドームとそれに外接する角柱）．図 4.13 に示したアルキメデスドームとそれに外接する角柱を思い出そう．第 5 章の系 5.5 では，アルキメデスドームの表面の重心は，底面からその高さのちょうど半分の位置にあることを示す．アルキメデスドームを内径 r の外接体と見なすと，その外縁面積の重心は底面から $r/2$ の位置にある．したがって，定理 4.18 により，アルキメデスドームの体積重心は，底面から $3r/8$ の位置にある．これは，アルキメデスが半球に対して見つけた結果の一般化になっている．実際，アルキメデスドームを構成するそれぞれの楔形に対しても，この体積重心の位置についての結果が成り立つ．さらに，内径 r の楔形がそれぞれ鉛直方向に λ 倍に拡大されて，高さ $h = \lambda r$ の半楕円状の楔形になったとすると，この縦長の楔形はもはや外接体ではないが，その体積重心は同じ倍率 λ だけ拡大されて，底面から $3h/8$ の位置にある．

図 4.13 (b) のアルキメデスドームに外接する角柱の体積重心は，底面から $r/2$ の位置にある．したがって，定理 4.18 により，この外接体の外縁面（側面および上面）の面積重心は，底面から $2r/3$ の位置にある．

例 13 (直円錐)．高さ h の直円錐の体積重心は，その中心軸上で底面から $h/4$ の高さにあることが知られている．この直円錐の内径を r とすると，体積重心は内心から $r - h/4$ の距離にある．定理 4.18 によれば，円錐の全表面の面積重心は内心から $4(r - h/4)/3$ の距離にあるので，円錐の底面から $(h - r)/3$ の高さにある．言い換えると，底面からの円錐の総表面積の重心の高さは，内心と頂点の間の距離 $h - r$ の $1/3$ に等しい．これは，外接形を底面とし頂点から底面への垂線の足が底面の内心を通る任意の直角柱に対しても成り立つ．

4.13 外接殻

外接殻は，4.3 節で定義した平面上の外接環に相当するものである．立体 Q と $0 < \lambda < 1$ となる実数値 λ に対して，Q の中に点 O を選んで，Q のすべての点 $\boldsymbol{q}$ にわたり，O からの距離を λ 倍にした点 $\lambda\boldsymbol{q}$ すべてから構成される立体を λQ で表し，λQ と Q に挟まれた殻状部分を Q_λ で表す．この原型は，半径が λr と r の同心球に挟まれた球殻である．

ここでは，Q が，O を内心とし内径が r の外接体である場合を取り扱う．この場合，λQ も，同じく O を内心とし内径が λr の外接体になる．外接殻 Q_λ の内側と外側の境界面は，それらの間の垂直距離が一定という意味で平行である．その垂直距離は，r を外側の外接体 Q の内径とすると，$(1 - \lambda)r$ に等しい．この定数を w で表し，外接殻の**厚み**と呼ぶ．

$$w = (1 - \lambda)r \tag{4.28}$$

これで，次の定理の前半が証明された．

定理 4.19. (a) すべての外接殻は一定の厚みをもつ．
(b) 逆に，相似な立体 λQ と Q に挟まれた一定の厚みをもつ殻は，必ず外接殻になる．

定理 4.19 は，外接環に対する定理 4.5 の拡張になっている．定理 4.19 の後半は，相似の中心を通り対となる面に垂直な平面を考えると，この問題を 2 次元の場合に帰着でき，証明することができる．詳細については省略する．

外接殻の体積と表面積の関係

殻の外側の立体 Q の表面積を S，体積を V とすると，内側の立体 λQ の表面積は $T = \lambda^2 S$，体積は $\lambda^3 V$ になる．殻 Q_λ そのものの総表面積は $S' = S + T = (1 + \lambda^2)S$ であり，体積を V' とすると

$$V' = (1 - \lambda^3)V = (1 - \lambda)(1 + \lambda + \lambda^2)V$$

で与えられる．外側の立体が体積 V の外接体だとすると，$V = Sr/3$ となるので，式 (4.28) を使うと

$$V' = \frac{r}{3}(1 - \lambda)(1 + \lambda + \lambda^2)S = \frac{w}{3}(S + \lambda S + \lambda^2 S)$$

となる．ここで，$\lambda^2 S = T$ であるから，$\lambda = \sqrt{T/S}$ となり，体積の公式は

$$V' = \frac{w}{3}(S + \sqrt{ST} + T) \tag{4.29}$$

となる．

これは，**切頭正四角錐**（正四角錐台）の体積に対するエジプト人による有名な公式と同じ形をしている．切頭正四角錐の場合，S と T はそれぞれ上下底面の正方形の面積である．式 (4.29) では，内側と外側の面は平面でなくてもよい．たとえば，内側の表面積が $T = 0$ となる外接殻を考えれば，半球面の体積を計算するのにも使える．式 (4.29) において，項 $\sqrt{ST}$ は S と T の幾何平均であり，S と T の混合面積と呼ばれる．w に掛けられる量 $(S + \sqrt{ST} + T)/3$ は，S, T, 混合面積 $\sqrt{ST}$ の平均である．これに独自の名前をつけておこう．

定義： 量 $(S + \sqrt{ST} + T)/3$ を外接殻の**混合平均表面積**と呼び，S_{ave} で表す．

すると，式 (4.29) は $V' = wS_{\text{ave}}$ になり，次の定理が得られる．

定理 4.20. 外接殻の体積は，混合平均表面積と厚みの積に等しい．

定理 4.20 は，外接環の面積はその周長と幅の積の半分に等しいという定理 4.6 の拡張になっている．

式 (4.29) の混合面積の項 $\sqrt{ST}$ を面積として幾何学的に解釈することは，そう簡単ではない．しかし，式 (4.29) は式 (4.30) のように書くことができ，このすべての項は面積を表している．この式には，外側と内側のちょうど中間に位置する面，すなわち，λr と r の平均である $r(1+\lambda)/2$ を内径とする面の面積を含んでいる．この中間面の面積を**中間面積**と呼び，$S_{1/2}$ で表すことにする．中間面は外側の表面を $(1+\lambda)/2$ 倍にしたものであるから，$S_{1/2} = (1+\lambda)^2 S/4$ であり，

$$4S_{1/2} = (1+\lambda)^2 S = S + 2\lambda S + \lambda^2 S = S + 2\sqrt{ST} + T$$

を使うと，

$$4S_{1/2} + S + T = 2(S + \sqrt{ST} + T) = 6S_{\text{ave}}$$

が得られる．

これで，式 (4.29) から古典的な角錐台の公式の拡張する次の定理が得られる．

定理 4.21. 厚み w，外側の表面積 S，内側の表面積 T，中間面積 $S_{1/2}$ の外接殻の体積 V' は次の式で与えられる．

$$V' = \frac{w}{6}(S + 4S_{1/2} + T) \tag{4.30}$$

式 (4.30) において，w に掛けられる項は S, T, $S_{1/2}$ の重みつき平均になっている．外接殻の面が平面で，平行な外側と内側の表面の距離が w の場合，式 (4.30) は古典的な角錐台の公式になる．

定理 4.19 (b) によって，曲面を表面とする外接殻は，角錐台の公式と切頭正四角錐に対するエジプト人の公式のいずれによっても正確な体積が得られるもっとも一般的な殻ということになる．たとえば，半球を（内側の表面積が $T = 0$ の）外接殻と考えると，その体積に対して式 (4.29) と式 (4.30) がともに成り立つ．これに対して，平面による断面を使った標準的な方法を用いると，角錐台の公式では正しい値が得られるが，エジプト人の公式ではうまくいかない．一般の立体角や球層についても同様のことが言える．

4.14 外接殻の重心

定理 4.18 に付随した結果として，外接殻 Q_λ の体積重心はその外側の外接体 Q の体積重心と結びつけられる．それは，外接環に対する定理 4.8 の拡張になっている．

定理 4.22. 外接殻 Q_λ の体積重心 $\boldsymbol{C}(Q_\lambda)$ とその外側の外接体 Q の体積重心 $\boldsymbol{C}(Q)$ の間には，次の関係式が成り立つ．

$$\boldsymbol{C}(Q_\lambda) = \frac{1-\lambda^4}{1-\lambda^3}\boldsymbol{C}(Q) \tag{4.31}$$

証明： Q_λ の体積は $V(Q) - V(\lambda Q)$ である．この回転モーメントを考えると

$$(V(Q) - V(\lambda Q))\boldsymbol{C}(Q_\lambda) + V(\lambda Q)\boldsymbol{C}(\lambda Q) = V(Q)\boldsymbol{C}(Q) \tag{4.32}$$

が成り立つ．しかし，$V(\lambda Q) = \lambda^3 V(Q)$, $V(Q) - V(\lambda Q) = V(Q)(1-\lambda^3)$, $\boldsymbol{C}(\lambda Q) = \lambda \boldsymbol{C}(Q)$ であることから，式 (4.32) は

$$(1-\lambda^3)\boldsymbol{C}(Q_\lambda)V(Q) = (1-\lambda^4)\boldsymbol{C}(Q)V(Q)$$

と書くことができ，これから式 (4.31) が得られる．

定理 4.18 は，式 (4.31) で $\lambda \to 1$ としたときの極限として得ることもできる．なぜなら，殻 Q_λ は一定の厚みをもち，Q の境界面の面積重心は，$\lambda \to 1$ としたときの殻 Q_λ の体積重心の極限と考えることができるからである．定理 4.22 の次の拡張は，殻 Q_λ の体積重心と，その全境界（内側および外側の境界）S_λ の面積重心を結びつける．

定理 4.23. 外接殻 Q_λ の体積重心 $\boldsymbol{C}(Q_\lambda)$ とその全境界の面積重心 $\boldsymbol{C}(S_\lambda)$ の間には，次の関係式が成り立つ．

$$\boldsymbol{C}(Q_\lambda) = \frac{3}{4}\frac{1-\lambda^4}{1-\lambda^3}\frac{1+\lambda^2}{1+\lambda^3}\boldsymbol{C}(S_\lambda)$$

定理 4.23 は，平面における定理 4.9 の拡張になっている．ここでは，その証明は省略する．また，定理 4.7 の n 次元版では，n 次元空間における外接体の面積重心と体積重心の間には次の関係があることを付記しておく．

$$\boldsymbol{C}(S_n) = \frac{n+1}{n}\boldsymbol{C}(V_n) \tag{4.33}$$

付記

この章の題材は，もともと文献 [11], [12] で発表したものであり，前者の論文は 2005 年 8 月にレスター・R・フォード賞を受賞している．

三角形の境界の重心が三角形の内点の重心と必ずしも一致しないことは，古くから知られていた．この事実を調べる過程で，私たちはこの二つの重心が必ず内接円の中心と同一直線上にあり，その中心からの距離は 3 : 2 になることを発見した．文献 [11] につながった研究の当初の動機は，この美しくも驚くべき結果を円に外接する任意の多角形に一般化することであった．この一般化を行うことで任意の外接体に対する結果が見つかり，そこから自然に，まずは四面体へ，そして任意の外接体に対する 3 次元空間における対応する結果 [12] へとつながった．こ

の一般化の過程において，この研究における本質的な鍵は，アルキメデスの円の面積の公式を任意の外接形に拡張し，アルキメデスの球の体積の公式を任意の外接体に拡張することだとわかった．

第5章

切り欠きつき容器の方法

この章で説明する方法を使うと，次の問題を簡単に解くことができる．読者は，この章を読む前に，これらの問題に挑戦してみるのもよいだろう．

下図 (a) は，三つの半円柱が交差した立体であり，その3本の軸を含む平面（赤道面）による断面は一般の三角形になる．(b) に示す四つの半円柱が交差した立体では，それらの軸を含む平面（赤道面）による断面が正方形になる．それぞれの赤道面に平行な平面による立体の断面も合わせて示している．

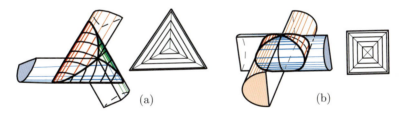

それぞれの断面を比較して，次のことを示せ．

それぞれの立体の総表面積 S は，赤道面での断面積 A の4倍になる．それぞれの立体の体積を V とすると，$V = SR/3$ が成り立つ．ここで，R はその立体に内接する球の半径である．

切り欠き容器の手法は，球の性質に関するアルキメデスの画期的な発見の核心に迫る．この章の第 I 部では，この手法を紹介し，アルキメデス球体と呼ぶ特別な種類の外接体にそれを適用する．赤道面に平行な平面によるアルキメデス球体の断面は，アルキメデス球体に内接する球の断面である円に外接する相似な多角形を境界とする領域になる．その極限である球と同じように，アルキメデス球体の体積と表面積は，それぞれ，それに外接する角柱容器の体積と表面積の 2/3 になる．これらの結果は，幾何学的な方法によって得られる．（二つのアルキメデス球体に挟まれた領域である）アルキメデス殻の体積と表面積を求めることもできる．これらの新しい結果から，体積と総表面積がともに等しいが合同ではない立体のいくつもの族，正弦曲線の積分，外接体の表面の任意の断面の重心の位置といった，驚くべき帰結が得られる．

第 II 部では，この手法を一様でない密度をもつ立体などのより一般的な立体に適用する．

I：アルキメデス球体

5.1 はじめに

球の体積はそれを取り囲む最小の直円柱の体積の 2/3 になり，その表面積は同じ直円柱の総表面積の 2/3 になるというアルキメデスの発見は，数学の歴史に刻まれた目覚ましい業績である．アルキメデスはこの発見にとても興奮し，彼の名を記憶に留める素晴らしい業績は数多くあるにもかかわらず，自分の墓石に球とそれに外接する円柱を刻むことを望んだ．アルキメデスは，球の 2 倍の直径をもつ円柱の輪切りに対して球と円錐の輪切りがつり合うことから，これもまた彼の素晴らしい発見である重心とてこの原理を用いて，注目すべきこの事実を発見した．

この球と円柱の体積の比は，てこや重心の原理を使わなくても，切り欠き容器の原理から導くことができる（[23] を参照）．5.2 節と 5.3 節で紹介するこの単純だが自然なやり方は，一般化の下準備になる．5.4 節では，球に外接する特別な種類の立体を導入する．これらの立体の赤道面に平行な平面による断面は，内接する球面の断面である円に外接する相似な n 角形を境界とする領域になる．このような立体を，$n=4$ の場合を扱ったアルキメデスにちなんで，**アルキメデス球体**と呼ぶ．球面は，$n \to \infty$ としたときの極限になる．それぞれのアルキメデス球体を二つの平らな面と一つの半円柱面をもつ楔形に分割して解析する．実際，アルキメデスは，この種の楔形の体積を（力学的な方法および幾何学的な方法で）論じている．$n=3,4,6$ の場合のアルキメデス球体の例と，その極限となる球を上から見た図を図 5.1 に示す．

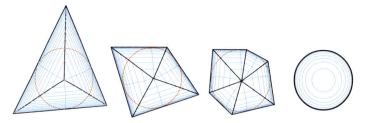

図 5.1 等高線の描かれたアルキメデス球体の $n=3,4,6$ および ∞ の例（上から見た図）．

球の場合と同様に，アルキメデス球体の体積と表面積は，それぞれ，それに外接する角柱容器の体積と表面積の 2/3 になる．5.5 節では，中心を共有する二つのアルキメデス球体に挟まれた領域であるアルキメデス殻の体積を扱う．5.6 節では，その結果を用いて，アルキメデス

球体の表面積を求める．これらの取り組みで共通するのは，問題をより簡単な問題に単純化するということである．これらの新しい結果から得られる驚くべき帰結として，体積と表面積がともに等しいが合同ではない立体のいくつもの族（5.7 節），正弦曲線の積分（5.8 節），球状曲面の任意の断面の重心（5.9 節）が得られる．

5.2 球の体積

まず，球とそれに外接する円柱の体積の間の関係式を幾何学的に導き出そう．対称性によって，図 5.2 のような半球とそれに外接する（半径と高さが等しい）円柱を考えればよい．この円柱の真ん中に円柱と同じ高さの円錐状の切り欠きをつける．この円錐の体積は円柱の体積の 1/3 であるから，切り欠きつきの円柱の体積は円柱の体積の 2/3 になる．この切り欠きつきの円柱の体積が半球の体積と等しいことを示すために，円柱の底面に平行な任意の水平面でこれらの立体を輪切りにすると，対応する断面の面積が等しくなることに注意する．ここで，次の原理を使う．

輪切りの原理． 任意の高さにおいて二つの立体の水平面による断面積が等しいならば，それらの体積は等しい．

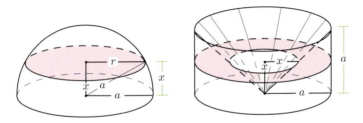

図 5.2 球と切り欠きつき円柱の断面の面積は等しい．

この主張は，一般の立体に対してこれを証明しようとしたボナヴェンチュラ・カヴァリエリ（1598–1647）にちなんで，カヴァリエリの原理と呼ばれることが多い．アルキメデスは，それよりも 16 世紀も前に，いくつかの特別な立体に対してこの原理を用いた．アルキメデスは，その結果を，彼よりも前にこの原理を使って円錐の体積を求めたエウドクソスとデモクリトスの成果だとしている．カヴァリエリは，この原理を使って多くの立体の体積を求め，アルキメデスの取り尽くし法を適用して一般の立体に対してこの原理を証明しようとした．しかし，それが厳密に示されたのは，17 世紀に積分法が発展してからであった．ここでは，自然で内容をより良く表している**輪切りの原理**という用語を用いる．

図 5.2 の断面積が等しいことを確かめるために，球の半径を a とし，球の中心から切断平面までの距離を x とする．この切断平面による球の断面の半径を r とすると，その面積は πr^2 になる．対応する切り欠きつきの円柱の断面は，（円柱の高さと半径が等しいことから）外側の半径が a で内側の半径が x の円環形になる．したがって，その面積は $\pi a^2 - \pi x^2$ に等しい．ここで，r と x は斜辺の長さが a の直角三角形の直角を挟む 2 辺の長さなので，$\pi r^2 = \pi a^2 - \pi x^2$ が成り立つ．つまり，この二つの立体において，対応する断面の面積は等しい．

それゆえ，底面に平行な任意の 2 平面がこれらの立体から切り出す部分の体積は等しい．し

たがって，図 5.3 に図示する次の定理が証明された．

定理 5.1. 底面に平行な任意の 2 平面が球とそれに外接する切り欠きつきの円柱から切り出す立体の体積は等しい．

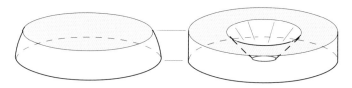

図 5.3 平行な 2 平面が球と切り欠きつき円柱から切り出す輪切りの体積は等しい．

系 5.1 (アルキメデス)．球の体積は，それに外接する円柱の体積の 2/3 に等しい．

この章では，アルキメデスが行ったように，ある立体の体積（または表面積）をそれよりも単純な立体の体積（または表面積）と関連づける形で，主要な定理を表現する．図形の寸法を用いた明示的な公式は，これらの定理から導くことができる．

例 1 (体積の公式)．図 5.2 の半球の半径を a とすると，切り欠きつきの円柱の体積は，その底面の面積と高さの積の 2/3，すなわち $2\pi a^3/3$ に等しく，これは半球の体積でもある．球全体の体積は $4\pi a^3/3$ になる．

定理 5.1 を用いて，半径 a の球に対して，赤道面に平行で距離が $R \leq a$ の平面より上の部分（球台）の体積を求めることもできる．この球に外接する切り欠きつきの円柱は，高さが R の円柱から体積 $\pi R^3/3$ の円錐を除いたものである．したがって，この平面より下にある半球の部分の体積は，それらの差，すなわち $\pi a^2 R - \pi R^3/3$ になる．これを半球の体積から引くと，

$$\frac{2}{3}\pi a^3 + \frac{1}{3}\pi R^3 - \pi a^2 R$$

が球台の体積になる．これは，$\pi h^2(3a-h)/3$ と書くこともできる．ここで，$h = a - R$ は，球台の高さである．アルキメデスは，別の方法によってこの公式を導いたが，球台に内接する高さ h の円錐の体積の $(a+2R)/(2R)$ 倍と表現した．

5.3 球殻の体積

球殻は，中心を共有する二つの球に挟まれた領域である．予想されるように，球殻の体積は，この二つの球の体積の差になる．二つの球の両方と交わる平面による球殻の断面を考えると，いくぶん予想外の結果が得られる．内側と外側の球の半径をそれぞれ r と a とし，球の中心から切断平面までの距離を x とする．ここで，切断平面が両方の球と交わるように，$0 \leq x \leq r$ と仮定する．球殻の断面は，外側の半径が s で内側の半径が t の円環形であり，その面積は $\pi s^2 - \pi t^2$ になる（図 5.4 (a)）．この面積は x に依存せず，すべての断面で等しくなる．これがマミコンの接線掃過定理から導けることは，すでに 1.3 節で述べた．

このことは，三平方の定理を 2 度適用することで直接示すこともできる．まずは斜辺の長さが a の直角三角形に使い，それから斜辺の長さが r の直角三角形に使うのである（図 5.4 (a)

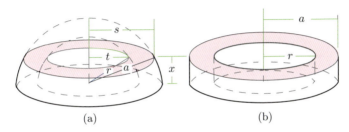

図 5.4 球殻の両方の球に交わる平面が切り出す断面積は一定になる．

を参照）．これから
$$s^2 = a^2 - x^2, \quad t^2 = r^2 - x^2$$
が得られ，したがって $\pi(s^2 - t^2) = \pi(a^2 - r^2)$ が成り立つ．それゆえ，それぞれの円環形の面積は $\pi a^2 - \pi r^2$ に等しく，これは x に依存しない．これは，図 5.4 (b) に示すように，軸を共有し半径がそれぞれ r と a の二つの円柱に挟まれた円柱殻の断面積でもある．それゆえ，輪切りの原理を使うと，次の定理が得られる．

定理 5.2. 両方の球に交わる水平な 2 平面が球殻から切り出す輪切りの体積は，その 2 平面が円柱殻から切り出す輪切りの体積に等しい．

円柱殻の体積は，その底面積と高さの積に等しい．底面の半径を用いてその体積を表すと，$\pi(a^2 - r^2)h$ になる．ここで，h は平行な二つの切断平面の間の距離である．したがって，その体積は，平行な二つの切断平面の間の距離に比例する．

より一般的には，球殻の二つの水平面に挟まれた部分の体積は，切り欠きつきの円柱殻の対応する部分の体積に等しい．非常に薄い球殻を考えると，この結果から球の表面積を求めることができる．このことは，一般のアルキメデス球体の表面積について調べる 5.6 節で導き出すことにする．このあとの五つの節では，球の体積や表面積についての知識を仮定しない．ただ，それを用いると，球とそれに外接するアルキメデス球体の断面積を比較する本書の証明の多くが簡単になるということがわかる．この章の目的は，アルキメデスが楔形の幾何学的解析を単純化しようとする中で発見した一連の初等的結果を紹介することである．

5.4 アルキメデス球体の体積

作図が簡単になるように，まず図 5.5 (a) のように半球に外接するアルキメデスドームを定義する．アルキメデスドームの底面は，半球の赤道に外接する任意の多角形である．底面に平行な平面によるアルキメデスドームの断面は，半球の断面である円に外接し，球の中心を通る原線に関して底面と同じ向きの相似な多角形である．アルキメデスドームと赤道面に関する鏡像を合わせると，アルキメデス球体になる．

ちなみに，しばしば，正 12 角形を赤道面の多角形としてこの方法で地球儀が作られる．また，天文台では，望遠鏡の覆いとしてアルキメデスドームが用いられている．

アルキメデスドームに外接し，それと高さが等しく同じ多角形を底面とする角柱から，それと合同な底面をもち O を頂点とする角錐を取り除いたものを，図 5.5 (b) に示す．この角錐の体積は角柱の体積の 1/3 に等しいので，残りの立体の体積は角柱の体積の 2/3 に等しい．水平

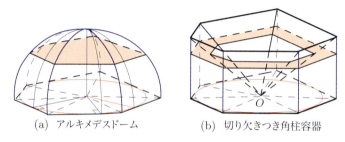

(a) アルキメデスドーム　　　(b) 切り欠きつき角柱容器

図 5.5 アルキメデスドームの体積は，それに外接する切り欠きつき角柱の体積に等しい．

面によるこの切り欠きつきの角柱の断面は，底面に似た二つの多角形を境界とする多角環になる．この多角環の面積がアルキメデスドームの対応する断面の面積に等しいことを示す．すると，このことからアルキメデスドームと切り欠きつきの角柱の体積は等しくなる．

これらの断面積が等しいことを示すために，図 5.6 (a) のように，アルキメデスドームを，高さ a の直角三角形の底面，半径 a の円柱面，二つの鉛直面からなる楔形に分割する．この円柱面の縁で，アルキメデスドームの頂点から楔形の底面の三角形の直角の頂点までを結ぶ曲線を**子午線**と呼ぶ．子午線は，半径 a の四分円である．円柱面のもう一つの縁は楕円の一部になる．

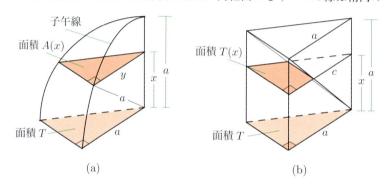

(a)　　　　　　　　　(b)

図 5.6 アルキメデスドームを分割した楔形とドームに外接する切り欠きつき角柱を分割した三角柱．すべての x に対して断面積 $A(x)$ と $T(x)$ は等しい．

これに対応して，外接する角柱も，図 5.6 (b) に示すような高さ a のいくつかの三角柱に分割する．それぞれの三角柱の底面は，対応する楔形の底面の直角三角形と合同になる．この一つの底面の三角形の面積を T とする．底面からの距離が x の水平な平面は，楔形から面積 $A(x)$ の三角形を切り出し，切り欠きつきの角柱から面積 $T(x)$ の台形を切り出す．ここで，$A(x) = T(x)$ を示せばよい．

図 5.6 (b) に示すように，この台形の面積は，底面に似た高さ c の小三角形の面積を T から引いたものになる．この小三角形と底面との相似比は c/a である．しかし，$c/a = x/a$ であるから，この小三角形の面積は $(x/a)^2 T$ であり，$T(x) = (1 - (x/a)^2) T$ となる．

次に，図 5.6 (a) で，底面から距離 x の水平面が切り出す楔形の断面の直角三角形の高さを y とする．この直角三角形は底面と相似で，その相似比は y/a であるから，その面積 $A(x)$ は $(y/a)^2 T$ に等しい．しかし，子午線は円弧であるから，図 5.6 (a) において $x^2 + y^2 = a^2$ が成り立ち，それゆえ $(y/a)^2 T = (1 - (x/a)^2) T = T(x)$ となる．これで，$A(x) = T(x)$ を示すことができ，証明は完了した．ここまでの議論から次の定理が得られる．

定理 5.3. (a) 赤道面に平行な 2 平面がアルキメデス球体と切り欠きつきの角柱それぞれから切り出す輪切りの体積は等しい．

(b) アルキメデス球体の体積は，それに外接する角柱の体積の 2/3 に等しい．

底面の多角形の辺数を無限大に近づけると，その多角形は円になり，アルキメデス球体は球に，それに外接する角柱は円柱になる．したがって，定理 5.1 と系 5.1 は，定理 5.3 の極限の場合である．

例． アルキメデス球体は，n 個の半円柱から切り出された楔状部分を組み合わせて作ることもできる．これらの半円柱の軸は赤道面上にあり，内接円である赤道の中心で交わる．また，それぞれの軸は，底面の多角形のある辺と平行になる．($n=3$ および $n=4$ の場合の) 簡単な例を図 5.7 (a), (b) に示す．(通常，二つの円柱の相貫体として記述される) 図 5.7 (b) の立体の体積は，それを含む最小の立方体の体積の 2/3 に等しい．

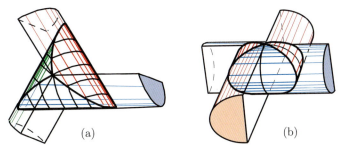

図 5.7 半円柱から切り出された楔形を組み合わせると，アルキメデス球体になる．

「アルキメデスドーム」という名称を用いたのは，アルキメデスがこの特別な場合を調べたからである．アルキメデスは著書『方法』の序文 [20; 付録, p.12] において，直交する二つの合同な円柱の相貫体の体積はそれに外接する立方体の体積の 2/3 に等しいと (証明なしに) 述べている．文献 [20; pp.48–50] において，ゼウセンは，アルキメデスが球を扱うときに用いた重心とてこの手法を使い，これを検証した．しかしながら，この相貫体の上半分が正方形を底面とするアルキメデスドームだとわかれば，その体積と切り欠きつきの角柱容器の体積を比べることで，すぐにその比 2/3 が得られるのである．

多角形の辺数を増やした極限では，アルキメデスドームの断面の多角形は円になり，切り欠きつきの角柱は円錐状の切り欠きをもつ円柱になるので，アルキメデスが求めた球と円柱の体積比は純粋に幾何学的に得られる．実際，半径 a の球に外接し赤道面が正 n 角形のアルキメデス球体の体積は $(4/3)na^3\tan(\pi/n)$ であるが，$n \to \infty$ のとき，この体積の極限値は半径 a の球の体積である $4\pi a^3/3$ になる．

5.5 アルキメデス殻の体積

次に，同じように円柱環の楔状部分から作られた立体であるアルキメデス殻を調べる．中心を共有する二つのアルキメデスドームに挟まれたアルキメデス殻の体積は，もちろん，外側のアルキメデスドームの体積と内側のアルキメデスドームの体積の差に等しい．定理 5.3 (a) か

ら，次の定理の (a) および (c) が得られる．

定理 5.4. (a) 赤道面に平行な 2 平面がアルキメデス殻とそれに外接する切り欠きつきの角柱それぞれから切り出す輪切りの体積は等しい．

(b) 赤道面に平行で両方のアルキメデスドームに交わる 2 平面がアルキメデス殻から切り出す輪切りの体積は，それらの平面が（厚みが一定の）角柱殻から切り出す輪切りの体積に等しい．その体積は，切断平面の間の距離とアルキメデスドームの底面の多角環の面積の積に等しい．

(c) 底面積が等しい二つのアルキメデス殻に対して，それらに共通の赤道面に平行な 2 平面が切り出す輪切りの体積は等しい．

定理 5.4 (b) を証明するために，図 5.8 (a) のように中心を共有し半径がそれぞれ r と a である二つのアルキメデスドームから切り出された楔形を見てみよう．ただし，$r<a$ とする．この楔形の底面は高さ $a-r$ の台形である．この楔形は，両方のアルキメデスドームに交わる平行な二つの水平面と交わる．その水平面による断面は，高さが変化する台形であり，それぞれは底面の台形に相似である．

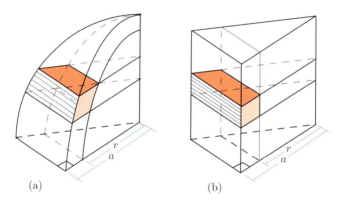

図 5.8 底面に平行な 2 平面がアルキメデス殻と角柱殻から切り出す輪切りの体積は等しい．

それに対応する図 5.8 (b) の断面は，$a-r$ を一定の高さとする台形であり，それらの面積はすべて等しい．したがって，輪切りの原理により，アルキメデス殻と角柱殻の体積は等しい．

5.6 アルキメデス球体の表面積

定理 5.4 (b) を使うと，アルキメデス球体の表面積を求めるための発見的な考察を行うことができる．対称性を考慮すると，上半分のアルキメデスドームを考えればよい．

図 5.9 (a) は，非常に薄いアルキメデス殻から切り出された楔形で，直角三角形の底面の外側の底辺の長さを b，外側の半径を a，内側の半径を r とする．ただし，r はほぼ a に等しいものとする．このアルキメデス殻を平らに伸ばすと（図 5.9 (b)），ほぼ角柱に近い図形になる．この図形の体積は，楔形の側面積 A に厚みを掛け合わせた $A(a-r)$ に等しい．ここで，A の値を求めたい．

定理 5.4 (b) の証明において，アルキメデス殻の楔形の体積は，図 5.9 (c) のような厚さ $a-r$ の角柱殻の部分の体積に等しいことがわかっている．この部分は，幅 b，高さ a，厚さ $a-r$ の

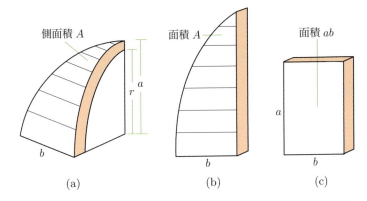

図 5.9 薄いアルキメデス殻から切り出された楔形 (a) の曲がった側面を平らに伸ばすと，(b) のようになる．このアルキメデス殻の体積は，同じ厚みをもつ長方形の薄い平板 (c) の体積にほぼ等しい．

長方形の薄い平板に近く，その体積は $ba(a-r)$ に等しい．この値と $A(a-r)$ が等しいことから，$A = ba$ が得られる．すべての輪切りの側面の面積 A の和は対応する ba の和に等しく，これはアルキメデス殻に外接する角柱の側面積に等しい．

平行な二つの切断平面がアルキメデス殻から切り出す任意の部分に対しても，同じように考えることができる．$r \to a$ とした極限の場合には，次の定理が得られる．

定理 5.5. (a) 平行な 2 平面がアルキメデス球体から切り出す輪切りの側面積は，それらの平面がアルキメデス球体に外接する角柱から切り出す輪切りの側面積に等しい．その側面積は，平行な切断平面の距離に比例する．
(b) アルキメデス球体の総表面積は，それに外接する角柱の側面積に等しく，その角柱の底面積の 4 倍になる．

この結果は発見的考察によって得られたが，取り尽くし法や積分を用いれば，厳密に証明することができる．外接する角柱が円柱になる極限を考えると，次の系が得られる．

系 5.2. 平行な 2 平面が球から切り出す輪切りの側面積は，それらの平面が球に外接する円柱から切り出す輪切りの側面積に等しい．

アルキメデスは，これとは別のやり方で，球面の表面積 [20; p.39, 命題 33] や，球冠（球台の球面部分）の表面積 [20; p.53, 命題 43] を計算した．とくに，この球冠の表面積の式は，それに内接する円錐の斜高だけで表されており，見事である．命題 43 は，球冠の表面積はそれに内接する円錐の斜高を半径とする円の面積に等しいと主張している．より一般的には，この結果は，アルキメデスドームの冠部（図 5.10 (a) に示す，アルキメデスドームの表面のうち赤道面に平行な平面より上にある部分）の表面積に対しても成り立つ．

定理 5.6. アルキメデスドームの冠部の表面積は，それに内接する角錐の斜高を半径とする円に外接しドームの底面に相似な多角形の面積に等しい．

証明： 定理 5.5 (a) によって，高さ h の冠部の表面積は hp に等しい．ここで，p は底面の多角形の周長である．アルキメデスドームの赤道の半径を a，冠部に内接する角錐の斜高を s と

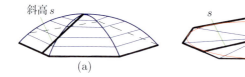

図 5.10 アルキメデスドームの冠部の表面積は，ドームの底面に相似な多角形の面積に等しい．

する（図5.10 (a)）．すると，斜辺の長さが s，直角を挟む1辺の長さが h の直角三角形ができる．また，その直角三角形と相似で，斜辺の長さが $2a$，直角を挟む1辺の長さが s の直角三角形もできる．したがって，$2a/s = s/h$，すなわち $s/a = 2h/s$ が成り立つ．ところが，s/a は半径がそれぞれ s と a の円に外接する相似な多角形の相似比である．半径 s の円に外接する多角形を図5.10 (b) に示す．この多角形の周長を p_s とすると，その面積は $sp_s/2$ になる．相似性を用いると，$p_s = (s/a)p = (2h/s)p$ となり，求める $sp_s/2 = hp$ が得られた．球の場合の関係式 $s/a = 2h/s$ は，命題43の証明になっている．

定理5.4 (b) は，アルキメデス球体の体積は，それに外接する最小の角柱の体積の 2/3 に等しいと主張している．では，これと組になる表面積に対する次の定理を証明しよう．

定理 5.7. アルキメデス球体の表面積は，それに外接する角柱の総表面積の 2/3 に等しい．

証明： 定理5.5 (b) によって，アルキメデス球体の総表面積は，それに外接する最小の角柱の側面積に等しい．したがって，定理5.7を証明するためには，この角柱の底面の多角形の面積が，この角柱の側面積の 1/4 に等しいことを示せばよい．そうすれば，二つの底面の面積と側面積の和は，それに内接するアルキメデス球体の表面積の 3/2 に等しくなる．

この角柱の側面を展開すると，面積が $2ap$ の長方形になる．ここで，p は底面の周長であり，$2a$ は角柱の高さである．この底面の多角形は，図5.8 (b) に示したような，それぞれ高さが a で面積が $ab_k/2$ の直角三角形に分割することができる．ここで，b_k はそれぞれの直角三角形の底辺の長さである．b_k の総和は p に等しいので，底面の多角形の面積は期待どおりの $ap/2 = (2ap)/4$ になる．

多角形の底面が円になる極限の場合として，次の系が得られる．

系 5.3 (アルキメデス)．球の表面積は，それに外接する円柱の総表面積の 2/3 に等しく，それは球の赤道を外周とする円板の面積の 4 倍になる．

定理5.4と定理5.7から，この章の冒頭で述べたアルキメデスの画期的な発見の新たな証明と大幅な一般化が得られる．すでに説明したように，アルキメデスは，直交する二つの円柱の相貫体の体積が，それを含む最小の立方体の体積の 2/3 に等しいことを知っていた．しかし，それらの表面積も同じ比率になるという定理5.4と定理5.7に示した結果は考えなかったと思われる．二つの円柱の相貫体の体積を求めることは，微積分の教科書の標準的な練習問題になっているが，アルキメデス球体が球である場合を除いて，それらの表面積に対する定理5.7の関係式を論じている文献は見当たらない．

それでは，定理5.5から得られる驚くべき帰結を二つ紹介しよう．

5.7 合同でない体積と表面積がともに等しい立体

図 5.11 (a) は，アルキメデス殻の内側と外側のドームの両方に交わる平行な二つの水平面が切り出す輪切りを示している．図 5.11 (b) は，それに対応する角柱殻から切り出された同じ厚みの輪切りを示している．それぞれの輪切りの表面は，次の四つの部分で構成される．(1) 上側の水平な多角環，(2) 下側の水平な多角環，(3) 外側の側面，(4) 内側の側面．これに対して，次の定理を証明する．

定理 5.8. すでに述べたように，この二つの輪切りの体積は等しい．そして，それぞれの輪切りの表面の対応する部分の面積は等しい．その結果として，二つの輪切りの総表面積は等しい．

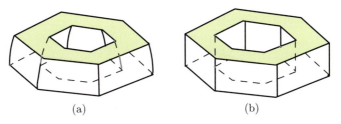

図 5.11 体積が等しく，対応するそれぞれの部分の面積も等しい合同でない立体．

証明： 定理 5.4 (b) によって，この二つの輪切りの体積は等しい．また，定理 5.4 に至る解析から，それぞれの上側の水平な多角環の面積は等しく，同様に下側の水平な多角環の面積も等しい．定理 5.5 (a) によって，それぞれの外側の表面積は等しく，同様にそれぞれの内側の表面積も等しい．

定理 5.8 は，体積と総表面積がともに等しいが合同でない立体の対の無限の族を与えてくれる．底面の辺数や赤道に外接する多角形の形状を変えることで得られる族がその一つであり，平行な二つの切断平面の距離を変えることで，また別の族が得られる．さらに，その切断平面の赤道面からの距離を変えることでも，別の族が得られる．ちなみに，図 5.11 の立体は，配管などに一般的に用いられる座金によく似ている．

5.8 正弦曲線の積分

定理 5.5 から得られるもう一つの驚くべき帰結は，正弦曲線の積分である．単位円周上にあり偏角 x ラジアンの点の直交座標は $(\cos x, \sin x)$ になる．図 5.12 (a) では，この円を底面とする直円柱から，円の直径を通り，底面との角度が $45°$ の傾きをもつ切断平面により，楔形が切り出されている．底面の点 $(\cos x, \sin x)$ の真上にある切断平面上の点の高さは $\sin x$ になる．この楔形の側面を平面に展開すると，図 5.12 (b) のように，(底面の円周長の半分である) 長さ π の区間の上側にある領域になる．したがって，この領域の上縁は，直交座標を用いると $y = \sin x$ になる．図 5.12 (a) の楔形の手前側の半分は，子午線が水平面内にありドームの頂点が直交座標 $(1, 0)$ となるように横倒しにしたアルキメデスドームの楔形と見なすことができる．この楔形の底面は直角二等辺三角形で，鉛直面内にある．定理 5.5 (a) によって，このアルキメデスドームの底面に平行平面が楔形から切り出す部分の側面積は，それに外接する最

小の角柱の対応する輪切りの側面である長方形の面積に等しい．図 5.13 (a) のように，この切断平面とアルキメデスドームの底面の距離を $\cos x$ とすると，図 5.13 (b) に示す長方形の面は，幅が 1 で，高さが $1 - \cos x$ になる．したがって，初等幾何を用いれば，$0 \leq x \leq \pi/2$ に対する正弦曲線の積分が得られることになる．そして，もちろんこの結果はすべての実数 x に対して成り立つ．

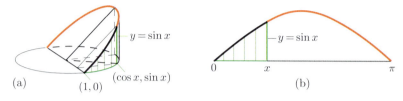

図 5.12 底面の直径を通る傾いた平面で円柱を切ると，正弦曲線が得られる．

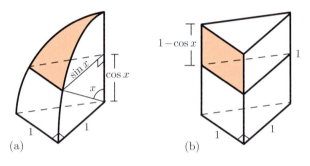

図 5.13 アルキメデスドームの一部分の側面積は，ドームに外接する最小の角柱の長方形の面積に等しい．

系 5.4. 区間 $[0, x]$ における正弦曲線より下側の領域の面積は，幅が 1 で高さが $1 - \cos x$ の長方形の面積に等しい．

これは，積分記号を用いて
$$\int_0^x \sin t\, dt = 1 - \cos x$$
と書くことができる．

5.9 重心への応用

切り欠きつき容器の手法によって，曲面で構成された立体の体積は，それに外接し，平らな面で囲まれていることから体積が簡単に計算できるか既知の切り欠きつきの柱体の体積を用いて表すことができる．ある固定した底面からの高さが x である水平面によってそれぞれの立体を切ると，等しい面積 $A(x)$ をもつ断面が生じる．ここで，輪切りの原理を使うと，二つの水平面がそれぞれの立体から切り出す部分の体積は等しくなる．微積分の言葉で表せば，積分 $\int_{x_1}^{x_2} A(x)\, dx$ の値は，x がある区間 $[x_1, x_2]$ 上を動く際の水平面全体がそれぞれの立体から切り出す部分の体積になる（[1; 定理 2.7] を参照）．二つの立体の被積分関数 $A(x)$ は同じなので，対応する部分の体積も等しくなる．

二つの立体の体積が等しいことを示すためには，それらの共通の断面積 $A(x)$ を積分する代

わりに，任意の関数 $f(x, A(x))$ を積分してもよく，区間 $[x_1, x_2]$ でのその積分は二つの立体で同じ値になる．たとえば，積分 $\int_{x_1}^{x_2} x A(x)\,dx$ は区間 $[x_1, x_2]$ における面積関数 $A(x)$ の 1 次積率であり，これを積分 $\int_{x_1}^{x_2} A(x)\,dx$ で割ったものは二つの平面 $x = x_1$ と $x = x_2$ がそれぞれの立体から切り出す輪切りの重心の高さになる．

したがって，二つの輪切りは体積が等しいだけでなく，それらの重心の高さも等しくなる．さらに，与えられた k に対して，底面を含む平面に関する二つの輪切りの k 次積率 $\int_{x_1}^{x_2} x^k A(x)\,dx$ も等しくなる．これを言い換えると，次の定理になる．

定理 5.9. アルキメデス殻とそれに外接する切り欠きつきの角柱殻に対して，それぞれの対応する輪切りの赤道面まわりの k 次積率は等しい．

定理 5.9 を使って決定できるいくつかの重心の例を紹介して，この節を終えることにする．

$r < a$ として，中心を共有し半径がそれぞれ r と a の二つのアルキメデスドームに挟まれたアルキメデス殻を考える．定理 5.9 を使うと，この二つのアルキメデスドームに交わる二つの平行な平面が殻から切り出す輪切りの重心を求めることができる．同じ平面が，厚みが一定の角柱殻から切り出す輪切りの重心は，この平行な二つの平面のちょうど真ん中にある．それゆえ，アルキメデス殻の輪切りの重心も同じ高さにある．このことから，次の定理が得られる．

定理 5.10. 外側と内側のアルキメデスドームの両方に交わる平行な二つの平面がアルキメデス殻から切り出す輪切りの重心は，この二つのドームに共通する中心を通る鉛直線上でかつ二つの平面のちょうど真ん中にある．とくに，中心からの距離が内側のドームの半径 r に等しい平面と赤道面がアルキメデス殻から切り出す輪切りの重心は，赤道面の上方 $r/2$ の距離にある．

$r \to a$ とした極限の場合（したがって，アルキメデス殻の厚みは 0 に近づく）には，定理 5.10 から次の系が得られる．

系 5.5. アルキメデスドームの表面の重心は，ドームの頂点から赤道面へ下ろした垂線の中点にある．

系 5.5 において，円に外接する底面の多角形が円になる極限を考えると，面積分を使って求められるよく知られた半球の場合の結果が得られる（[2; p.431] を参照）．定理 5.10 においても同じ極限を考えると，次の系が得られる．

系 5.6. 球面の輪切り（とくに球台）の表面の重心は，その平行な二つの切断平面のちょうど真ん中にある．

II : アルキメデスドームの一般化

この章の残りの部分では，この切り欠きつき容器の手法を拡張し，まず，アルキメデスドームとはかなりかけ離れた一般のドーム状の構造に適用する．次に，質量分布が均質でないドームにも適用する．いくつかの例によって，切り欠きつき容器の手法を施せるこれらの構造がどれほど一般的であるかを示す．

5.10　可約な立体

　水平面によってアルキメデスドームとその切り欠きつきの容器をいくつかの輪切りに切り分けたとき，対応する輪切りのそれぞれの対は同じ一定の密度をもつものとする．ただし，対ごとにその密度は違っていてもよい．対応する輪切り同士の質量は等しいので，アルキメデスドームの総質量は切り欠きつきの容器の総質量に等しく，それらの質量の中心は底面から同じ高さにある．あるいは，アルキメデスドームとその切り欠きつきの容器を，原線を通る鉛直半平面でいくつかの楔形に切り分けたとき，対応する楔形のそれぞれの対は同じ一定の密度をもつものとする．ただし，対ごとにその密度は違っていてもよい．この場合も，対応する楔形同士の質量は等しいので，アルキメデスドームの総質量は切り欠きつきの容器の総質量に等しく，それらの質量の中心は底面から同じ高さにある．さらには，アルキメデスドームを，玉葱のように中心を共有するいくつかの殻状の層に切り分けたとき，それぞれの層は一定の密度をもつものとする．ただし，それぞれの層で密度が違っていてもよい．切り欠きつきの容器も，それに対応するように同軸の角柱の層に切り分け，それぞれの層は対応する殻と同じ密度になるようにする．この場合にも対応する層同士の質量は等しいので，アルキメデスドームの総質量はその切り欠きつきの容器の総質量に等しく，それらの質量の中心は同じ高さにある．ここでは，角錐状の切り欠きをもつ角柱容器に対応する立体で，アルキメデスドームと同じく次の性質をもつものを調べよう．

定義（可約性）．立体は，任意の水平面によるその立体とその切り欠きつきの容器それぞれの輪切りの体積が等しく，質量も等しく，底面から質量の中心までの高さが等しいとき，**可約**という．

　すべての均質なアルキメデスドームは可約であり，5.13 節では，いくつかの非均質で可約なアルキメデスドームの例を示す．

　切り欠きつき容器の手法は，ドームの体積と質量の計算をそれよりも単純な角柱の体積と質量の計算に帰着させることができ，これによって，アルキメデスが発見した球面と円柱の体積の間の深淵な関係を一般化できた．アルキメデスによるまた別のよく知られた結果である『方法』，命題 6[20] は，均質な半球体の重心は，その北極から底面への垂線を 3 : 5 の比に分けるというものである．切り欠きつき容器の手法を用いると，均質なアルキメデスドームやその他の一般的なドームでも同じ比になることを示せる（定理 5.17）．さらに，この結果は，より一般的なクラスの非均質で可約なドームの質量の中心にまで拡張できる（定理 5.18）．

　5.11 節では，アルキメデスドームを鉛直方向に引き伸ばして楕円形の側面線をもつドームとし，その底面を必ずしも凸ではない任意の多角形で置き換える．ここから任意の曲線的な底面をもつドームにまで，自然につながる．このようなドームとその切り欠きつきの角柱容器は，輪切りの原理によって，底面を含む平面まわりの積率や体積が等しい．しかし，ドームが半球に外接しないならば，それらの側面積はもはや等しくない．この章の残りの部分では，表面積が等しいことは要請せずに，その切り欠きつきの角柱容器と等しい体積と積率をもつ立体を集中的に調べる．5.11 節では，多角形を底面とする可約ドームや可約殻を扱う．そして，5.12 節では，その結果を曲線的な底面をもつドームに拡張し，体積と積率を保存する写像を用いて可約性を定式化する．

5.13 節の非均質な質量分布をもつ立体を扱う際に，切り欠きつき容器の手法は真の威力を発揮する．空洞がある場合も含めて，非均質な楔形，殻，あるいは楕円形の側面線をもつ立体の輪切りの質量や重心の計算は，より単純な切り欠きつきの角柱容器の質量や重心の計算に帰着できる．5.14 節では，体積と重心の明示的な公式を示し，5.15 節では，楕円形の側面線をもつ均質な殻は必然的に切り欠きつきの容器に可約な立体であるという，驚くべき事実を明らかにする．

5.11　多角楕円ドームと多角楕円殻

任意のアルキメデスドームとその切り欠きつきの容器を同じ倍率 $\lambda > 0$ で鉛直方向に引き伸ばすと，さらに一般的な可約な立体のクラスが簡単に構成できる．図 5.5 (a) の円柱の一部をなす楔形は，図 5.14 (a) に示す典型的な例のような楕円柱の一部をなす楔形になる．半径 a の円弧は引き伸ばされて，水平方向の半軸長が a で鉛直方向の半軸長が λa の楕円弧になる．そして，この引き伸ばしによって，角柱の楔形の高さは a から λa に変わる（図 5.14 (b)）．この場合も，切り欠きつきの容器は角錐状の切り欠きをもつ角柱である．底面から与えられた高さにある水平面がこの楕円柱から切り出す楔形と，それに対応する切り欠きつきの角柱から切り出す楔形の断面積は等しい．その結果として，水平な二つの平面がこれらの立体から切り出す輪切りの体積は等しい．

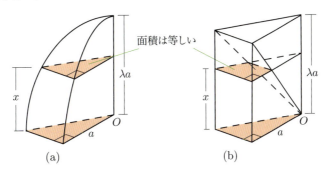

図 5.14 (a) 円柱から切り出された楔形を鉛直方向に λ 倍に引き伸ばしたもの．(b) その切り欠きつき角柱容器．

楕円柱面の一部をなす楔形と切り欠きつきの角柱の一部をなす楔形が同じ一定の密度ならば，それらの質量は等しく，それらの質量の中心は底面から同じ高さにある．このことから，次の定理が得られる．

定理 5.11. すべての均質な楕円柱面の一部をなす楔形は可約である．

有限個の楕円柱面の一部をなす楔形を，重なり合わないように組み合わせる．ただし，それぞれの楕円は，水平方向の半軸は長さが等しくなくてもよいが同じ水平面上にあり，鉛直方向の半軸は共通で，それが底面と交わる点 O を中心と呼ぶ．それぞれの楔形の密度は一定であるが，楔形ごとに違っていてもよい．それぞれの楔形に対して，それに外接する同じ密度の切り欠きつき柱状容器を，**柱状対応体**と呼ぶ．楔形と同じように柱状対応体を組み合わせると，楔形の組み合わせの柱状対応体ができる．組み合わせる楔形の中に密度の異なるものがあるなら

ば，非均質な組み合わせという．これは，すべての楔形が同じ一定密度である均質組み合わせを特別な場合として含む．それぞれの楔形は可約であることから，次の系が得られる．

系 5.7. 楕円柱面の一部をなす楔形の非均質な組み合わせは可約である．

多角楕円ドーム

この楔形の有限個の組み合わせの底面は多角形（O を共通の頂点とする三角形の和集合）になることから，この組み合わせを**多角楕円ドーム**と呼ぶ．この多角形の底面は円に内接していなくてもよく，凸である必要もない．これに対して，系 5.7 から次の系が得られる．

系 5.8. 多角楕円ドームの体積は，それに外接する切り欠きつきの柱状容器の体積に等しく，また（切り欠きのない）柱状容器の（底面積と高さの積である）体積の 2/3 に等しい．

ドームの赤道面での底面の多角形の極限として，O を中心とする楕円になった特別な場合には，ドームは半楕円体になり，それに外接する柱状容器は楕円柱になる．この極限の場合には，系 5.8 は次のように簡単になる．

系 5.9. 楕円体の体積は，それに外接する楕円柱の体積の 2/3 に等しい．

とくに，回転楕円体（楕球）についての結果であるアルキメデスの『方法』，命題 3[20] は，この系になる．

系 5.10（アルキメデス）．回転楕円体の体積は，それに外接する円柱の体積の 2/3 に等しい．

多角楕円殻

多角楕円殻は，中心を共有する相似な二つの多角楕円ドームに挟まれた領域である．定理 5.11 から，多角楕円殻に対する次の定理が得られる．

定理 5.12. 次の立体はいずれも可約である．
(a) 均質な多角楕円殻
(b) 均質な多角楕円殻の一部となる楔形
(c) (b) の楔形の水平面による輪切り
(d) (a) の多角楕円殻の非均質な組み合わせ
(e) (b) の楔形の非均質な組み合わせ
(f) (c) の輪切りの非均質な組み合わせ

均質な多角楕円殻の一部となる楔形の水平な輪切りを構成部品として用いることで，このような構成部品から非常に一般的なさまざまな質量分布をもつ可約な多角楕円殻を構成できることが，直感的に理解できるだろう．非常に短い辺長の構成部品を使った多数の辺をもつ多角形の底面の極限を考えることで，楕円，放物線，双曲線が切り出す領域などのさまざまな平面領域を底面とする楕円殻や楕円ドームが考えられる．次の節では，曲線で囲まれた領域を底面とする一般の可約なドームを明示的に構成する方法を説明する．

5.12 一般の楕円ドーム

多角形の底面を，中心 O に関する極座標 (r, θ) が方程式 $r = \rho(\theta)$ を満たす曲線で囲まれた平面領域で置き換える．ここで，ρ は区分的に連続な関数で，θ は幅 2π の区間を動くものとする．この底面の上方に，次のようにして楕円ドームを構築する．まず，ドームの高さは，底面に垂直で中心 O を通る原線に沿った長さ $h > 0$ の線分とする．図 5.15 (a) のように，原線を含み偏角が θ の鉛直半平面は，いずれも水平方向の半軸長が $\rho(\theta)$ で鉛直方向の半軸長が h の四分楕円に沿ってドームの表面と交わるものとする．

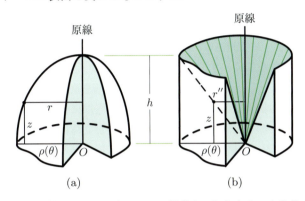

図 5.15 (a) 楕円ドーム．(b) それに外接する切り欠きつき柱状容器．

$\rho(\theta) = 0$ であれば，この四分楕円は退化する．したがって，楕円柱から切り出された楔形は，楕円ドームの特別な場合である．$\rho(\theta) > 0$ のときには，ドームの表面の円柱座標が (r, θ, z) である点に対して，楕円の方程式

$$\left(\frac{r}{\rho(\theta)}\right)^2 + \left(\frac{z}{h}\right)^2 = 1 \tag{5.1}$$

が成り立つ．

このドームは，それと合同な底面をもち高さが h の柱体で取り囲まれる (図 5.15 (b))．底面が多角形の場合には，この柱体は多角柱になる．

図 5.15 (b) において，柱体の側面上のそれぞれの点 (r', θ', z') は，次の式によってドームの表面の点 (r, θ, z) と対応する．

$$\theta' = \theta, \quad z' = z, \quad r' = \rho(\theta)$$

この柱体から，円柱座標が (r'', θ, z) となる点を表面とする錐体を取り除く．ここで，$z/h = r''/\rho(\theta)$，すなわち

$$r'' = \frac{z\rho(\theta)}{h}$$

である．

$z = h$ のときには，この式は $r'' = \rho(\theta)$ となるので，この錐体の底面は楕円ドームの底面と合同になる．底面が多角形の場合には，この錐体は多角錐になる．

可約なドーム

楕円ドームの原線は中心 O の位置に依存する．曲線を境界とする底面に対して，底面内の任意の点を O とすることができ，それは境界上にあってもよい．O を動かすと，底面の境界を

記述する関数 $\rho(\theta)$ が変化し，それに対応して式 (5.1) によって定まる楕円の形状も変化する．したがって，この構成法では，与えられた底面に対して，一つだけではなく無限に多くの楕円ドームを作ることができる．

そのような任意の楕円ドームに対して，次のようにしてまた別のドームの族を作ることができる．ドームとその柱状対応体が，それぞれカードの束のような非常に薄い水平層でできていたと考えよう．それぞれの水平層を水平方向に移動および回転させて，それぞれの立体を変形させる．これによって，立体の形状は変化するが，それらの水平の断面積は変化しない．一般に，このような変形は立体の表面上のそれぞれの楕円を別の曲線に変えるので，変形されたドームはもはや楕円ドームではない．柱状対応体にも同じ変形を施すと，柱体ではなくなる．それにもかかわらず，このように変形された立体およびそれに対応する切り欠きつきの容器に対して，この章の（定理 5.21 を除く）すべての結果が成り立つ．

しかしながら，この変形が，底面を固定し，それぞれの層を底面からの距離に比例した距離だけ平行移動させるという線形の横ずれであれば，直線は直線に移されるので，切り欠きつきの柱体は，柱体からそれと同じ底面をもつ錐体を取り除いた立体に変形される．ただし，これに対応する横ずれしたドームは，楕円ドームにならない．なぜなら，ドームの表面上のそれぞれの楕円弧は，楕円弧に変形されるが，楕円の一方の軸はもはやドームの頂点を通らず，もう一方の軸も底面上にないからである．このような横ずれの物理的な模型を可視化するために，一般の楕円ドームとそれに対応する切り欠きつきの容器が，それぞれ水平な輪切りによってカードの束になっていると考えてみよう．このカードの束に，原線に沿って長い針を突き刺し，針の先端が底面に触れる点を O とする．O を固定したまま，この針を鉛直な原線から遠ざかるように傾けていくと，カードの束は線形に横ずれを起こし，同じ底面をもつ無限に多くのドームを生み出す．切り欠きつきの柱状容器もそれに対応するように傾ければ，これらのドームが可約であることがわかる．

可約性写像

楕円ドームに対して，それに外接する切り欠きつきの柱体を**切り欠きつき容器**と呼ぶ．ここでの目標は，すべての均質な楕円ドームは可約であることを示すことである．これは，あとで定理 5.13 として述べる，より重要な性質から導くことができる．この定理は，楕円ドームとその切り欠きつき容器を結びつける写像に関するものである．

この写像を定めるために，ドームを，玉葱のように相似な楕円ドームの層の集まりと見なす．それぞれの倍率 $\mu \leq 1$ に対して，O を相似の中心とする曲面 $E(\mu)$ を考え，原線を含み偏角が θ の鉛直半平面と曲面 $E(\mu)$ の交わりは，半軸長が $\mu\rho(\theta)$ と μh の四分楕円であるとする．$\rho(\theta) > 0$ のときは，この相似な楕円上の点の座標成分 r と z に対して，次の式が成り立つ．

$$\left(\frac{r}{\mu\rho(\theta)}\right)^2 + \left(\frac{z}{\mu h}\right)^2 = 1 \tag{5.2}$$

一方，対応する切り欠きつき容器も，軸を共有する相似な切り欠きつき柱面 $C(\mu)$ の層と見なす．$C(\mu)$ 上のそれぞれの点の円柱座標 (r', θ', z') に対して，それに対応する $E(\mu)$ 上の点 (r, θ, z) を簡単に結びつけることができる．まず，

$$\theta' = \theta, \quad z' = z, \quad r' = \mu\rho(\theta) \tag{5.3}$$

が成り立つ．式 (5.2) から，$r^2 + z^2\rho(\theta)^2/h^2 = \mu^2\rho(\theta)^2$ となるので，式 (5.3) は

$$\theta' = \theta, \quad z' = z, \quad r' = \sqrt{r^2 + \frac{z^2\rho(\theta)^2}{h^2}} \tag{5.4}$$

と書くことができる．式 (5.4) の μ を含まない三つの式は，楕円ドームの原線上にはないそれぞれの点 (r, θ, z) から切り欠きつきの容器の対応する点 (r', θ', z') への写像を表す．原線上では $r = 0$ であり，θ は定義されない．

式 (5.4) に式 (5.2) を使うと式 (5.3) が得られるので，式 (5.2) で表される楕円上の点は，底面上の点 $(\mu\rho(\theta), \theta)$ を通る長さ μh の鉛直線分に移される．

体積の保存

それでは，写像 (5.4) が体積を保つことを示そう．座標系 (r, θ, z) では，体積要素は $r\, dr\, d\theta\, dz$ であり，座標系 (r', θ', z') では $r'\, dr'\, d\theta'\, dz'$ になる．式 (5.4) から

$$(r')^2 = r^2 + \frac{z^2\rho(\theta)^2}{h^2}$$

が成り立つので，z と θ を固定すると $r'\, dr' = r\, dr$ が得られる．また，式 (5.4) から $d\theta' = d\theta$ および $dz' = dz$ も得られるので，

$$r\, dr\, d\theta\, dz = r'\, dr'\, d\theta'\, dz'$$

となり，二つの体積要素は等しい．これで，次の定理が証明された．

定理 5.13. 一般の楕円ドームからその切り欠きつきの柱状容器への写像 (5.4) は，体積を保つ．とくに，すべての均質な楕円ドームは可約である．

定理 5.13 の直接の帰結として，次の系が得られる．

系 5.11. 一般の楕円ドームの体積は，それに外接する切り欠きつきの柱状容器の体積に等しく，また，それらに外接する切り欠きのない柱状容器の体積（これは単純に底面積と高さの積である）の 2/3 に等しい．

同じ公式から，高さ z を固定すると，$r\, dr\, d\theta = r'\, dr'\, d\theta'$ が得られる．言い換えると，この写像は，楕円ドームとその切り欠きつきの容器から切り出されるそれぞれの水平断面の面積を保つということである．このことからも，輪切りの原理を用いて系 5.11 を導くことができる．

ランベルトの古典的写像

写像 (5.4) は，ランベルトの古典的な写像 [17] の一般化になっている．**ランベルトの写像**は，球を赤道で接する円柱で包み込み，中心軸を通り赤道面に平行な光線により球の表面を円柱に投影することによって得られる．ランベルトの写像は，球の表面上の（北極・南極以外の）点を円柱の側面上の点に移し，面積を保つ．写像 (5.4) は，球体の（原線を除く）それぞれの点を切り欠きつきの円柱の点に移し，体積を保つ．さらに，(5.6 節と同じように) 薄い殻として解析すると，この写像はアルキメデスドームの表面をその角柱容器の側面に移すときに面積を保つことも示せる．こうして，次の定理が得られた．

定理 5.14. アルキメデスドームの側面からその角柱容器の側面への写像 (5.4) は，面積を保つ．

アルキメデスドームの極限として半球になる場合には，次の系が成り立つ．

系 5.12 (ランベルト)**．** 球の表面からそれに接する円柱の側面への写像 (5.4) は，面積を保つ．

アルキメデスドームの極限である半球の半径を a とすると，式 (5.4) はランベルトの写像 $\theta' = \theta$, $z' = z$, $r' = a$ になることが容易に確認できる．

5.13　非均質楕円ドーム

写像 (5.4) は，楕円ドームのそれぞれの点 P をその切り欠きつきの容器の点 P' に移す．ここで，P に任意の質量密度を割り当て，その像 P' にも同じ質量密度を割り当てたと考えてみよう．ドームのある部分を満たしている点 P の集合が体積 v で質量 m だとすると，その像となる点 P' の集合が満たす立体も，同じ体積 v，同じ質量 m になる．これを定理 5.13 の拡張として，次のように述べることができる．

定理 5.15. 一般の非均質な楕円ドームの任意の部分は可約である．

定理 5.13 との類似性で言えば，重みを含めた写像 (5.4) は質量も保つと言うことができる．次に，質量密度の変化を具体的に記述してみる．

楕円殻と楕円ファイバー

これを行う簡単なやり方は，一般の楕円ドームを（玉葱のように）中心を共有する薄い殻状の層に分割することである．これらの層はそれぞれ一定の密度をもつが，層ごとに密度は違っていてもよい．この切り欠きつきの容器も同じように中心を共有する角柱状の層に分割し，それぞれの層にはそれに対応する殻状の層と同じ一定密度を割り当てる．こうすると，それぞれの対応する層同士の質量は等しくなるので，楕円ドームの総質量はその切り欠きつきの容器の総質量に等しく，それらの質量の中心は底面から同じ高さにある．

より正確には，次のようにして，楕円ドームの構造を相似なドームの集まりとして利用する．

高さ h の一般の楕円ドームに対して，その表面を $E(1)$ で表す．$E(1)$ を正の倍率 $\mu < 1$ で縮小すると，相似な曲面 $E(\mu)$ になる．二つの曲面 $E(\mu)$ と $E(\nu)$ に挟まれた領域を **楕円殻** と呼ぶ．

赤道面上にあるそれぞれの底面は，極座標方程式 $r = \mu\rho(\theta)$, $r = \nu\rho(\theta)$ で表される 2 本の曲線の一部と，2 本の線分 $\theta = \theta_1$, $\theta = \theta_2 > \theta_1$ を境界とする．$\theta_2 - \theta_1 < \pi$ ならば，この楕円殻は中心角が $\theta_2 - \theta_1$ の楔形になる．中心角の小さい楔形を **鋭角** と呼ぶ．

$E(1)$ と $E(\mu)$ に挟まれた楕円殻の例を図 5.16 (a) に，その柱状対応体を図 5.16 (b) に示す．赤道面上にあるそれぞれの底面は，極座標方程式 $r = \rho(\theta)$, $r = \mu\rho(\theta)$ で表される 2 本の曲線の一部と，2 本の線分 $\theta = \theta_1$, $\theta = \theta_2$ を境界とする．

$E(1)$ と $E(\mu)$ に挟まれた楕円殻は，空洞のある楕円ドーム，あるいはそれと同じことであるが，$E(\mu)$ の内側では密度が 0 の楕円ドームと見なすことができる．

図 5.17 (a) の網掛けの領域は，楕円殻の鋭角な楔形である．この外面は曲面 $E(\mu)$ 上にあり，内面は別の曲面 $E(\nu)$ 上にあるとしよう．ここで，$0 < \nu < \mu$ であるとする．ν がほぼ μ に等

5.13 非均質楕円ドーム 139

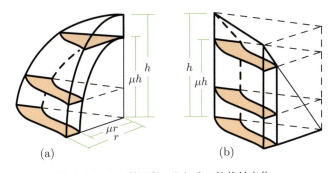

図 5.16 (a) 楕円殻. (b) その柱状対応体.

しいならば，この網掛け領域を**楕円ファイバー**という．この楕円ファイバーの柱状対応体である鉛直に立つ角柱を図 5.17 (b) に示す．楕円ファイバーが均質ならば，その柱状対応体も均質で，同じ一定密度をもつ．そして，これらの立体の質量は等しく，質量の中心は底面から同じ高さにある．

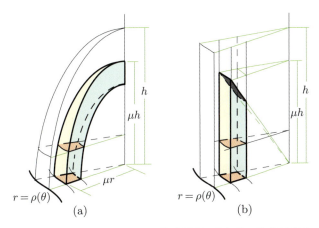

図 5.17 (a) 楕円ファイバーの構成要素. (b) その柱状対応体.

楕円ファイバーは，密度が可変なさまざまな種類の非均質な楕円ドームを構成するための部品として用いることができる．それぞれの楕円ファイバーに一定密度を割り当てる．ただし，楕円ファイバーごとの密度は違っていてもよいことにする．たとえば，楕円ファイバーを組み合わせて，変化するファイバーの密度を受け継ぐような楕円殻を構成することができる．また，非均質な楕円ドームを構成することもできる．いくらでも小さな底面をもつ楕円ファイバーを用いれば，一般の楕円ドームとその切り欠きつきの容器のそれぞれの点に任意の質量密度を割り当てて，この楕円ドームの任意の部分を可約にできる．とくに，その部分とその柱状対応体の質量は等しい．

このようにして，極限を考えると，可約で非均質な楕円ドームを構成することができる．このようなドームを**ファイバー楕円ドーム**と呼ぶ．

これと等価な手続きとして，楕円ドームの底面に任意の質量密度 $f(r,\theta)$ を割り当ててもよい．底面の点 $(\mu\rho(\theta),\theta)$ から立ち上がる薄いファイバーを考え，そのファイバーのそれぞれの点に密度 $f(\mu\rho(\theta),\theta)$ を割り当てる．言い換えれば，楕円ファイバーに沿った質量密度は，そのファイバーが底面と交わる点の質量密度に等しく，一定値になるということである．もちろ

ん，その一定値は底面の点ごとに違っていてもよい．楕円ファイバーは，その切り欠きつきの容器の（h をドームの高さとするとき，長さが μh の）鉛直なファイバーに写像され，それらは同じ質量密度 $f(\mu\rho(\theta),\theta)$ をもつ．

割り当てられる質量密度が底面の外周 $r = \rho(\theta)$ およびそれに相似なそれぞれの曲線 $r = \mu\rho(\theta)$ に沿って一定で，その密度は μ にだけ依存する場合は，とくに重要である．このとき，それぞれの曲面 $E(\mu)$ は一定の密度をもつ．このように質量密度を割り当てた楕円ドームを**殻楕円ドーム**と呼ぶ．定理 5.15 から，ファイバー楕円ドームおよび殻楕円ドームに対して，水平な断面がそのドームから切り出す任意の輪切りとその柱状対応体の質量は等しく，それらの質量の中心は底面から同じ高さにあることがわかる．こうして，次の系が得られる．

系 5.13. ファイバー楕円ドームの任意の部分は可約である．また，殻楕円ドームの任意の部分は可約である．とくに，球対称な質量分布をもつ球体は可約である．

同じようにして，有限個の相似な楕円殻によって非均質な殻楕円ドームを構成したとき，それぞれの楕円殻がその底面の密度を引き継ぐならば，殻の空洞が貫通する水平な輪切りの質量の中心は，その二つの水平な切断平面のちょうど真ん中にある．さらに，このような殻楕円ドームに対して，次の定理が成り立つ．

定理 5.16. 非均質な殻楕円ドームの空洞が貫通する水平な輪切りの体積と質量は，その柱状対応体のそれぞれ体積と質量に等しい．その体積と質量は，底面からの高さには依存せず，それぞれ輪切りの厚みに比例する．結果として，これらの輪切りの質量の中心は，二つの水平断面のちょうど真ん中にある．

系 5.14（空洞がある球体）．球対称な質量分布をもつ球体で，それと中心を共有する空洞があるとき，任意の平行な平面による輪切りでその空洞が貫通するものの体積と質量は，それぞれその輪切りの厚みに比例し，輪切りの位置には依存しない．

系 5.14 から，密度の 1 次元直立投影は空洞に沿って一定であることがわかる．この単純な結果から，断層撮影法において，空間の密度分布をその低次元への射影で得られた情報から再構成する逆問題を扱うという重要な帰結を導くことができる．この応用については，第 7 章で詳細に述べる．

楕円ドームの可約という性質は，より一般的に質量密度 $f(\mu\rho(\theta),\theta)$ に z の任意の関数を掛け合わせた場合にも成り立つ．質量密度のこのような変化は，たとえば，（重力場において高度 z にだけ依存する大気密度のような）外部場によって生じうる．その結果として，この種の非均質な楕円ドームの任意の部分の体積と質量が，その柱状対応体の体積と質量にそれぞれ等しいだけでなく，水平な底面まわりのすべての積率も等しくなる．

5.14　体積と重心の公式

この節では，可約性を用いて，任意の曲線を底面の境界とする楕円ドームのさまざまな構成部品に対する体積と重心の公式を与える．

楕円殻の体積

もっとも単純な場合から始める．図 5.17 (a) のように，高さ h の楕円ドームの一部を原線を通る二つの鉛直平面で切り（これを**楔形**と呼ぶ），倍率 μ で縮小した相似な楔形を取り除く．ただし，$0 < \mu < 1$ とする．図 5.17 (b) において，楕円ドームの切り欠きのない柱状容器の体積を V とする．系 5.11 によって，外側の楔形の体積は $2V/3$ で，それに相似な内側の楔形の体積は $2\mu^3 V/3$ になる．したがって，この二つの楔形に挟まれた殻の一部およびその柱状対応体の体積 v は，二つの楔形の体積の差

$$v = \frac{2}{3}V(1-\mu^3) \tag{5.5}$$

になる．

そして，楕円ドームから切り出された楔形およびそれに対応する容器に共通の底面積を A とすると，$V = Ah$ が成り立つ．楕円殻とその切り欠きのない容器の底面の面積は $B = A - \mu^2 A$ なので，$A = B/(1-\mu^2)$，$V = Bh/(1-\mu^2)$ となり，式 (5.5) は

$$v = \frac{2}{3}Bh\frac{1-\mu^3}{1-\mu^2} = \frac{2}{3}Bh\left(1 + \frac{\mu^2}{1+\mu}\right) \tag{5.6}$$

と書くことができる．

これは，与えられた高さ h と倍率 μ をもつ楕円殻の組み合わせの総体積に対しても成り立つ．これらの総底面積を B とすると，積 Bh は対応する高さ h で切り欠きのない柱状容器の体積であり，式 (5.6) から

$$v_\mu(h) = \frac{2}{3}v_{\text{cyl}}\left(1 + \frac{\mu^2}{1+\mu}\right) \tag{5.7}$$

が得られる．ここで，$v_\mu(h)$ は楕円殻の部分の組み合わせおよびその柱状対応体の体積，v_{cyl} は切り欠きのない柱状容器の体積とする．

式 (5.7) において $\mu = 0$ ならば，楕円殻から切り出された楔形の組み合わせの体積は $v_0(h) = 2v_{\text{cyl}}/3$ となるので，式 (5.7) は

$$v_\mu(h) = v_0(h)\left(1 + \frac{\mu^2}{1+\mu}\right) \tag{5.8}$$

と書くことができる．ただし，$v_0(h)$ は，楔形の組み合わせの外側のドームおよびその柱状対応体の体積である．μ が 1 に近づくと，殻は非常に薄くなり，比 $\mu^2/(1+\mu)$ は $1/2$ に近づき，式 (5.7) によって $v_\mu(h)$ は v_{cyl} に近づくことがわかる．言い換えると，非常に薄い楕円殻の部分の体積は，それに対応する非常に薄い切り欠きのない柱状容器の体積にほぼ等しい．アルキメデス殻の厚みは一定で，その角柱容器の厚みと等しいから，アルキメデス殻の楔形の組み合わせの側面積は，それに対応する角柱容器の側面積に等しい（定理 5.5 (b) を参照）．この議論は，非球面の楕円殻では成り立たない．なぜなら，その楕円殻の厚みが一定ではないからである．

次に，均質な楕円ドームから切り出された楔形の重心の底面からの高さに関する公式を導く．

定理 5.17. 高さ h の均質な楕円ドームあるいはそこから切り出された楔形の体積は，対応する切り欠きのない柱状容器の体積の $2/3$ に等しく，底面からその重心までの高さを c とすると，

$$c = \frac{3}{8}h \tag{5.9}$$

が成り立つ.

証明: 角柱容器の場合に式 (5.9) を証明すれば十分である．高さ h の角柱の重心は，底面から $h/2$ の高さにある．同じ底面と高さをもつ角錐に対しては，その重心は頂点から $3h/4$ の距離にあることが知られている．切り欠きつきの柱容器の重心の高さ c を求めるには，切り欠きのない角柱容器の体積を V とすると，積率が等しいことから

$$c\left(\frac{2}{3}V\right) + \frac{3h}{4}\left(\frac{1}{3}V\right) = \frac{h}{2}V$$

が成り立ち，式 (5.9) が得られる．定理 5.15 によって，内接する楕円ドームから切り出された楔形の重心もまた，底面から $3h/8$ の高さにある．この結果は，楔形を組み合わせて作られる任意の均質な楕円ドームに対しても成り立つ．

アルキメデス流に言えば，式 (5.9) は，重心が高さを $3:5$ の比に分けることと同値である．

系 5.15. (a) 均質なアルキメデスドームの重心は，その高さを $3:5$ の比に分ける．
(b) (アルキメデス) 均質な半球の重心は，その高さを $3:5$ の比に分ける．

公式 (5.9) は，高さ h の楕円ドームから切り出された楔形がそれぞれ一定の密度をもつとき，それらの非均質な組み合わせの質量中心に対しても成り立つ．

楕円殻の重心

これで，$E(1)$ と $E(\mu)$ に挟まれた楕円殻に対して，その底面から重心までの高さ $c_\mu(h)$ を求めることができる．この体積と重心は，次の定理のようにまとめることができる．

定理 5.18. 共通の高さ h と倍率 μ をもつ楕円殻の非均質な組み合わせの体積 $v_\mu(h)$ は，式 (5.8) で与えられる．また，底面からの重心までの高さ $c_\mu(h)$ は，

$$c_\mu(h) = \frac{3}{8}h\left(1 + \frac{\mu^3}{1 + \mu + \mu^2}\right) \tag{5.10}$$

で与えられる．

証明: まず，一つの均質な楕円殻だけを考える．この場合には，対応する角柱容器に対して計算すれば十分である．内側の楔形の高さは μh であるから，式 (5.9) によって，その重心の高さは $3\mu h/8$ になる．また，外側の楔形の重心の高さは $3h/8$ である．外側の楔形の体積を V_outer とすると，内側の楔形の体積は $\mu^3 V_\text{outer}$ になり，それらに挟まれた殻の体積は $(1-\mu^3)V_\text{outer}$ になる．積率の等式から両辺の共通因子 V_outer を除くと

$$\left(\frac{3}{8}\mu h\right)\mu^3 + c_\mu(h)(1-\mu^3) = \frac{3}{8}h$$

が成り立ち，ここから式 (5.10) が得られる．また，共通の高さ h と倍率 μ をもつ楕円殻がそれぞれ一定の密度をもつならば，その密度が楕円殻ごとに違っていたとしても，それらの非均質な組み合わせに対して式 (5.10) が成り立つ．

$\mu = 0$ のときには,式 (5.10) は $c_0(h) = 3h/8$ となる.

$\mu \to 1$ とすると,殻は非常に薄くなり,式 (5.10) の $c_\mu(h)$ は $h/2$ に近づく.これは,定理 5.16 の殻が非常に薄く,輪切りがドーム全体を含む場合からも導くことができる.また,これは,アルキメデスドームの表面の重心がドームの頂点から赤道面への垂線の中点にあるという系 5.5 の主張とも,つじつまが合う.

$E(\mu)$ と $E(\nu)$ に挟まれた殻の重心の高さ $c_{\mu\nu}(h)$ が

$$c_{\mu\nu}(h) = \frac{3}{8}h\left(\nu + \frac{\mu^3}{\nu^2 + \nu\mu + \mu^2}\right)$$

に等しいことを示すのは,読者の練習問題とする.

均質楕円ドームの輪切りの重心

より一般的には,均質な楕円ドームから切り出された楔形の高さ z の輪切りの重心も求めることができる.この計算は,図 5.18 のような対応する柱状容器の計算に帰着することによって,簡単に調べることができる.わかりやすくするために図 5.18 の底面は三角形になっているが,図 5.15 のような一般の形状の底面に対しても同じ議論が成り立つ.この柱状容器の輪切りは,高さ z で体積 $V(z) = \lambda V$ の角柱から得られる.ただし,V は高さ h の切り欠きのない角柱容器の体積であり,$\lambda = z/h$ とする.輪切りの重心は,底面から $z/2$ の高さにある.この輪切りから,高さが z で体積 $v(z) = \lambda^3 V/3$ の角錐状の部分を取り除く.この角錐の重心は角柱の底面から $3z/4$ の高さにある.残りの部分の体積は

$$V(z) - v(z) = \left(\lambda - \frac{1}{3}\lambda^3\right)V \tag{5.11}$$

であり,その重心は,底面から $c(z)$ の高さにあるものとする.

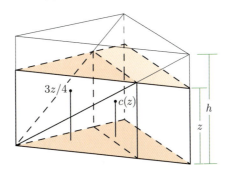

図 5.18 高さ h の楔形から切り出された高さ z の輪切りの重心を求める.

$c(z)$ を求めるには,積率が等しいことから

$$\frac{3z}{4}v(z) + c(z)(V(z) - v(z)) = \frac{z}{2}V(z)$$

が成り立ち,そこから

$$c(z) = \frac{\frac{z}{2}V(z) - \frac{3z}{4}v(z)}{V(z) - v(z)}$$

が得られる.$V(z) = \lambda V$ であることから,$v(z) = \lambda^3 V/3$ となり,次の定理が得られる.

定理 5.19. 均質な高さ h の楕円ドームから切り出された楔形の高さ z の輪切りの体積は，式 (5.11) で与えられる．ただし，$\lambda = z/h$ であり，V は切り欠きのない柱状容器の体積とする．また，その重心の高さ $c(z)$ は

$$c(z) = \frac{3}{4} z \frac{2 - \lambda^2}{3 - \lambda^2} \tag{5.12}$$

で与えられる．

$z = h$ の場合は $\lambda = 1$ になり，式 (5.12) は式 (5.9) になる．z が小さいときには，式 (5.12) の右辺は $z/2$ で近似できる．小さい z に対してはドームの壁は赤道面に対してほぼ鉛直であり，したがって，底面の近くではドームは円柱に近いことからも，これは理にかなっている．

楕円殻の輪切りの重心

式 (5.10) と式 (5.12) に共通する一般化を考えることができる．高さ h，倍率 μ の楕円殻から高さ z の輪切りを切り出し，その重心の底面からの高さを $c_\mu(z)$ とする．ここでも，$c_\mu(z)$ の計算は，それに対応する柱状容器の計算に帰着させることで簡単になる．この柱状容器の輪切りは，切り欠きのない高さ z の角柱から得られる．この角柱の重心は，底面から $z/2$ の高さにある．定理 5.19 と同じように，$\lambda = z/h$ とする．$\lambda \leq \mu$ の場合は，殻の空洞が輪切りを貫通し，それに対応する柱状容器は切り欠きのない高さ z の角柱になる．この場合には，定理 5.16 から

$$c_\mu(z) = \frac{z}{2} \quad (\lambda \leq \mu) \tag{5.13}$$

が得られる．

$\lambda \geq \mu$ の場合は，輪切りは図 5.19 (a) のように外側の楕円ドームと交わる．この場合，これに対応する柱状容器の輪切りは，図 5.19 (b) のような角錐状の切り欠きによる斜めの面を含む．

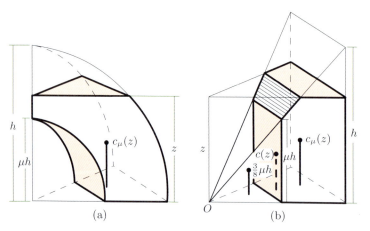

図 5.19 楕円殻の構成要素から切り出された高さ $z \geq \mu h$ の輪切りの重心を求める．

V を外側のドームに対応する切り欠きのない角柱容器の体積とする．すると，高さ z で切り欠きのない角柱の体積は λV になる．この角柱から，角錐の切り欠きの体積 $\lambda^3 V/3$ を除くと，残りの立体の体積は

$$V(z) = \lambda V - \frac{1}{3} \lambda^3 V \quad (\lambda \geq \mu) \tag{5.14}$$

になり，その重心の高さ $c(z)$ は式 (5.12) で与えられる．この立体は，問題にしている輪切りに対応する柱状容器と，それに隣接する頂点 O，高さ μh の角錐の和集合である．この角錐の

体積は
$$v_\mu = \frac{2}{3}\mu^3 V \tag{5.15}$$
であり，重心は，角柱の底面から $3\mu h/8$ の高さにある．したがって，輪切りに対応する柱状容器の体積は
$$V(z) - v_\mu = \left(\lambda - \frac{1}{3}\lambda^3 - \frac{2}{3}\mu^3\right)V \tag{5.16}$$
となる．この重心の底面からの高さ $c_\mu(z)$ は，積率が等しいことから
$$\left(\frac{3}{8}\mu h\right)v_\mu + c_\mu(z)(V(z) - v_\mu) = c(z)V(z)$$
が成り立ち，これから
$$c_\mu(z) = \frac{c(z)V(z) - (\frac{3}{8}\mu h)v_\mu}{V(z) - v_\mu}$$
とすることで，求められる．

ここで，式 (5.12), (5.14), (5.15), (5.16) を用いて式変形すると
$$c_\mu(z) = \frac{3}{4}h\frac{\lambda^2(2-\lambda^2) - \mu^4}{\lambda(3-\lambda^2) - 2\mu^3} \quad (\lambda \geq \mu) \tag{5.17}$$
となる．

$\lambda = \mu$ のときには，式 (5.17) は式 (5.13) になる．$\lambda = 1$ のときには，$z = h$ であり，式 (5.17) は式 (5.10) になる．そして，$\mu = 0$ のときには，式 (5.17) は式 (5.12) になる．

これらの結果を整理すると，次の定理になる．

定理 5.20. 高さ h で倍率 μ の殻を高さ $z \geq \mu h$ の水平面で切断した立体の体積は，式 (5.16) で与えられる．ただし，$\lambda = z/h$ とする．この立体の重心の底面からの高さは式 (5.17) で与えられる．とくに，これらの公式は，アルキメデス殻，楕円殻，球殻それぞれに対して成り立つ．

$z \leq \mu h$ の場合は，定理 5.16 が成り立つ．

この節における公式を導くにあたって，殻が楕円殻であるという事実は本質的ではない．重要なのは，それぞれの殻は二つの相似な図形に挟まれた領域だということである．

5.15 側面線が楕円形になる条件

任意の水平面によって楕円ドームとその切り欠きつきの柱状容器から切り出される断面の面積が等しいことは，すでに示した．この節では，実際には，この性質からドームが楕円形の側面線をもつことを導けるという驚くべき事実を示す．

高さ h のドームと，それと合同な底面をもつ柱状対応体を考える．その底面は極座標方程式 $r = \rho(\theta)$ で表される曲線で囲まれているものとする．図 5.20 (a) に示した例のように，原線を通り偏角 θ をなすそれぞれの鉛直半平面がドームから切り出す曲線を**側面線**と呼ぶ．図 5.15 (a) の楕円ドームでも側面線を考えたが，ここでは側面線が楕円形であることは仮定しない．それぞれの側面線は，底面の外周上の点 $(\rho(\theta), \theta)$ を通る．側面線上で底面からの高さが z の点は，原線から r の距離にあるとする．ここで，r は z の関数であり，側面線の形状を定める．そして，**一般側面線ドーム**を，それぞれの水平断面が底面と相似であるようなドームと定義す

る．$\rho(\theta) > 0$ であるようなドームの一部分を図 5.20 (a) に示す．この部分は，二つの鉛直平面で切り出された楔形と見ることもできる．この二つの平面は，楔形の境界の一部を構成する壁と考えることもできる．

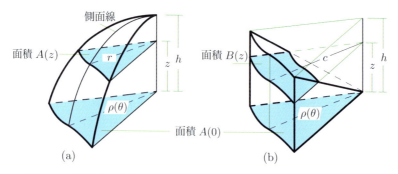

図 5.20 関係式 $A(z) = B(z)$ の結果として，側面線が楕円形になる．

底面からの距離が z である水平面が，楔形から切り出す領域の面積を $A(z)$，その柱状対応体から切り出す領域の面積を $B(z)$ とする．$A(0) = B(0)$ であることはわかっている．ここで，ある $z > 0$ に対して $A(z) = B(z)$ を仮定し，そこから，$\rho(\theta) > 0$ ならば円柱座標 (r, θ, z) をもつ側面線上の点に対して

$$\left(\frac{r}{\rho(\theta)}\right)^2 + \left(\frac{z}{h}\right)^2 = 1 \tag{5.18}$$

が成り立つことを示す．言い換えると，楔形とその柱状対応体の断面積が等しくなる高さにある側面線上の点は，鉛直方向の半軸長が h で，水平方向の半軸長が $\rho(\theta)$ の楕円上にあるということである．その結果，0 から h までのすべての z に対して $A(z) = B(z)$ が成り立てば，側面線は四半楕円をなぞり，ドームは必然的に楕円ドームとなる．式 (5.18) から，$z \to h$ のとき $r \to 0$ となることに注意しよう．

式 (5.18) を導くために，図 5.20 (a) の面積 $A(z)$ の水平断面は底面と相似であり，その相似比は $r/\rho(\theta)$ になることに注意する．ここで，$\rho(\theta)$ は側面線が底面と交わる点の動径距離，r は高さ z の動径線分の長さである．相似性を使うと，$A(z) = (r/\rho(\theta))^2 A(0)$ が成り立つ．図 5.20 (b) において，$B(z)$ は，$A(0)$ からそれに相似比 $c/\rho(\theta)$ で相似な領域を差し引いたものに等しい．ここで，c は，動径に平行な，高さ z でのこの相似な領域における線分の長さである．ここでも相似性を使うと，$c/\rho(\theta) = z/h$ より

$$B(z) = \left(1 - \left(\frac{z}{h}\right)^2\right) A(0)$$

が成り立つ．これが $A(z)$ に等しいという仮定より

$$\left(1 - \left(\frac{z}{h}\right)^2\right) A(0) = \left(\frac{r}{\rho(\theta)}\right)^2 A(0)$$

となり，ここから式 (5.18) が得られる．また，もちろん，式 (5.18) からすべての z に対して $A(z) = B(z)$ となることはすでにわかっている．したがって，次の定理が証明された．

定理 5.21. 一般側面線ドームと，その柱状対応体の対応する水平断面の面積が等しいとき，そしてそのときに限り，そのドームのすべての側面線は楕円形になる．

5.12 節ですでに述べたように，楕円ドームは，水平断面の面積を保ったまま変形させることができるが，そうして変形されたドームの側面線は，もはや楕円形ではない．一見したところでは，これは定理 5.21 と矛盾しているように思えるかもしれない．しかしながら，このような変形は鉛直の壁を歪めてしまう．すると，ドームは定理 5.21 の前提を満たさなくなり，また，その切り欠きつきの容器ももはや柱状ではなくなる．

定理 5.21 の直接の帰結として，任意の可約な一般側面線ドームは，必然的に楕円形の側面線をもつと言える．なぜなら，任意の水平面によってこのようなドームとそれに対応する柱状容器からそれぞれ切り出される輪切りの体積が等しいならば，それらの断面積も等しくなるはずだからである．単純な拡大縮小の議論によって，水平面によるドームの輪切りの質量とそれに対応する柱状容器の質量が等しいという条件のもとで，定理 5.21 は，相似な一般側面線をもち，それぞれが一定密度の有限個の殻から作られた非均質な一般側面線ドームに対しても，拡張することができる．たとえば，ドームが二つの相似な殻から構成され，それぞれの殻が一定の密度をもつとき，外側の殻を原線の垂直方向に拡大縮小し，その密度が内側の殻の密度に等しくなるようにする．それと同じことを，対応する柱状容器に対しても行う．こうして得られた均質なドームとそれに対応する柱状容器の水平断面の面積は等しい．すると，定理 5.21 によって，この均質なドームのすべての側面線は楕円形であり，したがって，もとのドームの側面線もまた楕円形になる．数学的帰納法を用いると，任意の数の相似な殻から構成されるドームに対しても同じ結果が得られる．

付記

この章の大部分は，文献 [10], [13] で発表した成果をまとめたものである．前者は，2005 年のレスター・R・フォード賞を受賞した．この章のきっかけは，球や半球に特有と思われていた古典的な性質を，より一般的な立体にまで拡張するというものだった．まず，これをアルキメデスドームに対して拡張し，それを単に鉛直方向に引き伸ばすことでさらに拡張した．この拡張は，内接する楕円面の性質を用いても解析することができた．そして，必ずしも円に外接する必要のない任意の多角形を底面とする多角楕円ドームを導入することで，大幅な拡張が得られた．この場合には，解析の助けとなる内接する楕円体はないが，切り欠きつき容器の手法を適用することができた．これによって，任意の底面をもつ一般的な楕円ドームへと自然に拡張でき，体積を保つ写像を用いて切り欠きつき容器の手法を定式化することができた．しかし，この手法は，非均質な質量分布を取り扱うときに真の威力を発揮する．空洞をもつものも含めて，楕円ドームから切り出された楔形，楕円殻，そしてそれらの輪切りの体積や重心を求める問題は，それらよりも単純な柱状容器の体積や重心を求める問題に帰着された．そして，最後に，楕円形の側面線をもつドームは必然的に可約なドームでなければならないことを示した．

この章の一部は，次のウェブサイトで，動画で見ることができる．

```
http://www.its.caltech.edu/~mamikon/globes.html
```

アルキメデスによる研究の現存する最古の写本に関する興味深い話については，文献 [18] を参照するか，インターネットで "Archimedes Palimpsest" を検索されたい．

第6章

新たなつり合い原理とその応用

　この章で説明する方法を使うと，次の問題を簡単に解くことができる．読者は，この章を読む前に，これらの問題に挑戦してみるのもよいだろう．

　次の図のように，直角二等辺三角形と半円板が正方形に内接している．このとき，図 (a), (b) について，それぞれ次のことを示せ．

(a) 二つの網掛け部分は，中心を通る（矢印で示した）鉛直な軸に関して面積平衡になる．

(b) 半円板の弧と直角三角形の斜辺は，(a) と同じ軸に関して弧長平衡になる．

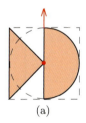 

(a) 　　　　　　　(b)

前述の結果を用いて，次のことを示せ．

- 球の体積は，それに外接する（球の直径に等しい高さをもつ）直円柱の体積の 2/3 に等しい．
- 球の表面積は，外接する同じ円柱の総表面積の 2/3 に等しい．

150　第 6 章　新たなつり合い原理とその応用

　アルキメデスは，力学的なつり合いの手法を用いて，球および円柱から切り出された楔形の体積に関する驚くべき発見に至った．この章では，さらなる深みへと導くつり合い・回転体原理や二重平衡を含む（アルキメデスのとは別の）新たなつり合い原理を導入する．これらは，回転外接体だけでなく高次元球，柱状体，球や柱体から切り出された楔形などの体積や表面積に関する驚くべき数多くの関係をもたらす．ここで導入する柱状体は，球と円柱に関するアルキメデスの古典的な関係を高次元に拡張する際の鍵になる．また，n 次元の半球についての新しい結果を含む，これらの立体のさまざまな部分の重心の公式も得られる．この章の全体を通して，複雑な図形の性質をそれよりも単純な図形の性質に帰着させるというアルキメデスの流儀を守る．

6.1　はじめに

　アルキメデスの墓石に刻まれた球とそれに外接する円柱は，それらの体積比と表面積比はともに 2/3 に等しいという，アルキメデスの画期的な発見を讃えるものである．アルキメデスは，力学的なつり合いを使って，この体積の関係や他の多くの幾何学的な結果を発見した．

　とくに，アルキメデスは，図 6.1 (a), (b) に示すつり合いを用いて，円柱から切り出された楔形の体積を求めた．それには，まずピタゴラスの定理を用いると，図 6.1 (a) のような中心を通る鉛直な軸に関して，三角形と半円板のそれぞれの水平な弦の長さがつり合う．次に，これらの弦から図 6.1 (b) の直角三角形と半円板を構成すると，それらは**面積平衡**になる．このつり合いから，最終的には『方法』，命題 11[20] に述べられているように，円柱から切り出された楔形の体積を導く．

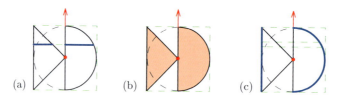

図 6.1　アルキメデスによる三角形と半円板の水平な弦のつり合い (a) と，面積のつり合い (b)．アルキメデスは，この三角形の鉛直方向の底辺と半円周が弧長平衡になること (c) を知ったら喜んだに違いない．

　この章では，これらの問題を扱うための新たなつり合い原理を導入する．楔形は，6.4 節で導入する新たなつり合い・楔形原理によって扱うことができる．また，球と円柱は，6.3 節で導入する新たなつり合い・回転体原理によって扱うことができ，図 6.1 (a), (b) のアルキメデスのつり合いから体積に関する結果が直接得られることを 2 通りの方法で示す．（球の体積については，アルキメデスはまったく別の図形をつり合わせている．）

　まず，図 6.1 (a) の弦をつり合いの軸のまわりに回転させると，図 6.2 (a) に示すように，円環形と円板になり，（回転体の表面積に関する）パッポスの原理により，それらの面積は等しい．次に，これらの断面積が等しいことから，球と（定理 5.1 で示したような）切り欠きのある円柱の体積は等しくなり，球とそれに外接する円柱の体積の比は，アルキメデスが示したように 2/3 になる．

　また，図 6.1 (b) のつり合った二つの領域を回転させると，図 6.2 (b) に示した切り欠きのあ

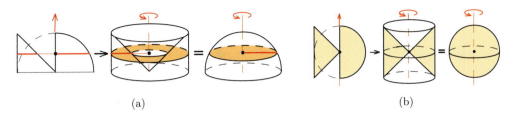

図 6.2 (a) つり合った弦を回転させて得られる切り欠きつき円柱の断面とその内接球の断面の面積は等しい．(b) つり合った面積を回転させて得られる切り欠きつき円柱とその内接球の体積は等しい．

る円柱とそれに内接する球ができ，（回転体の体積に関する）パッポスの原理により，それらの体積は等しい．これが，球と円柱の体積についてのアルキメデスの結果の二つ目の証明になっている．

アルキメデスは，『方法』[20; p.14] で次のように述べている．「… この示された方法によって，現在や次代の人々のだれかが，まだわれわれに思いつかれていないようなほかの定理を見出すであろうことも推定されるからなのでありまする．」[訳注 1]

この章では，まさにそれを行っている．アルキメデスも喜んでくれるであろう多くの驚くべき結果を導く新しい考えや手法を導入する．これらはどれも高次元空間に拡張することができる．その著しい結果の一つとして，球の体積と表面積に関するアルキメデスの結果を n 次元へと自然に拡張する．これは，すべての $n \geq 2$ に対して，円柱を「柱状体」に置き換えると，比 $2/3$ は $2/n$ になるというものである．$n=3$ の場合にのみ，柱状体は円柱になる．

球と円柱の表面積の関係は，図 6.1 (a), (b) のアルキメデスのつり合いからは出てこないが，私たちの新しいつり合い原理からは簡単に導くことができる．とくに，このつり合い原理から図 6.1 (c) の弧長平衡が得られる．ここから直接，球と円柱の表面積についてのアルキメデスの結果に対する新しい証明（図 6.7 (b) を参照）や，一般的な表面積に関する多くの関係が得られる．

6.2　平面上でつり合う正外接形

私たちの手法は，図 6.3 (a) に示す円の接線分の長さに関する新たなつり合い補題に基づいている．この単純な補題から，曲線の弧長平衡や平面領域の面積平衡だけでなく，さまざまな立体の表面積や体積に関する重要な結果が得られる．

つり合い補題

図 6.3 (a) では，半径 r の円の中心を通る鉛直方向のつり合い軸を矢印で示したように固定する．与えられた長さ L の線分の中点が，つり合い軸の右側で円に接し，それを軸の反対側にある鉛直の接線に射影したときの長さを H とする．

この接線分とつり合い軸がなす角度 α は，図 6.3 (b) の網掛けをした角の大きさであり，$L\cos\alpha = H$ が成り立つ．両辺に半径 r を乗じ，$c = r\cos\alpha$ とすると，単純な関係式

$$Lc = Hr \tag{6.1}$$

[訳注 1] 邦訳は佐藤徹訳『アルキメデス方法』（東海大学出版会，1990）による．

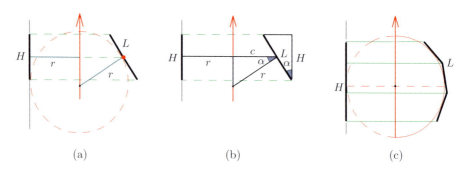

図 6.3 (a) 線分とその射影のつり合い．(b) つり合い原理の証明．(c) 正多角形の一部分とその接線射影のつり合い．

が得られる．この式は，二つの長さ L と H のつり合い軸まわりの積率（モーメント）を結びつけ，この 2 本の線分が弧長平衡であることを示している．（その中点で円に接する）接線の長さとつり合い軸からその中点までの距離の積は，その射影の長さとつり合い軸から射影までの距離の積に等しい．これを次の補題として記しておく．

つり合い補題 1. 与えられた円に中点で接する線分は，その円の中心を通る軸に関して，その軸に関して反対側にあってその軸に平行な接線への射影と弧長平衡になる．

次に，このつり合い補題の拡張および応用を調べる．

正外接形とその接線射影のつり合い

第 4 章で導入した外接形は，円に外接する一般の図形であった．この章では，次のように定義する **正外接形** だけを扱う．正外接形は，いくつかの等長線分で構成された連結な図形であり，その線分はいずれも中点で内接円に接する．その一例が，図 6.3 (c) のつり合い軸である直径の右側にある．そして，そのつり合い軸の左側の共通の鉛直接線上に，対応する射影線分が示されている．式 (6.1) で示したように，この外接形のそれぞれの辺の長さはその射影の長さと平衡になるので，外接形全体は，その全体の射影と弧長平衡になる．この全体の射影を **接線射影** と呼ぶことにする．言い換えると，L を外接形の全長，c をつり合い軸から外接形の中心までの距離，そして H を接線射影の全長としても，式 (6.1) は成り立つということである．中点で接するというつり合い補題 1 の要請から，外接形は正外接形でなければならない．したがって，次の命題が成り立つ．

命題 1. 正外接形は，その接線射影と弧長平衡になる．

鉛直方向の高さが H の正外接形で，いずれも図 6.4 (a) の同じ高さの射影された鉛直線分と弧長平衡になる例を図 6.4 (b) に示す．これらの外接形はすべて同じ内径をもつが，その内接円に対する位置が異なる．右端の二つの例は，正外接形の極限である円弧の場合で，その弧長もまた同じ射影された長さ H の鉛直線分と平衡になる．図 6.1 (c) の半円弧とその接線射影は，この弧長平衡の別の例である．

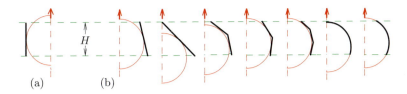

図 6.4 与えられた高さ H の正外接形 (b) は，全長 H の接線射影 (a) とつり合う．円弧はその極限の場合である．

正外接領域とその接線射影領域のつり合い

図 6.5 (b) の中心を共有する正外接形は，それぞれに対応する図 6.5(a) の射影と弧長平衡になる．図 6.6 (a) に示すように，中心を共有し，対応する射影と平衡になる無数の外接形の和集合を考えると，図 6.6 (b), (c) の例で示したような 2 次元の射影領域を満たす平衡な領域が得られる．図 6.6 (d) は，外接形が円弧になった極限の場合である．このことから，次の命題が得られる．

命題 2. 正外接領域は，その接線射影領域と面積平衡になる．

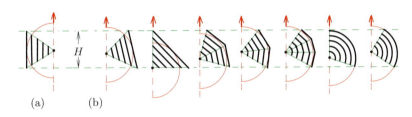

図 6.5 中心を共有する正外接形 (b) は，それぞれの射影 (a) とつり合う．同心円の弧は，その極限の場合である．

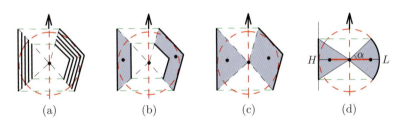

図 6.6 正外接領域は，それに対応する接線射影領域と面積平衡になる．(d) の扇形は，その極限の場合である．(b) の面積平衡は，よく知られた台形領域の重心の公式を使って直接確かめることもできる．

この命題は，積率を用いた等式として

$$Ac_A = Pc_P \tag{6.2}$$

と書くことができる．ここで，A は外接領域の面積，P はその射影領域の面積，そして c_A と c_P はつり合い軸からそれぞれの重心までの距離である．のちほど 6.9 節でこの公式を使う．

図 6.1 (b) のアルキメデスの面積平衡は，図 6.6 (d) の面積平衡の外接領域の極限として扇形になる特別な場合である．

正外接形の二重平衡

中心を共有する外接形の和集合として 2 次元の外接領域を作る手順は，図 6.1 (a) の水平な弦の和集合として図 6.1 (b) の 2 次元の三角形や半円板を作るアルキメデスの手順と，ある意味で同じである．それぞれの段階での長さのつり合いが対応する面積のつり合いを生じさせる．ただし，私たちの手順は，外接形が円弧になる極限の場合も含めて外接形の弧長のつり合いも保つが，アルキメデスの手順ではそうはならない．こうして，命題 1 と命題 2 を合わせることで**二重平衡**となり，次の命題が得られる．

命題 3. 正外接領域は，それが扇形になる極限の場合も含めて，その接線射影領域と面積平衡になる．さらに，その正外接領域の外周は，その接線射影と弧長平衡になる．

6.3 つり合い・回転体原理と外接体

この節では，回転外接体の側面積と体積をそれぞれ円柱の側面積と体積に帰着させて求めることができる**つり合い・回転体原理**を導入する．

側面積

側面積に関するつり合い・回転体原理． あるつり合い軸に関して 2 本の平面曲線が弧長平衡になるならば，それぞれの曲線をつり合い軸のまわりに回転させて得られる回転体の表面積は等しい．

弧長平衡とは，対応する積率が等しいことを意味するので，積率の等式の両辺に 2π を掛けて，回転体の表面積に関するパップスの原理を適用することで，このつり合い・回転体原理が得られる．このパップスの原理は次のように述べることができる．

> 平面曲線が掃くことで得られる回転体の表面積は，その曲線の長さと，その曲線の重心が描く円の周長の積に等しい．

2 本の辺をもつ正外接形とその射影をそれらのつり合い軸のまわりに回転させた例を，図 6.7 (a) に示す．正外接形を回転させると内接球に接するいくつかの切頭円錐の側面になり，それぞれの鉛直な接線射影は内接球に外接する円柱の側面になる．つり合い・回転体原理によって，切頭円錐の側面積は，対応する**外接円柱**の側面積に等しくなる．面積の加法性によって，これらを組み合わせた表面積に対してもこのことは成り立つ．図 6.7 (a) の外接形には 2 本の辺しかないが，任意の正外接形に対して同じことが言える．図 6.7 (b) は，球面とそれに外接する円柱の側面積が等しいというアルキメデスの結果を証明している．なぜなら，それらは半円弧とその射影をそれぞれつり合い軸のまわりに回転させて得られたものだからである．これらは，次の定理の具体例である．

定理 6.1. 正外接形の回転体の側面積は，それが円弧になる極限の場合も含めて，正外接体と等しい高さをもつ外接円柱の側面積に等しい．

これを言い換えると，
$$S = 2\pi r H \tag{6.3}$$

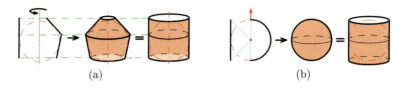

図 6.7 (a) つり合い軸のまわりに正外接形とその射影をそれぞれ回転させてできた曲面の面積は等しい．(b) 半円とそれとつり合う射影は，面積の等しい球と円柱を掃く．これはアルキメデスの結果の新しい証明である．

が成り立つということである．ここで，S は，内径が r で回転軸と平行な方向の高さが H である正外接形を回転させて得られる回転体の側面積である．この驚くべき結果の一例として，高さが H で内径が r のさまざまな外接形から得られる回転体を図 6.8 に示す．正外接形が円弧になり，その回転体の側面が球面の一部になる極限の場合にも，同じことが成り立つ．距離 H だけ離れた二つの平行な平面が半径 r の球面から切り出す部分の面積は，平面の位置にかかわらず $2\pi r H$ になる．図 6.8 (b) に，内接円の直径に対してさまざまな位置にある外接形を示す．とくに，内接球に中点で接する線分を回転させた回転体が円錐となる場合の側面積は，それが切頭であるかどうかにかかわらず，同じ高さと同じ内接球をもつ円柱の側面積に等しい．

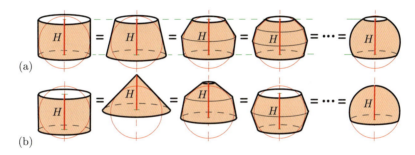

図 6.8 高さ H のすべての外接形が掃く曲面の面積は $2\pi r H$ に等しい．高さ H の球帯の面積も $2\pi r H$ に等しい．

定理 6.1 の特別な場合として，図 6.9 のように，外接形である正 $2n$ 角形の半分を，その向かい合う 2 本の辺に垂直な内接円の直径のまわりに回転させたとしよう．これらを**回転直外接面**と呼ぶ．それらの高さはいずれも $2r$ である．また，$n = 2$ の場合は，外接円柱になる．これらの側面積はすべて等しく $4\pi r^2$ であり，それはまた，それらの極限である球の表面積に等しい．ここから，球面と円柱の側面積に関するアルキメデスの結果の見事な拡張として，次の系が得られる．

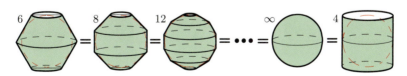

図 6.9 内接球を含め，高さが $2r$ のすべての回転直外接面の側面積は，外接円柱の側面積 $4\pi r^2$ に等しい．

定理 6.1 の系． 半径が r のすべての回転直外接面の高さは $2r$ であり，側面積は $4\pi r^2$ になる．

体積

図 6.10 (a) のような中心を共有する外接形とそれに対応する射影の集まりがつり合うことから得られる面積平衡な二つの外接領域を，図 6.10 (b) に示す．これは，すでに図 6.6 (c) で示したものである．これらの領域をつり合い軸のまわりにそれぞれ回転させると，体積の等しい回転体になる．なぜなら，図 6.11 に示すような次の原理が成り立つからである．

体積に関するつり合い・回転体原理． あるつり合い軸に関して二つの平面領域が面積平衡ならば，それらをそのつり合い軸のまわりにそれぞれ回転させて得られる回転体の体積は等しい．

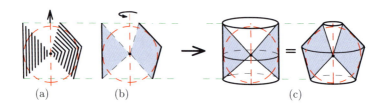

図 6.10　面積平衡にある二つの外接領域 (b) を回転させて得られる切り欠きつき回転体 (c) の体積は等しい．

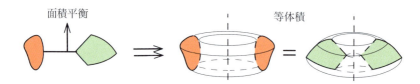

図 6.11　面積平衡である二つの平面領域をつり合い軸のまわりに回転させて得られる回転体の体積は等しい．

体積に関するつり合い・回転体原理は，表面積の場合と同じように，体積に関するパッポスの原理をこの回転体に適用して得られる．

図 6.10 (c) に示す二つの立体の体積は等しい．これらの立体は，図 6.10 (b) の面積平衡である三角形と四角形をそれぞれ回転させて得られたものである．一方の立体は二つの円錐の切り欠きのある円柱で，もう一方はそれぞれが円錐の切り欠きのある二つの円錐台からなる．

つり合い・回転体原理の別の例を図 6.12 に示す．それぞれの立体の対は，面積平衡である二つの外接領域をそのつり合い軸のまわりに回転させて得られたものであり，それらの体積は等しい．

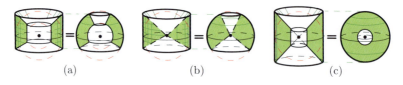

図 6.12　回転外接体．それぞれの対は高さおよび体積が等しい．

図 6.13 に示すのは，正外接領域とその接線射影から作られた回転体で，いずれの高さも H である．それぞれの立体には，内接球の中心を頂点とする二つの円錐の切り欠きがある．これらの立体は球に外接するので，いずれも第 4 章で述べた**外接体**の一例となっているが，次の一

定理 6.2. 正外接領域を回転させて得られる切り欠きつき外接体の体積は，その外接形に等しい高さをもつ切り欠きつき外接円柱の体積に等しい．

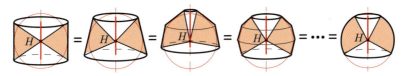

図 6.13 高さの等しい面積平衡な正外接領域から作られた切り欠きつき回転体の体積は等しい．

このような立体の体積 V は，次の式で与えられる切り欠きつき円柱の体積に等しい．

$$V = \frac{2}{3}\pi r^2 H \tag{6.4}$$

この結果は，ここまでに調べた外接体についての事実と一致する．それぞれの回転体は外接体でもあるので，定理 4.11 によって，その体積は，その外縁面積 $2\pi rH$ と内接球の半径 r の積の 1/3 に等しい．これは式 (6.4) と一致する．

図 6.9 に示したような正 $2n$ 角形の半分の領域を回転させて得られる**回転直外接体**の例を，図 6.14 に示す．このような外接体に対して，球とそれに外接する切り欠きつき円柱の体積に関するアルキメデスの結果の拡張が成り立つ．$n = 2$ の場合が，アルキメデスの結果である．

定理 6.2 の系. 内径が r の切り欠きつき回転直外接体は，いずれも高さが $2r$，体積が $4\pi r^3/3$ になる．

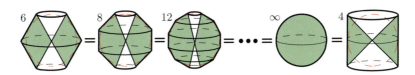

図 6.14 高さ $2r$ の切り欠きつき回転直外接体の体積は，いずれも内接球およびそれに外接する切り欠きつき円柱の体積 $4\pi r^3/3$ に等しい．

6.4 積率・楔形原理と円柱から切り出された楔形

すでに述べたように，アルキメデスは，円柱から切り出された楔形の体積を求めるために，図 6.1 (b) の面積平衡を用いた．これがアルキメデスの手法で得られる主要な新しい結果である．私たちの新しい原理を用いると，アルキメデスの楔形を極限として含む，外接形を底面とする楔形の族の体積を求めることができる．それらの側面積についても同様に取り扱える．ちなみに，アルキメデスは，円柱から切り出された楔形の表面積については扱っていない．

積率・楔形体積原理と外接形を底面とする楔形

式 (6.5) に示す積率・楔形体積原理は，底面が乗る水平面上の軸に関する，直柱の平らな底面の面積積率を，傾斜した平面がその直柱から切り出す楔形の体積に結びつける．図 6.15 (a)

では，水平面上の一般の形状を底面とする直柱が，水平面との傾斜角の正接が k である平面によって切り取られている．この二つの平面の交線を積率の軸として，これに関する底面の面積積率を考える．この軸から x の距離にある面積要素 $\Delta x \Delta y$ の積率は $\Delta M = x \Delta x \Delta y$ になる．一方，図に示した柱状部分の体積要素は $\Delta W = kx \Delta x \Delta y$ になる．したがって，

$$\Delta W = k \Delta M$$

が成り立つ．

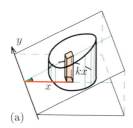
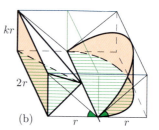

図 6.15 (a) 一般的な柱体から切り出された楔形の体積を，その底面の面積積率と関係づける．(b) アルキメデスが求めた円柱から切り出された楔形の体積は，四角錐の体積に等しい．なぜなら，それらの底面は面積平衡だからである．

これを積分すると

$$W = kM \tag{6.5}$$

が得られる．ここで，W は，底面の水平な y 軸まわりの面積積率が M である柱体から切り出された楔形の体積である．

図 6.15 (b) において，式 (6.5) を図 6.1 (b) の三角形と半円板をそれぞれ水平な底面とする二つの柱体から切り出された楔形に適用する．すでに述べたように，この二つの底面は y 軸に関して面積平衡であるので，それらの積率 M は等しい．すると，式 (6.5) によって，水平面とのなす傾斜角が等しい平面によって切り出された図 6.15 (b) の二つの楔形の体積は等しく，$W = kM$ になる．したがって，円柱から切り出された楔形の体積は，図 6.15 (b) の網掛けの長方形を底面とする角錐の体積に等しく，これは底面積と高さの積の 1/3，すなわち，$W = 2kr^3/3$ である．アルキメデスは，これと等価な，円柱から切り出された楔形の体積が図 6.15 (b) の外側の直方体の 1/6 になるという結果を（まったく別の方法で）導き出した．

面積平衡な底面をもつ二つの一般の柱体から切り出された楔形に同じ考え方を適用すると，系として次の原理が得られる．

つり合い・楔形体積原理． 柱体から切り出された二つの楔形は，それらを切り出すそれぞれの平面がそれらの共通の底面と等しい角度をなし，その 2 平面の交線に関して底面が面積平衡であるならば，二つの楔形の体積は等しい．

直柱には外接形を底面とする角柱も含まれるので，この系は面積平衡な外接形を底面とする角柱にも適用できる．図 6.16 のそれぞれの立体は，同じ三角形と面積平衡な正 $2n$ 角形の半分を底面として作られたものである．これらの楔形の体積は，いずれも三角形を底面とする角錐の体積に等しい．

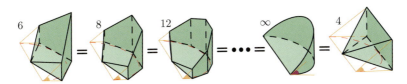

図 6.16 体積の等しい外接体の楔形．これらの底面は正 $2n$ 角形の半分であり，いずれも面積平衡になる．図 6.15 (b) のアルキメデスの楔形は，この極限の場合になる．

外接形を底面とする楔形の側面積

図 6.15 (b) の半円の半径を r とすると，網掛けの長方形の底辺は $2r$，高さは kr になるので，面積は $2r^2 k$ である．これは，図 6.15 (b) の円柱から切り出された楔形の網掛けされた側面積に等しい．これを確かめるには，二重平衡（命題 3）によって，半円周とその水平な底面内での射影が弧長平衡であることを使えばよい．すなわち，長さ Δs の弧要素とその射影 Δp の直径に関する積率は等しく，$\Delta s \cdot x = \Delta p \cdot r$ となる．ここで，x は直径から Δs までの距離である．これに対応する円柱の側面の面積要素は $\Delta s \cdot kx$，その射影は $\Delta p \cdot kr$ になり，これらは等しい．なぜなら，積率として等しいからである．Δp の和は $2r$ であり，したがって，弧長に関して積分すると，円柱から切り出された楔形の側面積は $2r^2 k$ になり，その射影である長方形の面積に等しいことがわかる．これは，面積の合計がその共通の射影である長方形の面積と等しい台形の面から構成される図 6.16 のそれぞれの楔形の側面にも適用できる．図 6.15 (a) のような有限な長さの曲線で囲まれた底面をもつ一般の柱体から切り出された楔形に対しても，同じように証明できる．

こうして，円柱から切り出された楔形の体積 W と側面積 A は，それぞれ次の式で与えられる．

$$W = \frac{2}{3} k r^3, \quad A = 2 k r^2$$

6.8 節では，この節の結果を高次元に拡張する．

$r = k = 1$ の場合の図 6.16 の楔形の側面を図 6.17 に示す．展開した側面の半分だけを示していて，残りの半分はこの鏡像になる．図 6.17 の展開したそれぞれの側面の面積は 1 であり，これはその共通の射影である単位正方形の面積に等しい．底面が円弧となる極限の場合には，円柱の側面を展開した部分は正弦曲線より下の領域の半分になる．

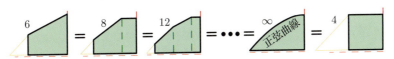

図 6.17 図 6.16 の外接体の楔形の側面を展開したものの半分．いずれの面積も単位正方形の面積と等しく，正弦曲線より下の領域の面積の半分に等しい．

6.5 球面および円柱の一部分のつり合い

この節では，球面や円柱のさまざまな部分とそれらの接線射影を平衡させることで，つり合い補題 1 を拡張する．

球面上の領域

図 6.18 (a) に示すように，円弧とその射影を，円の中心を通る水平な軸のまわりに回転させて，球面上の領域を作ることができる．図 6.18 (a) の短い円弧の長さを Δs で表す．すると，その射影の長さ Δp に対して，近似的な関係 $\Delta s \cdot \cos\alpha = \Delta p$ が成り立つ．ここで，α は図に示した傾斜角である．この関係式の両辺に r を乗じると，つり合い線まわりの積率

$$\Delta s \cdot (r\cos\alpha) = \Delta p \cdot r$$

が得られる．これは，近似的なつり合い関係と見なすことができる．このつり合い線を回転させると中央につり合い面が作られ，射影直線を回転させると射影面が作られる．これらの面は，図 6.18 (b) に示すように回転軸に垂直になる．そして，円弧は，小さな角度の回転によって面積が ΔS の曲面要素を球面上に作る．ΔS の接線射影平面への射影の面積を ΔP で表す．これらの間には，近似的な関係 $\Delta S \cdot \cos\alpha = \Delta P$ が成り立つ．この関係式の両辺に r を乗じて積率にすると，

$$\Delta S \cdot (r\cos\alpha) = \Delta P \cdot r \tag{6.6}$$

となり，これは近似的な面積のつり合い関係になっている．左辺の因子 $r\cos\alpha$ は，つり合い面から球面上の曲面要素の重心までの距離であり，r はつり合い面から射影の重心までの距離である．そして，式 (6.6) は，このつり合い面に関して面積要素 ΔS と ΔP が面積平衡であることを表している．

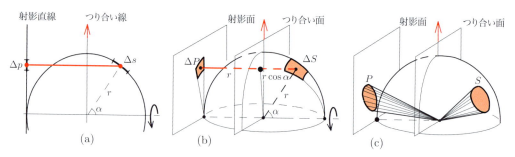

図 6.18 円弧とその接線射影 (a) を水平軸のまわりに回転させて得られる曲面要素 (b) は，つり合い面に関して，その鉛直平面への射影と面積平衡になる．(c) 立体角は，その射影である錐体と二重平衡になる．

とくに，式 (6.6) によって，図 6.18 (b) のそれぞれの面積要素は，対応する平面への射影と面積平衡になる．このような面積要素によって，球面上の面積 S の任意の領域と射影面への面積 P の射影をいくらでも近似することができるので，式 (6.6) から面積平衡の関係式

$$Sc = Pr \tag{6.7}$$

が得られる．ここで，r は球の半径，c はつり合い面から面積 S の曲面の重心までの距離である．式 (6.7) の一例を図 6.19 に示す．この関係式は，次の補題として述べることができる．

つり合い補題 2. 球面上の任意の領域は，球の中心を通るつり合い面に関して，その接線射影と面積平衡になる．

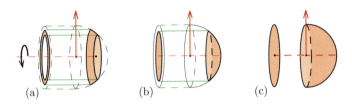

図 6.19 (a) 球帯とその射影である輪環形のつり合い．(b) 球冠とその射影である円板のつり合い．(c) 半球面とその射影である円板のつり合い．

立体角とその射影である錐体の二重平衡

球の中心から球面上の面積 S の領域までの動径線の和集合である半径 r の立体角を，図 6.18 (c) に示す．これは，球面上の面積 S の領域を 0 になるまで半径方向に縮めるときに作られる，中心を共有する球面の一部分の層の和集合でもある．それぞれの層は，球面の一部分であり，その球面に接する平面への射影と面積平衡になる．式 (6.6) の両辺に層の厚み Δr を乗じると，層ごとの体積平衡になる．その結果として，立体角全体は，その立体射影である，球の中心を頂点とし面積 S の領域の射影を底面とする錐体と体積平衡になる．図 6.20 (a) の球扇形は，その特別な場合である．これは，図 6.19 (b) のような，中心を共有し対応する射影円板と面積平衡になる球冠の集まりから作られていて，球扇形はその立体射影である円錐と体積平衡になる．

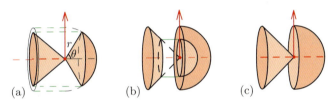

図 6.20 (a) 球扇形と円錐の二重平衡．(b) 空洞のある半球と円錐台の二重平衡．(c) 半球と円錐の二重平衡．

同様にして，図 6.19 (c) のような中心を共有する半球面を用いて，それぞれの射影である赤道円板から作った錐体と体積平衡な半球体を作ることができる（図 6.20 (c)）．その途中の段階では，図 6.20 (b) のように球殻が円錐台とつり合う．

対称性のある立体のつり合い軸

図 6.19 と図 6.20 では，つり合い面に関して平衡になっている．すべての立体は，水平軸のまわりの回転によって得られたものである．この水平軸は対称の軸でもあり，それぞれの複合立体の重心でつり合い面と交わる．その結果として，この重心を通る任意の軸はつり合い軸になる．これは，図 6.1，6.19，6.20，6.21 (a)，6.22 (c)，6.23，6.24，6.27，6.29 (a)，6.29 (c) のような，対称性から複合立体の重心が決まるより一般的な状況にも適用できる．

球から切り出された楔形と楕円錐の二重平衡，切り欠きつき球層とその射影である錐の二重平衡

半径 r の半球体から直径を通る二つの平面が切り出す高さ $2H$ の楔形を，図 6.21 (a) に示す．それぞれの平面と赤道面がなす角を θ とする．この楔形の球面部分は，その射影である長軸長が $2r$ で短軸長が $H = 2r\sin\theta$ の楕円と面積平衡になる．この球体から切り出された楔形は，楕円錐体と体積平衡でもある．図 6.21 (b) では，球帯が円板の輪切りと面積平衡になり，

図 6.21 (c) では，図 6.21 (b) の中心を共有する図形から作られた立体が二重平衡になっている．

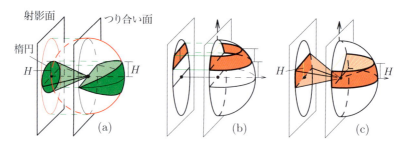

図 6.21 (a) 球から切り出された楔形と楕円錐の二重平衡．(b) 球帯とその射影の面積平衡．(c) 切り欠きつき球層と錐の二重平衡．

円柱の一部分のつり合い

図 6.18 (a) では円を回転させて球面を作ったが，円をそれが乗る平面に垂直な方向に平行移動させると，図 6.22 (a) のような半径 r の円柱ができる．図 6.18 (a) の対応するつり合い線と射影直線を同じように平行移動させると，図 6.22 (a) のように（円柱を 2 等分する）**つり合い面**および（円柱に接する）**射影面**と呼ばれる二つの平行な平面ができる．この移動によって，図 6.18 (a) の円弧は（円柱の側面上の）ある面積要素を掃き，それは図 6.22 (a) に示した（射影面上に）射影された鉛直な長方形と面積平衡になる．より一般的には，図 6.22 (b) のように，円柱の側面上の面積 S の任意の領域は，つり合い面に関して射影面上の対応する面積 P の射影と面積平衡になる．なぜなら，それらは，図 6.22 (a) のような面積要素でいくらでも近似することができるからである．ここでも，式 (6.7) が成り立つ．ただし，S は円柱の側面上の領域の面積，P はその射影の面積，そして c はつり合い面から円柱の側面上にある面積 S の領域の重心までの距離である．このことから次の補題が得られる．

つり合い補題 3. 円柱の側面上の任意の領域は，円柱の軸を通るつり合い面に関して，その接線射影と面積平衡になる．

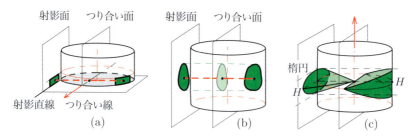

図 6.22 (a) 円柱の側面上の面積要素とその矩形状の射影の面積平衡．(b) 円柱の側面上の領域とその接線射影の面積平衡．(c) 円柱から切り出された楔形とその射影である楕円錐の二重平衡．

二つの傾斜した平面が円柱から切り出す高さ H の楔形を，図 6.22 (c) に示す．それぞれの平面が水平な赤道面となす角度を θ とする．楔形の側面は，その射影である長軸長が $2r$ で短軸長が H の楕円と面積平衡になる．中心を共有し，半径が徐々に小さくなる円柱から切り出された楔形を用いることで，図 6.22 (c) に示すように，円柱から切り出された楔形が楕円錐と二

重平衡になる．この円柱の側面上の領域がその射影である楕円と面積平衡であるだけでなく，その領域を側面とする楔形が楕円錐と体積平衡にもなるのである．

図 6.21 の球から切り出された楔形と図 6.22 (c) の円柱から切り出された楔形は，どちらも同じ楕円錐と二重平衡になる．この楕円錐を除外すると，図 6.23 の二重平衡が得られる．これは次のように述べることができる．

命題 4. 球から切り出された楔形は，その球を内接球とする円柱から切り出された同じ高さの楔形と二重平衡になる．

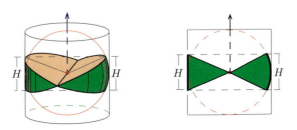

図 6.23 球から切り出された楔形と円柱から切り出された楔形の二重平衡．

球と円柱の共通する直径の方向から図 6.23 の楔形を見ると，図 6.6 (d) で得られた面積平衡および弧長平衡になっていることがわかる．

図 6.24 (a) は，図 6.21 (a) で楔形が半球の場合である．また，図 6.24 (b) は，図 6.22 (c) で高さが直径に等しい場合に，円柱から切り出された楔形とその接線射影である楕円錐である．この二つの図から円錐を除去すると，図 6.24 (c) の平衡が得られる．図 6.24 (d) の三角柱と半円柱も二重平衡になっている．アルキメデスは，これらの体積平衡を証明したが，それを上方から見ると，三角形と半円板の面積平衡と同値になる．

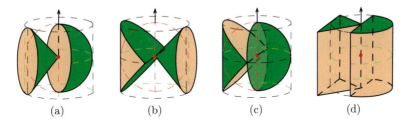

図 6.24 二重平衡になる立体．(d) を上から見ると，図 6.1 (b) のように見える．図 6.1 (b) は，(a) および (b) を上から見た図でもあり，(c) の側面図でもある．

ここまでに証明したつり合い関係はそれ自体でも興味深いが，次の節では高次元の立体の体積および表面積が等しいことを示すために拡張する．

6.6 高次元のつり合い原理

この節では，まず，3 次元空間内でつり合う 2 次元領域をつり合い軸のまわりに回転させて球体や切り欠きつきの円柱を作った図 6.2 (b) と同じような手続きを考える．ここでは，図 6.24 (a) のように平衡している円錐と半球体に対して同じことを行う．これらの立体が 4 次元空間

164　第 6 章　新たなつり合い原理とその応用

に埋め込まれていると考え，それぞれをつり合い軸のまわりに回転させて 4 次元の立体を掃いたとしよう．すると，半球体は 4 次元球体になり，円錐は**切り欠きつき 4 次元柱状体**と呼ぶ図形になる．これらの体積や表面積の間の関係を求めるためには，高次元のつり合い・回転体原理が必要となる．

立体角とその射影である錐体の二重平衡

　ここまでのつり合い関係式を，図 6.18 (a) の 2 次元から図 6.18 (b) の 3 次元に移行したのとまったく同じやり方で，高次元に拡張する．まず，図 6.18 (b) の 3 次元の構成が 4 次元空間に埋め込まれているものと考える．そして，4 次元空間で半球の水平な対称軸のまわりにその構成を回転させる．すると，つり合い面の右側にある 3 次元の半球は 4 次元の半球に，つり合い面はつり合い超平面に，そして射影面は 4 次元空間の射影超平面になる．回転の角度が小さければ，3 次元の曲面要素はそれに対応する 4 次元球面上の曲面要素になり，射影面上の曲面要素は 4 次元球面上の曲面要素の射影となる 4 次元空間の射影超平面上の曲面要素になる．

　まったく同じようにすると，つり合い関係式 (6.6)，(6.7) から，4 次元空間の二つの曲面要素がつり合い超平面に関する同種のつり合い関係式を満たすことがわかる．

　この手順を繰り返して，空間の次元に関する数学的帰納法を用いると，n 次元空間でも同種のつり合いが成り立つことがわかる．なぜなら，図 6.18 (a)，(b) で動径線が回転する傾斜角 α は，すべての次元で同じだからである．このことから，図 6.18 (c) で示した立体角の平衡と同じように，n 次元空間の立体角と平行射影によって作られた射影である n 次元錐体はつり合い面に関して二重平衡になる．

立体角つり合い補題． n 次元立体角と，その射影である n 次元錐体は，この錐体の頂点を通り，射影超平面に平行なつり合い超平面に関して二重平衡になる．

積率・体積原理

　次の原理は，回転体の積率と「体積」を結びつける．ここで，「体積」とかぎ括弧で囲んだのは，一つの原理を，慣習的な用語で言うところの表面積と体積のいずれにも適用できように述べるためである．

積率・体積原理． n 次元空間内で，ある軸まわりの積率が M_n である図形を $(n+1)$ 次元空間内でその軸のまわりに回転させたとき，それが作る図形の「体積」V_{n+1} は

$$V_{n+1} = 2\pi M_n \tag{6.8}$$

で与えられる．言い換えると，$(n+1)$ 次元の回転体の体積は，その回転体を作り出した図形の n 次元での回転軸まわりの積率と 2π の積に等しい．

　これを証明するためのアイデアは，$n=2$ の場合を考えるとすぐにわかる．xy 平面内で y 軸からの距離が x である面積要素 $\Delta x \Delta y$ を考える．この面積要素の y 軸まわりの積率は $\Delta M_2 = x \Delta x \Delta y$ になる．この面積要素を y 軸のまわりに回転させると，体積 $\Delta V_3 = 2\pi x \Delta x \Delta y = 2\pi \Delta M_2$ の立体を掃く．同様にして，高次元においても

$$\Delta V_{n+1} = 2\pi \Delta M_n$$

を積分すると，式 (6.8) が得られる．

とくに，系として次の原理が成り立つ．

つり合い・回転体原理． n 次元空間内の二つの図形がつり合い軸に関して「体積」平衡ならば，その軸のまわりに回転させてできた $(n+1)$ 次元空間内の図形の「体積」は等しい．

6.3 節の前半で述べた表面積に関するつり合い・回転体原理では，弧長平衡な二つの平面曲線が「体積」平衡な 2 次元空間の図形である．これらの曲線をつり合い軸のまわりに回転させると，「体積」の等しい 3 次元空間の曲面が得られるが，これは表面積が等しいことを意味する．6.3 節の後半で述べた体積に関するつり合い・回転体原理では，面積平衡な二つの平面領域が「体積」平衡な 2 次元空間の図形である．これらの領域をつり合い軸のまわりに回転させると，「体積」の等しい 3 次元空間の立体が得られるが，これは通常の意味での体積である．

n 次元半球面への応用

立体角つり合い補題の次の特別な場合は，結果的に重要な役割を演じる．

つり合い補題の特別な場合． n 次元半球体は，その射影である n 次元円錐と，円錐の頂点とそれを通る任意の軸に関して二重平衡になる．

この補題の特別な場合をつり合い・回転体原理と組み合わせると，次の原理になる．

二重等積原理． n 次元半球体と n 次元円錐を $(n+1)$ 次元空間内で回転させて得られる図形の側面積は等しく，体積も等しい．

6.7　n 次元球体と n 次元柱状体

この節の中心となる結果は，球の体積と表面積に関するアルキメデスの結果をすべての n 次元空間（$n \geq 2$）に拡張したものであり，のちほど定理 6.3 として述べる．これは，私たちのつり合いの手法のおそらくもっとも重要な帰結である．なぜなら，$n \neq 3$ の場合には，n 次元球とそれに外接する n 次元円柱の体積または表面積を結びつける単純な関係はないからである．（そのような関係を見つけようとする試みについては，文献 [22], [26] を参照されたい．）私たちの高次元への拡張の過程で，単純で直接的に内接球と関係する n 次元柱状体という新たな図形が自然に現れる．$n = 3$ の場合は，柱状体は従来の円柱であるが（図 6.26 を参照），$n \neq 3$ の場合はまったく別の図形になる．$n = 2$ の場合を図 6.25 に示す．

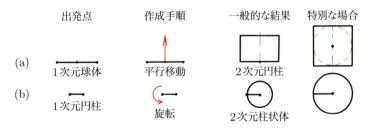

図 6.25　(a) 2 次元空間で 1 次元球体（線分）を平行移動させると，2 次元円柱ができる．(b) 2 次元空間で 1 次元円柱（線分）をその一端のまわりに旋転（回転）させると，2 次元柱状体ができる．2 次元柱状体は円板でもある．

次に，一般的な柱状体を導入し，それを標準的な円柱と比較する．古典的な n 次元円柱は，n 次元空間で $(n-1)$ 次元球体を平行移動させて作る．n 次元柱状体は，n 次元空間で $(n-1)$ 次元円柱をその一つの底面のまわりに旋転（回転）させて作る．この作り方を詳しく説明するために，図 6.25 に示すように，$n=2$ から始めて逐次的に高次元空間の円柱と柱状体を記述する．

図 6.25 (a) は，1 次元球体（線分）をそれと直交する方向に平行移動させると 2 次元円柱（長方形）ができることを示している．図 6.25 (b) は，1 次元円柱（線分）をその一端のまわりに回転（あるいは旋転）させると，2 次元柱状体ができることを示している．これは円板でもある．

図 6.26 (a) は，2 次元球体（円板）をそれと直交する方向に平行移動させると 3 次元円柱ができることを示している．図 6.26 (b) は，2 次元円柱（長方形）をその一つの底辺のまわりに旋転させると 3 次元柱状体ができることを示している．3 次元柱状体は 3 次元円柱でもある．1 次元柱状体というものはない．なぜなら，旋転させる 0 次元円柱というものはないからである．

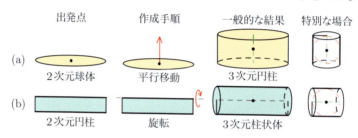

図 6.26 (a) 3 次元空間で 2 次元球体（円板）を平行移動させると 3 次元円柱ができる．(b) 3 次元空間で 2 次元円柱（長方形）を旋転させると 3 次元柱状体ができる．3 次元柱状体は 3 次元円柱でもある．

柱状体の自然な発展

図 6.27 と図 6.28 は，このつり合いの手法が柱状体の考え方に自然に結びつくことを示している．図 6.27 上段左端では，直径を通る鉛直な軸に関して半円板と三角形が二重平衡になっている．3 次元空間でこれらをつり合い軸のまわりに回転させると，下段左端に示した球体と切り欠きつき円柱という二つの回転体になり，二重等積原理によってこれらの体積は等しく側面積も等しい．これが，アルキメデスによる $n=3$ の場合の古典的な結果であり，本書ではこれを二重平衡を用いて示した．

図 6.27 上段左端の三角形と半円板を 3 次元空間で水平な対称軸のまわりに回転させると，上段中のような半球体と円錐になり，これらは同じく鉛直な軸に関して二重平衡になる．4 次元空間でこれらの立体をつり合い軸のまわりに回転させると，それぞれが下段中のような 4 次元の回転体になり，つり合い・回転体原理によってこれらの「体積」も側面積も等しい．ただし，「体積」は 4 次元の体積を意味する．

この過程を視覚的に理解しやすくするには，図 6.28 (a) に示すように，3 次元空間内の円柱に内接する円錐を考える．図 6.28 (b) は，その 3 次元空間を図式的に押しつぶした超平面であり，円柱と円錐は，長方形とそれに内接する三角形に見えている．

この超平面に垂直になるように（図 6.28 (b) では next と表記した）第 4 の軸を選び，この軸および円錐と円柱の対称軸に垂直な軸のまわりに，この超平面とそれに含まれる図形を回転さ

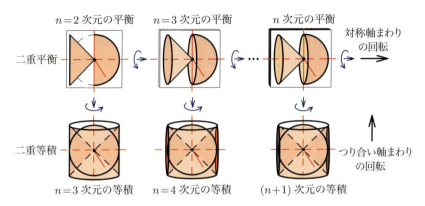

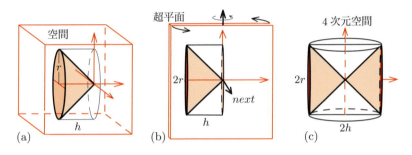

図 6.28 4 次元の柱状体と切り欠きつき柱状体の構成.(a) 3 次元空間内の円柱とそれに内接する円錐.(b) (a) を超平面として図式的に押しつぶして,それに垂直な第 4 の軸を立てる.(c) 4 次元空間内で,この第 4 の軸および対称軸に垂直な軸のまわりに (b) を回転させる.これをこの立体の旋転と呼ぶ.

せる.これを図形の**旋転**と呼ぶことにする.図形を対称軸のまわりに回転させたならば 4 次元円錐に外接する 4 次元円柱が得られるだろうが,旋転では,図 6.28 (c) に図示したように,**4 次元柱状体**という新しい図形と,円錐が掃くその部分集合である**切り欠きつき 4 次元柱状体**が得られる. 図 6.28 (b) で平坦化された三角形の底辺として描かれている部分は,実際には図 6.28 (a) の円錐の底面になっている円板である.この底面を旋転すると,図 6.28 (c) の柱状体の側面が作られる.

図 6.27 の手順を続けて,上段の二重につり合っている図形を一つ上の次元で水平な対称軸のまわりに回転させると,同じ鉛直なつり合い軸に関して二重平衡となる一つ上の次元の半球体と円錐が得られる.このつり合い軸は,円錐の頂点を通る.一つ上の次元でそのつり合い軸のまわりにこれらのつり合う対称図形を旋転させると,球体と切り欠きつきの柱状体という「体積」の等しい二つの回転体が得られる.これが,アルキメデスの結果をすべての n 次元空間 ($n \geq 2$) に拡張するための鍵なのである.

柱状体と切り欠きつき柱状体の定義

一般に,n 次元柱状体と切り欠きつき n 次元柱状体は,4 次元の場合と同じようにして定義される.図 6.28 (a) と同じように,半径が r で高さが h の $(n-1)$ 次元円柱と,それに半径と高さが等しく内接する $(n-1)$ 次元円錐から始める.これらを n 次元空間内で,円錐の頂点を通り円柱の軸に垂直な軸のまわりに旋転させる.旋転によって,$(n-1)$ 次元円柱は,半径

が h で高さが $2r$ の **n 次元柱状体**と呼ぶ図形を掃く．$(n-1)$ 次元円柱がこの柱状体を掃くと，$(n-1)$ 次元円錐は n 次元柱状体の一部である**切り欠きつき n 次元柱状体**を掃く．

この $(n-1)$ 次元円柱と円錐は，半径 r の $(n-2)$ 次元球体を共通の底面とする．$(n-1)$ 次元円柱のその軸に垂直な断面は，半径 r の $(n-2)$ 次元球体であり，一方，$(n-1)$ 次元円錐の断面は，底面においては r で頂点においては 0 になるように線形に減少する半径をもつ，$(n-2)$ 次元球体である．

$n \neq 3$ の場合は，n 次元柱状体と n 次元円柱は別の図形である．とくに，$n = 2$ の場合は，2 次元円柱は長方形であるが，2 次元柱状体は 1 次元円柱（線分）をその端点の一つのまわりに回転させて得られる円板である．さらに，この 1 次元円柱に内接する「円錐」はその 1 次元円柱そのものであり，切り欠きつき 2 次元柱状体は，切り欠きのない 2 次元柱状体と同じものになる．

円錐と円柱の積率の関係式

$(n-1)$ 次元円柱の体積 v_{n-1}^{cyl} と $(n-1)$ 次元円錐の体積 v_{n-1}^{cone} については，次の公式が知られている．

$$v_{n-1}^{\mathrm{cyl}} = hV_{n-2}, \quad v_{n-1}^{\mathrm{cone}} = \frac{v_{n-1}^{\mathrm{cyl}}}{n-1} = \frac{h}{n-1}V_{n-2}$$

ここで，V_{n-2} はこれらの立体に共通の底面である $(n-2)$ 次元球体の体積であり，h はこれらの立体の高さである．また，$(n-1)$ 次元円柱の重心はその高さの中点にあり，$(n-1)$ 次元円錐の重心は，底面から h/n の距離，すなわち頂点から $h(n-1)/n$ の距離にあることもよく知られている．その結果として，円錐の対称軸に垂直で円錐の頂点を通る軸に関する円柱と円錐の体積の積率は，それぞれ次の式で与えられる．

$$M_{n-1}^{\mathrm{cyl}} = \frac{h^2}{2}V_{n-2}, \quad M_{n-1}^{\mathrm{cone}} = \frac{h^2}{n}V_{n-2} \tag{6.9}$$

式 (6.9) から，アルキメデスの結果を拡張する上で重要な役割を果たす次の補題がすぐに示せる．

積率比の補題． $(n-1)$ 次元円錐のその頂点を通る軸に関する体積積率は，それに外接する $(n-1)$ 次元円柱の対応する積率の $2/n$ になる．したがって，円柱に対する円錐の積率の比は $2/n$ になる．

アルキメデスの（超墓石に刻むのに適した）古典的結果の n 次元への拡張

これで，この節の主題となる結果を述べ，そして証明することができる．この結果は，すべての $n \geq 2$ に対して成り立つ．

定理 6.3. (a) n 次元球体の体積は，それに外接する切り欠きつき n 次元柱状体の体積に等しい．

(b) n 次元球体の表面積は，それに外接する n 次元柱状体の側面積に等しい．

(c) n 次元球体の体積は，それに外接する（切り欠きのない）n 次元柱状体の体積の $2/n$ 倍に等しい．

(d) n 次元球体の表面積は，それに外接する（切り欠きのない）n 次元柱状体の総表面積の $2/n$ 倍に等しい．

(a) と (b) の証明: これらは，6.6 節の最後に述べた二重等積原理から直接導くことができる．

(c) と (d) の証明: 積率比の補題によって，$(n-1)$ 次元円錐と $(n-1)$ 次元円柱の，円錐の頂点を通る軸まわりの体積積率の比は $2/n$ になる．積率・体積原理 (6.8) によって，(n を $n-1$ で置き換えると) この円錐と円柱を n 次元空間で回転させて得られる切り欠きつきおよび切り欠きなしの柱状体も，同じ体積比 $2/n$ になる．これを定理 6.3 (a), (b) と組み合わせると，それぞれ定理 6.3 (c), (d) が得られる．

実際には，定理 6.3 の (a) と (b) は同値である．なぜなら，n 次元柱状体と切り欠きつき n 次元柱状体はいずれも外接体であり，したがって，定理 4.13 によってそれらの体積比は表面積比に等しいからである．定理 6.3 の (c) と (d) についても，同じことが言える．

ちなみに，2 次元柱状体と切り欠きつき 2 次元柱状体は，いずれもその内接球体（円板）と一致する同じ図形であり，これは $2/n = 1$ とつじつまが合っている．

6.8 n 次元へのさらなる拡張と応用

球層の表面積および球の断面の面積

次の定理 6.4 (a) は図 6.18 (b) に示した関係を拡張し，定理 6.4 (b) は図 6.2 (a) に示した関係を拡張する．これらの拡張は，n 次元柱状体をその対称軸に垂直な $(n-1)$ 次元超平面で切って得られる断面に関するものである．球帯や柱状帯は，このような二つの平行な断面の間にある立体の表面である．

定理 6.4. (a) n 次元球層の表面積は，その球に外接する n 次元柱状体の対応する部分の表面積に等しい．
(b) n 次元球体の断面の面積は，その球体に外接する切り欠きつき n 次元柱状体の対応する断面の面積に等しい．

(a) の証明: 図 6.21 (b) において，半球帯は，その射影である円板の輪切りと面積平衡になっている．これらを 4 次元空間でつり合い軸のまわりに回転させると，半球帯は 4 次元の球帯になり，円板の輪切りはその 4 次元球に外接する 4 次元柱状体の対応する帯になる．したがって，つり合い・回転体原理によって，この二つの帯の面積は等しい．これで，$n = 4$ の場合に (a) が証明された．一般の n に対しても，同じように証明することができる．

(b) の証明: 図 6.1 (a) のアルキメデスによる三角形と半円板のそれぞれの水平な弦のつり合いは，図 6.1 (a) の図形を水平な軸のまわりに回転させて得られる円錐と半球体により，3 次元に拡張することができる．

このつり合う円錐と半球体の対称軸を通る断面を図 6.29 (a) に示す．この円錐と半球体から，図 6.29 (b), (c) に示す例のように，弦の任意の集まりを切り出す．この切り出された部分は，中央のつり合い面に関してつり合う．その理由は，ワイヤー（三角形と半円板それぞれの水平な弦）からできた 2 本のケーブルを想像すればわかる．それぞれのワイヤーの対はつり合って

いるので，それぞれの和集合（2本のケーブル）もまたつり合う．とくに，図 6.29 (c) のような円錐の水平な断面は，それに対応する半球体の断面と面積平衡になる．

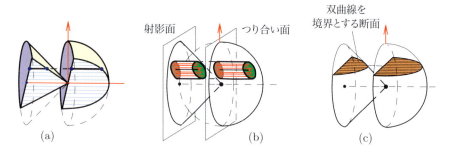

図 6.29 図 6.1 (a) のアルキメデスのつり合いの拡張．半球体と円錐の (a) 弦のつり合い，(b) ケーブルのつり合い，(c) 断面のつり合い．(c) から，4次元球体とそれに外接する切り欠きつき 4次元柱状体の断面積が等しいことを導くことができる．

4次元空間において，図 6.29 (c) の図形を対称軸にも第 4 の座標軸にも垂直なつり合い軸のまわりに回転させる．この回転によって，円錐は切り欠きつき 4次元柱状体を掃き，半球体は 4次元球体を掃く．このとき，3次元円錐のそれぞれの断面は，切り欠きつき 4次元柱状体の断面を掃き，それに対応して 3次元半球体のそれぞれの断面は 4次元球体の断面を掃く．この回転させる二つの断面の面積はつり合っているので，つり合い・回転体原理によって，それらが回転して掃く断面の超面積は等しい．これで，$n=4$ の場合に (b) が証明された．一般の n に対しても，同じように証明することができる．

n 次元球体の体積と表面積の再帰的公式

V_n と S_n を，それぞれ半径が r の n 次元球体の体積と表面積とする．定理 6.3 (a) と積率・体積原理から次の公式が得られる．

$$V_{n+1} = \frac{2\pi r^2}{n+1} V_{n-1} \tag{6.10}$$

$$S_{n+2} = \frac{2\pi r^2}{n} S_n = 2\pi r V_n \tag{6.11}$$

$$\frac{n+1}{n} \cdot \frac{V_{n+1}}{V_n} = \frac{V_{n-1}}{V_{n-2}} \tag{6.12}$$

$$\frac{S_{n+2}}{S_{n+1}} = \frac{V_n}{V_{n-1}} \tag{6.13}$$

それぞれの初期値は，$V_1 = 2r$, $V_2 = \pi r^2$, $S_1 = 2$, $S_2 = 2\pi r$ である．

証明： 定理 6.3 (a) によって，V_n は半径 r の切り欠きつき n 次元柱状体の体積に等しく，それは積率・体積原理によって $2\pi M_{n-1}^{\mathrm{cone}}$ である．ただし，M_{n-1}^{cone} は，切り欠きつき n 次元柱状体を掃く高さ r の $(n-1)$ 次元円錐の体積積率である．したがって，式 (6.9) で $h=r$ とすると，

$$V_n = 2\pi M_{n-1}^{\mathrm{cone}} = \frac{2\pi r^2}{n} V_{n-2}$$

が得られる．

この式で，n を $n+1$ で置き換えると式 (6.10) になり，そこから式 (6.12) を導くことができる．式 (4.16) で表される外接体の性質 $V_n = (r/n)S_n$ から式 (6.11) が得られる．ここから $S_{n+2}/V_n = 2\pi r$ になるが，これは n によらない．したがって，$S_{n+2}/S_{n+1} = V_n/V_{n-1}$ となり，これが式 (6.13) になる．

$v_n = V_n/2$, $s_n = S_n/2$ という表記を用いると，再帰的な関係式 (6.10)〜(6.13) は，n 次元半球体に対しても成り立つ．6.9 節では，n 次元半球体の重心を求める．

n 次元柱体から切り出された楔形の体積と表面積

6.4 節で示した円柱から切り出された楔形に対する積率・楔形体積原理は，高次元に拡張できる．

積率・楔形体積原理．一般の $(n+1)$ 次元柱体から切り出された楔形の「体積」W_{n+1} と，その底面である n 次元球体の積率 M_n の間には，

$$W_{n+1} = kM_n$$

が成り立つ．ここで，k は楔形を切り出す面の傾きによって決まる定数である．

積率・楔形体積原理から，次の系が得られる．

系 6.1. $(n+1)$ 柱体から切り出された二つの楔形の定数 k が等しければ，それらの「体積」比は，底面の積率の比に等しい．とくに，底面の積率が等しければ，楔形の「体積」も等しい．

この系を，図 6.27 上段のつり合う n 次元半球体と n 次元円錐に適用する．これらの図形を回転させるのではなく，h を等しい高さとする $(n+1)$ 次元切頭柱体の底面として用いる．これらの「体積」は等しく，次のように明示的に計算することができる．n 次元円錐を底面とする切頭柱体は，高さが h で面積が $V_{n-1}h$ の「長方形」を底面とする $(n+1)$ 次元角錐と見なすことができる．ただし，V_{n-1} は半径 r の $(n-1)$ 次元球体の「体積」である．この角錐の「体積」は，再帰的な式 (6.10) によって，$W_{n+1} = V_{n-1}h \cdot r/(n+1) = V_{n+1}h/(2\pi r)$ となる．ここで，$n+1$ を n で置き換えると，次の定理が得られる．

定理 6.5. 半径 r の $(n-1)$ 次元球を底面とする n 次元柱体から切り出された高さが h の楔形の体積 W_n と側面積 A_n の間には

$$W_n = \frac{h}{2\pi r}V_n, \quad A_n = \frac{h}{2\pi r}S_n \quad (n = 2, 3, \ldots)$$

が成り立つ．ここで，S_n は半径 r の n 次元球体の表面積である．

$n = 2$ の場合，この楔形は面積が $W_2 = hr/2$ で高さが $A_2 = h$ の三角形になる．$n = 3$ の場合は $W_3 = (2/3)r^2h$ であり，アルキメデスが得た結果と一致する．

6.9 重心の公式

この節では，つり合い関係を用いて，さまざまな図形の重心の位置を求める公式を導く．

1. 正外接形の外周の重心　正外接形には，その内接円の中心を通る対称軸があり，したがって，正外接形の重心も図 6.30 (a) のようにその軸の上にある．内接円の中心からその重心までの距離 c を求めるために，図 6.30 (b) のように外接形を回転させて，その対称軸がつり合い軸と垂直になるようにする．すると，つり合い関係式は $cL = rH$ になる．ここで，L は外接形の外周長，H はその射影の長さである．したがって，

$$c = r\frac{H}{L} \tag{6.14}$$

が得られる．図 6.30 (c) のように，正外接形が n 本の辺で構成されていて，内接円の中心から見込む角を 2θ，外接形の頂点までの距離を ρ とすると，$H = 2\rho\sin\theta$ となる．すると，簡単に $L = 2\rho n \sin(\theta/n)$ を示すことができ，式 (6.14) から

$$c = r\frac{\sin\theta}{n\sin\frac{\theta}{n}} \tag{6.15}$$

が得られる．

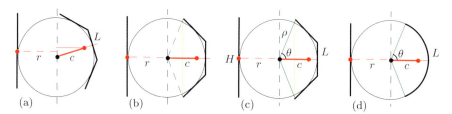

図 6.30　内接円の中心から正外接形の重心までの距離．(a) の正外接形を回転させて，(b) のような対称的な図になるようにする．(c) 中心までの距離 c と外接形における重心のなす中心角の関係．(d) この外接形の極限は円弧になる．

重心の公式 (6.14) は，図 6.30 (d) のように，外接形の極限として半径 r で中心角 2θ の円弧になる場合にも成り立つ．この場合，その射影の長さは $H = 2r\sin\theta$ で，円弧の長さは $L = 2r\theta$ であるから，つり合い軸から円弧の重心までの距離を $c(\theta)$ と書くことにすると，式 (6.14) から

$$c(\theta) = r\frac{\sin\theta}{\theta} \tag{6.16}$$

が得られる．これは，$n \to \infty$ のときに式 (6.15) からも導くことができる．

次の例では，式 (6.2) を使って面積重心を求める．

2. 内径 r の外接領域の面積重心　図 6.6 (c) のように射影領域が三角形の場合には $P = Hr/2$，$c_P = 2r/3$ であり，式 (6.2) から

$$c_A = \frac{r^2}{3}\frac{H}{A} = \frac{2}{3}r\frac{H}{L} \tag{6.17}$$

が得られる．なぜなら，$A = rL/2$ であるからである．図 6.30 (c) のようにその対称軸が水平になるように，中心角が 2θ の外接形を回転させると，式 (6.17) は

$$c_A = \frac{2}{3}r\frac{\sin\theta}{n\sin\frac{\theta}{n}} \tag{6.18}$$

になる．外接領域の極限として半径が r で中心角が 2θ の扇形になる場合は，扇形の二等分線上にある面積重心の中心からの距離を $C(\theta)$ とすると，

$$C(\theta) = \frac{2}{3}r\frac{\sin\theta}{\theta} \tag{6.19}$$

と表すことができる．これは，式 (6.17) から $H = 2r\sin\theta$，$L = r\theta$ を使って得ることもできるし，式 (6.18) で $n \to \infty$ としてもよい．半円板の場合には $\theta = \pi/2$ であり，式 (6.19) は $C(\pi/2) = 4r/(3\pi)$ となる．これは，アルキメデスが図 6.1 (b) のように三角形と半円板をつり合わせて得た結果である．

次に，図 6.21 (a) の二重平衡を用いて，球から切り出された楔形を取り扱う．

3. 球から切り出された楔形の面積重心と体積重心　図 6.21 (a) の球から切り出された楔形では，2 種類の重心までの距離を考えることができる．一つは，球面上の面積 A の領域の面積重心までの距離 $C_A(\theta)$ であり，もう一つは体積 V の楔形の重心までの距離 $C_V(\theta)$ である．ここで，θ は赤道面と楔形を切り出す平面がなす角度である．対称性によって，それぞれの重心は，楔形を 2 等分する鉛直平面上にある．

球から切り出された楔形の面積重心．　面積平衡の関係式は

$$C_A(\theta) \cdot A = r \cdot E \tag{6.20}$$

になる．ただし，E は楕円の面積である．ここで，$A = 4\pi r^2(\theta/\pi) = 4\theta r^2$，$E = \pi rH/2 = \pi r^2 \sin\theta$ であるから，これらを式 (6.20) に代入して，$C_A(\theta)$ について解くと

$$C_A(\theta) = \frac{\pi}{4}r\frac{\sin\theta}{\theta} \tag{6.21}$$

が得られる．

球から切り出された楔形の体積重心．　つり合い面から体積重心までの距離を求めるには，体積平衡の関係式

$$C_V(\theta) \cdot V = \frac{3}{4}r \cdot V_E \tag{6.22}$$

を使う．ここで，V_E は楕円錐の体積である．この場合，$V = 4\theta r^3/3$，$V_E = Er/3 = \pi r^2 H/6 = (\pi/3)r^3\sin\theta$ であるから，これらを式 (6.22) に代入すると

$$C_V(\theta) = \frac{3\pi}{16}r\frac{\sin\theta}{\theta} \tag{6.23}$$

が得られる．

4. 球扇形と球台の体積重心　図 6.20 (a) において，つり合い面に関する体積平衡は

$$C(\theta)V_s = \frac{3}{4}rV_c \tag{6.24}$$

と表すことができる．ここで，$C(\theta)$ はつり合い面から球扇形の重心までの距離，V_s は球扇形の体積，V_c は円錐の体積である．$h = r - r\cos\theta$ を球扇形の球面部分の高さとすると，式 (6.4)

によって $V_s = 2\pi r^2 h/3$ となる．また，円錐の体積は $V_c = \pi(r\sin\theta)^2/3$ である．これらを用いて，式 (6.24) を $C(\theta)$ について解くと

$$C(\theta) = \frac{3}{8}r(1+\cos\theta) \tag{6.25}$$

が得られる．

図 6.20 (a) の球扇形から円錐部分を取り除いて残った立体を**球台**という．アルキメデスは，『方法』，命題 9[20; p.35] で球台の体積重心を求めた．アルキメデスが求めた球の中心から球台の重心までの距離 c は，

$$c = \frac{3}{4}\frac{(r+h)^2}{2r+h} \tag{6.26}$$

と表すこともできる．ここで，$h = r\cos\theta$ は，半径 r の球扇形の円錐部分の高さである．

この式は，体積に関するつり合いの関係式

$$V_{\text{cone}} \cdot c_{\text{cone}} + V_{\text{segm}} \cdot c_{\text{segm}} = V_{\text{sect}} \cdot c_{\text{sect}} \tag{6.27}$$

から証明することができる．

$V_{\text{cone}} = \pi h(r^2 - h^2)/3$，$c_{\text{cone}} = 3h/4$，$V_{\text{sect}} = 2\pi r^2(r-h)/3$，そして式 (6.25) から，$c_{\text{sect}} = 3(r+h)/8$ であることがわかる．また，$V_{\text{segm}} = V_{\text{sect}} - V_{\text{cone}} = \pi(r-h)^2(2r+h)/3$ である．これらを式 (6.27) に代入すると，式 (6.26) が得られる．$h = 0$ となる特別な場合には，式 (6.26) から半球体の体積重心として $c = 3r/8$ が得られる．これは，式 (6.23) で $\theta = \pi/2$ として得ることもできる．

5. n 次元半球体の重心　v_n と s_n をそれぞれ r を半径とする **n 次元半球体**の体積と表面積とする．また，$c(v_n)$ と $c(s_n)$ を球の中心からそれぞれの重心までの距離とする．すると，次の見事な定理が成り立つ．

定理 6.6. 再帰的な関係式

$$\begin{aligned}c(v_n) &= \frac{n}{n+1}c(v_{n-2}) \\ c(s_{n+2}) &= \frac{n}{n+1}c(s_n)\end{aligned} \tag{6.28}$$

が成り立ち，その初期値は

$$c(v_1) = \frac{r}{2}, \quad c(v_2) = \frac{4r}{3\pi}, \quad c(s_1) = r, \quad c(s_2) = \frac{2r}{\pi}$$

となる．

証明：　体積が v_n で表面積が s_n の n 次元半球体を直径のまわりに回転させると，体積が $2v_{n+1}$ で表面積が $2s_{n+1}$ の $(n+1)$ 次元球体になる．ここで，積率・体積原理の式 (6.8) を用いると，$2v_{n+1} = 2\pi v_n c(v_n)$ および $2s_{n+1} = 2\pi s_n c(s_n)$ となり，これらから

$$\begin{aligned}c(v_n) &= \frac{v_{n+1}}{\pi v_n} \\ c(s_n) &= \frac{s_{n+1}}{\pi s_n} = \frac{v_{n-1}}{\pi v_{n-2}}\end{aligned}$$

が得られる．ただし，下段右側の等式は式 (6.13) から得られたものである．これらに対して式 (6.10) を代入し，式 (6.12) を用いると

$$\frac{c(v_n)}{c(v_{n-2})} = \frac{c(s_{n+2})}{c(s_n)} = \frac{v_{n+1}}{v_{n-1}} \cdot \frac{v_{n-2}}{v_n} = \frac{n}{n+1}$$

が得られ，これで式 (6.28) が証明された．

再帰的な式 (6.13) と式 (6.28) を合わせると，次の系が得られる．

定理 6.6 の系．
$$c(s_{n+2}) = c(v_n) \tag{6.29}$$

この見事で驚くべき結果は，$(n+2)$ 次元の面積重心と n 次元の体積重心を結びつける．$n=1$ とすると，3 次元半球体の面積重心の距離は $r/2$ であることがわかる．なぜなら，1 次元半球体は重心がその中点にある線分だからである．

式 (6.29) を繰り返し用いると，$n \geq 1$ に対する次の明示的な公式が得られる．

$$c(s_{n+2}) = c(v_n) = \frac{n!!}{(n+1)!!} p_n \tag{6.30}$$

ここで，n が奇数の場合は $p_n = c(s_1) = r$ であり，n が偶数の場合は $p_n = c(s_2) = 2r/\pi$ である．また，$n!!$ は二重階乗 $n(n-2)(n-4)\cdots$ である．$c(v_n)$ と $c(s_n)$ はいずれも，n が奇数の場合には r の有理数倍であり，n が偶数の場合には r/π の有理数倍である．

逆数を用いた次の意外な再帰式が成り立つことも簡単にわかる．

$$\begin{aligned} c(v_{n+1}) &= \frac{2r^2}{\pi(n+2)} \frac{1}{c(v_n)} \\ c(s_{n+1}) &= \frac{2r^2}{\pi n} \frac{1}{c(s_n)} \end{aligned} \tag{6.31}$$

式 (6.28) と異なり，これらは隣り合う次元における重心の距離を結びつける．

6. n 次元球帯の重心 二つの平行な平面が球面から切り出す輪切りの重心がその二つの平面の真ん中にあることは，よく知られている（系 5.6 を参照）．これは，式 (6.3) から球帯の面積はその高さ H に比例して増えることに注意して図 6.31 を見ることでも確認できる．図 6.19 (b) のように球帯が球冠になる場合には，その面積重心は球冠の高さの中点にある．とくに，球冠が半径 r の半球である場合には，その面積重心は球の中心から $r/2$ の距離にある．これは，式 (6.29) で $n=1$ として得ることもできる．ここで，式 (6.29) は，n 次元半球体だけでなく，任意の n 次元球層に対しても成り立つことを示そう．この再帰的な関係式は，次の定理 6.7 (c) として含まれている．

定理 6.7． (a) 定理 6.4 (a) で述べた面積の等しい帯状領域は，（その共通の赤道超平面からの）重心の高さも等しい．
(b) n 次元球層の体積とそれに対応して作られる $(n+2)$ 次元柱状体の輪切りの表面積の重心の高さは等しい．

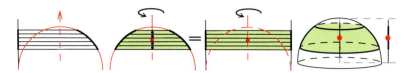

図 6.31 球帯の重心は，それを切り出した 2 平面のちょうど中央にある．

(c) $(n+2)$ 次元球層の表面積とそれに対応する同じ半径の n 次元球体の輪切りの体積の重心の高さは等しい．

証明： 円柱を柱状体に置き換えることで，図 6.31 と同じようにして (a) を証明することができる．n 次元球層と n 次元柱状体はいずれも薄い帯状要素からできていると考える．すると，対応する帯状要素の表面積は等しく，重心も同じ高さにあるので，全体に対しても同じことが成り立つ．(b) は，図形を軸のまわりに回転させると，図形のそれぞれの点はその回転軸に垂直な一定の超平面から同じ高さに留まるという事実から導くことができる．(c) は，共通する柱状体を取り除くと，(a) と (b) から導くことができる．

(c) は，再帰的な関係式として表すことができる．$c(s_n^{\text{slice}})$ で二つの平行な平面が切り出す n 次元球層の表面積の重心の高さを表し，$c(v_n^{\text{slice}})$ で同じ 2 平面が切り出す半径の等しい n 次元球体の輪切りの体積の重心の高さを表すと，(c) は次のように書くことができる．

$$c(s_{n+2}^{\text{slice}}) = c(v_n^{\text{slice}}) \tag{6.32}$$

この輪切りが半球面の場合には，再帰的関係式 (6.29) になる．この再帰的関係式の驚くべき性質について，もう一度注意しておこう．この式は，$(n+2)$ 次元の表面積と n 次元の体積を結びつける．このような現象が起こるのは，定理 6.7 の (a) および (b) に現れる柱状体を取り除くと (c) が得られることに起因する．

7. n 次元柱状体へのランベルト型射影の重心 定理 6.7 (a) を拡張すると，球帯だけでなく，球面上の任意の領域とその球に外接する柱状体の側面への特別な射影にも適用できる．3 次元空間では，この特別な射影は，(5.12 節で論じた) ランベルトの写像として知られている．ランベルトの写像は，原線を通り赤道面に平行な光線によって，球の表面をそれに外接する円柱の側面上に射影する．5.12 節では，ランベルトの写像が面積を保つことを示した．さらに，球面と円柱の側面上の対応する領域の重心は，赤道面から同じ高さにある．これは，要素円弧 Δs とその射影 Δp がつり合うことを示す図 6.18 (a) を見るとわかる．射影直線をつり合い軸の反対側に移動させたとしても，Δp と Δs のつり合い軸まわりの積率は等しいままである．そこで，これらをつり合い軸のまわりに小さな角度だけ回転させる．回転によって，円弧は球面上の曲面要素を生じ，一方，射影は円柱上の曲面要素を生じる．これが，球面要素に対するランベルト射影である．つり合い・回転体原理によって，この二つの曲面要素の面積は等しい．また，これらの重心は，赤道面から同じ高さにある．この二つの結果は，このようなすべての曲面要素に対して成り立つことから，球面上の任意の領域とその円柱へのランベルト射影に対しても成り立つ．この円柱を n 次元球体に外接する n 次元柱状体に置き換えると，n 次元球体に対しても同じように証明することができる．その場合，原線の代わりに図 6.27 のように柱状体

を作り出すつり合い回転軸を用いる．これは定理 6.7 (a) の別証明になっていることに注意しよう．なぜなら，柱状体の輪切りは，それに対応する球層のランベルト型射影だからである．

6.10　n 次元球体とその外接体

円柱とそれに内接する球の体積と表面積についてのアルキメデスの関係は，次の二つの部分からなる．(1) この二つの立体の体積比は表面積比に等しい．(2) その（球に対する円柱の）比は 3/2 である．定理 4.13 は，この前半が円柱とそれに内接する球だけでなく，同じ内接球をもつ二つの外接体に対しても成り立つと述べている．この二つの外接体のうちの一方を内接球そのものとすると，定理 4.13 から次の定理が得られる．

定理 6.8. n 次元球体とその n 次元外接体の体積比は，外表面積比に等しい．

定理 6.8 は，アルキメデスの関係式 (1) を拡張したものである．この節では，この共通の比の値を $\rho(n)$ と表記し，それを調べることで，アルキメデスの関係式 (2) を拡張する．定理 6.8 から，体積比

$$\rho(n) = \frac{V_n^{\text{circumsolid}}}{V_n(r)} \tag{6.33}$$

を考えればよい．ここで，$V_n^{\text{circumsolid}}$ は与えられた n 次元外接体の体積，$V_n(r)$ はその n 次元外接体に内接する半径 r の n 次元球体の体積である．ここでの主たる関心は，次元 n の関数としての $\rho(n)$ の挙動である．

n を $n-1$ で置き換えた式 (6.8) と $h = r$ とした式 (6.9) を合わせると，n 次元柱状体の体積 $V_n^{\text{cylindroid}}$ は次元が 2 だけ低い球体の体積 $V_{n-2}(r)$ と単純な関係にあることがわかる．

$$V_n^{\text{cylindroid}} = \pi r^2 V_{n-2}(r) \tag{6.34}$$

この関係式を再帰的な式 (6.10) と合わせると，定理 6.3 からも導くことができる単純な比

$$\rho(n) = \frac{\pi r^2 V_{n-2}(r)}{V_n(r)} = \frac{n}{2} \tag{6.35}$$

が得られる．この $\rho(n)$ がこれほど単純な形をしているのは，それが次元の差が 2 の球体の体積比に依存していて，その比は再帰的な式 (6.10) により単純化されて，式 (6.35) が得られるからである．

このあとに挙げる 3 種類の外接体では，$\rho(n)$ は隣り合う次元の球体の体積比に依存しており，式 (6.10) に似た単純な再帰的な式はない．これらの外接体を論じる前に，比 $V_{n-1}(r)/V_n(r)$ の一般的な性質を調べておく．

比 $V_{n-1}(r)/V_n(r)$ の性質

半径 r の n 次元球体の体積は，ガンマ関数を用いて明示的に表せることが知られている（[2; p.411] を参照）．

$$V_n(r) = \frac{\pi^{n/2}}{\Gamma(\frac{n+2}{2})} r^n \tag{6.36}$$

したがって，$V_n(r)$ は r^n に比例するが，その比例係数は，n の初等関数ではない．球体の体積比は本質的に二つのガンマ関数の比になり，具体的には次のようになる．

$$\frac{rV_{n-1}(r)}{V_n(r)} = \frac{1}{\sqrt{\pi}} \frac{\Gamma(\frac{n+2}{2})}{\Gamma(\frac{n+1}{2})} \tag{6.37}$$

比 $r^2 V_{n-2}(r)/V_n(r)$ の公式の場合は，再帰的な式 (6.10) を使ってガンマ関数の比を単純化でき，式 (6.35) になる．しかし，式 (6.37) の比については，このような簡単な式にはならない．しかしながら，この比には，ガンマ関数を使わずに興味深い幾何学的解釈を与えることができる．式 (6.30) から

$$\frac{V_{n-1}(r)}{V_n(r)} = \frac{1}{\pi c(v_{n-1})} \tag{6.38}$$

が得られる．ここで，$c(v_{n-1})$ は $(n-1)$ 次元半球体の中心から重心までの距離である．

$c(v_{n-1})$ が n の関数としてどのように振る舞うかを示す単純な式はないが，大きい n に対する $c(v_{n-1})$ の漸近的挙動については簡単にわかる．再帰的な式 (6.31) から，$c(v_{n-2})c(v_{n-1}) = 2r^2/(\pi n)$ であることがわかり，ここから大きい n に対する漸近的関係式

$$c(v_{n-1}) \sim r\sqrt{\frac{2}{\pi n}} \tag{6.39}$$

が得られる．これを式 (6.38) に代入すると，大きい n に対して

$$\frac{rV_{n-1}(r)}{V_n(r)} \sim \sqrt{\frac{n}{2\pi}} \tag{6.40}$$

が成り立つ．この漸近的な関係式は，式 (6.37) のガンマ関数の比に対してスターリングの公式を使うことで，初等的でないやり方で導くこともできる．

比 $V_{n-1}(r)/V_n(r)$ に依存した $\rho(n)$ をもつ内径 r の外接形

1. 半径が r で高さが $2r$ の n 次元円柱　n 次元円柱の体積は $2rV_{n-1}(r)$ であることより，式 (6.33) から

$$\rho(n) = \frac{2rV_{n-1}(r)}{V_n(r)} \tag{6.41}$$

が得られる．$n = 3$ の場合は，アルキメデスの古典的な結果 $\rho(3) = 3/2$ となる．

n 次元円柱の場合は，式 (6.40) を式 (6.41) に代入すると，大きな n に対する漸近値

$$\rho(n) \sim \sqrt{\frac{2n}{\pi}} \tag{6.42}$$

が得られる．これに対して，n 次元柱状体の場合には，すべての n に対して正確に $\rho(n) = n/2$ となる．

2. 頂角が 2α の n 次元双円錐　この双円錐は，底面の半径が $R = r/\cos\alpha$ で，高さが $H = r/\sin\alpha$ の合同な円錐を二つ合わせたもので，その円錐の体積は

$$V_{n-1}(R)\frac{H}{n} = \left(\frac{R}{r}\right)^{n-1} V_{n-1}(r) \frac{r}{n\sin\alpha} = \frac{r}{n\sin\alpha}\left(\frac{1}{\cos\alpha}\right)^{n-1} V_{n-1}(r)$$

である．この場合，式 (6.33) は次のようになる．

$$\rho(n) = \frac{1}{n\sin\alpha}\left(\frac{1}{\cos\alpha}\right)^{n-1} \frac{2rV_{n-1}(r)}{V_n(r)} \tag{6.43}$$

$\alpha = \pi/4$ の双円錐は 3 次元の外接体であり，式 (6.43) によって $\rho(3) = \sqrt{2}$ になる．これは，図 6.36 のように球に内接する円錐の体積はそれに外接する球の体積の半分になるというアルキメデスの発見と同値である．

3. 頂角が 2α の n 次元円錐　この円錐の高さは $H = r + r/\sin\alpha = r(1+\sin\alpha)/\sin\alpha$ であり，底面の半径は $R = H\tan\alpha = r(1+\sin\alpha)/\cos\alpha$ である．したがって，その体積は

$$V_{n-1}(R)\frac{H}{n} = \left(\frac{R}{r}\right)^{n-1} V_{n-1}(r)\frac{r}{n}\frac{1+\sin\alpha}{\sin\alpha} = \frac{r}{n\tan\alpha}\left(\frac{1+\sin\alpha}{\cos\alpha}\right)^n V_{n-1}(r) \tag{6.44}$$

になる．この例では，式 (6.33) から

$$\rho(n) = \frac{(1+\sin\alpha)^n}{n\tan\alpha\cos^n\alpha}\frac{rV_{n-1}(r)}{V_n(r)} \tag{6.45}$$

が得られる．

4. 頂角が 2α の n 次元切頭円錐　これは，前述の高さ H の n 次元円錐から，その内接球に接する底面の半径が R_1 で高さが h の小円錐部分を取り除いた切頭形である．この小円錐の体積は $V_{n-1}(R_1)(h/n) = (R_1/r)^{n-1} V_{n-1}(r)(h/n)$ になる．$h = H - 2r = r(1-\sin\alpha)/\sin\alpha$ と $R_1 = h\tan\alpha = r(1-\sin\alpha)/\cos\alpha$ を用いると，この小円錐の体積は

$$\frac{r}{n\tan\alpha}\left(\frac{1-\sin\alpha}{\cos\alpha}\right)^n V_{n-1}(r) \tag{6.46}$$

であることがわかる．式 (6.44) から式 (6.46) を引くと，n 次元外接体である切頭円錐の体積が得られ，式 (6.33) から

$$\rho(n) = \frac{(1+\sin\alpha)^n - (1-\sin\alpha)^n}{n\tan\alpha\cos^n\alpha}\frac{rV_{n-1}(r)}{V_n(r)} \tag{6.47}$$

となる．$\alpha = \pi/6$ の場合は，$\rho(2) = 8/(\pi\sqrt{3})$, $\rho(3) = 13/6$ であることがわかる．

次に，n 次元柱状体と同じように，その体積が $V_{n-2}(r)$ と単純な関係にある n 次元外接体の例を調べる．

初等比 $V_{n-2}(r)/V_n(r)$ に依存した $\rho(n)$ をもつ外接体

5. n 次元球体に外接する n 次元双錐状体　図 6.28 と同じように考えて，図 6.32 に示すようにして n 次元双錐状体を構成することができる．まず，半径と高さがともに r の $(n-1)$ 次元円錐を半径 r の $(n-1)$ 次元半球体に内接させる．この円錐は，半径と高さがともに r の $(n-1)$ 次元円柱にも内接する．この円柱の体積は $r \cdot V_{n-2}(r)$ で，円錐の体積は $V_{n-1}^{\text{cone}} = r \cdot V_{n-2}(r)/(n-1)$ になる．半球の中心からこの円錐の重心までの距離は，r/n になる．n 次元空間内で，この円錐をその底面の直径を通る軸のまわりに回転させると，n 次元の立体を掃く．この立体は，n 次元球体に内接するので，**n 次元内接双錐状体**と呼ぶ．この内接双錐状体の内接球の半径は $r/\sqrt{2}$ であり，体積は

$$V_n^{\text{inconoid}} = 2\pi\frac{r}{n}V_{n-1}^{\text{cone}} = \frac{2\pi r^2}{n(n-1)}V_{n-2}(r) = \frac{V_n(r)}{n-1} \tag{6.48}$$

になる.ただし,右端の等式は式 (6.10) から得られる.半径 r の n 次元球体に外接する立体を得るために,この内接双錐状体とその内接球を動径方向に $\sqrt{2}$ 倍に拡大する.こうして得られた外接体を **n 次元双錐状体**といい,その体積は $V_n^{\text{circumsolid}} = 2^{n/2} V_n(r)/(n-1)$ になる.この例では,式 (6.33) は

$$\rho(n) = \frac{2^{n/2}}{n-1}$$

となり,ここから $\rho(3) = \sqrt{2}$ が得られるが,これは例 2 (p.178) で $\alpha = \pi/4$ とした場合の結果と一致している.

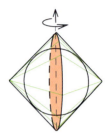

図 6.32 図 6.28 と同じようにして,4 次元空間で双錐状体を構成する.

6. n 次元球体に外接する n 次元六角錐状体 この外接体は,とくに興味深い.なぜなら,すべての $n \geq 3$ に対して比 $\rho(n)$ が有理数であることが導けるからである.正六角形を半径 r の球の直径のまわりに回転させて得られる特別な回転外接体を,図 6.33 に示す.この外接体の半分は,半径が r で高さが $h = r/\sqrt{3}$ の円柱と,それに隣接する底面の半径が r で高さが h の円錐という二つの部分で構成されている.この **n 次元六角錐**と呼ぶ立体から始めて,図 6.28 で図式的に表した柱状体の構成方法と同じようにして,$(n+1)$ 次元六角錐状体を作る.$(n+1)$ 次元六角錐状体も,n 次元六角錐から同じようにして作ることができる.n 次元六角錐は,n 次元円柱とそれに隣接する n 次元円錐から構成され,この円柱と円錐はいずれも高さは $h = r/\sqrt{3}$ で底面の半径は r である.そして,これらの体積に関して,$V_n^{\text{hexacone}} = V_n^{\text{cyl}} + V_n^{\text{cone}}$ が成り立つ.$(n+1)$ 次元空間内で,n 次元六角錐を軸のまわりに旋回させると,$(n+1)$ 次元六角錐状体が得られ,積率・体積原理の式 (6.8) によって,その体積は

$$V_{n+1}^{\text{hexaconoid}} = 2\pi M_n^{\text{hexacone}}$$

となる.ここで,M_n^{hexacone} は,n 次元六角錐のその軸まわりの積率である.積率は加法的なので,

$$M_n^{\text{hexacone}} = M_n^{\text{cyl}} + M_n^{\text{cone}} \tag{6.49}$$

が成り立つ.式 (6.49) の右辺の積率を計算するためには,$V_n^{\text{cyl}} = h V_{n-1}(r)$ であることに注意する.ただし,$V_{n-1}(r)$ は同じ半径の $(n-1)$ 次元球体の体積であり,その積率はこの体積に $h/2$ を乗じたものになる.したがって,$M_n^{\text{cyl}} = (h^2/2) V_{n-1}(r)$ が得られる.同様にして,$V_n^{\text{cone}} = (h/n) V_{n-1}(r)$,$M_n^{\text{cone}} = (h^2/n) V_{n-1}(r)(n+2)/(n+1)$ が得られ,式 (6.49) は $M_n^{\text{hexacone}} = \frac{r^2}{6} \left(1 + \frac{2}{n} \frac{n+2}{n+1}\right) V_{n-1}(r)$ になる.式 (6.38) と式 (6.10) を用いると,

$$\rho(n+1) = \frac{V_{n+1}^{\text{hexaconoid}}}{V_{n+1}(r)} = \frac{2\pi M_n^{\text{hexacone}}}{V_{n+1}(r)} = \frac{n^2 + 3n + 4}{6n} \tag{6.50}$$

が得られる．$n=2$ の場合は $\rho(3)=7/6$ となり，$n=3$ の場合は $\rho(4)=11/9$ となる．

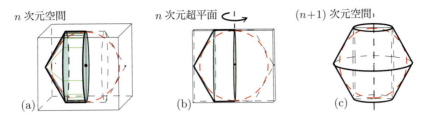

図 6.33 $(n+1)$ 次元六角錐状体の構成．(a) n 次元空間内の六角錐．(b) (a) を超平面として図式的に押しつぶして，それと垂直になる新たな軸を立てる．(c) $(n+1)$ 次元空間内で，この新しい軸および対称軸に垂直な座標軸のまわりに (b) を回転させる．

別の種類の六角錐状体を図 6.34 に示す．図 6.33 (a) と同じ n 次元六角錐を用いるが，図 6.34 (a) のように，軸が六角形の頂点を通るようにする．これを $(n+1)$ 次元空間内で回転させると，図 6.34 (b) に示す $(n+1)$ 次元六角錐状体が得られる．式 (6.50) を求めたのと同じような計算により，

$$\rho(n+1) = \frac{2^{n+1} - n - 2}{n \cdot 3^{(n-1)/2}}$$

が得られる．$n=2$ の場合は $\rho(3)=2/\sqrt{3}$，$n=3$ の場合は $\rho(4)=11/9$ となり，後者は式 (6.50) と一致する．（なぜなら，4 次元では，この二つの六角錐状体は同じ立体だからである．）

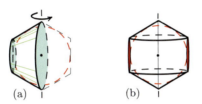

図 6.34 異なる種類の n 次元六角錐状体を作る別の方法．

特別な外接体の族

図 6.14 に示した切り欠きつき 3 次元外接体の族を思い出してみよう．これらは，図 6.9 に示した種類の正 $2n$ 角形の半分の領域を回転させて得られた直外接体である．それぞれの外接体の体積は，それらに共通して内接する半径 r の球の体積 $4\pi r^3/3$ に等しい．それぞれに対応する切り欠きのない立体の体積はこれよりも大きく，$4\pi r^3/3$ に切り欠き部分の二つの円錐の体積を加えたものになる．正 $2n$ 角形によって作られる切り欠き部分の円錐の体積を直接計算すると，この切り欠きのない立体の総体積 V は，次の式で与えられる．

$$V = \frac{4}{3}\pi r^3 + \frac{2}{3}\pi r^3 \tan^2\frac{\pi}{2n} \tag{6.51}$$

ここで $n \to \infty$ とすると，式 (6.51) の右辺の第 2 項は 0 に近づくので，予想されるように，この極限として内接球の体積が得られる．ちなみに，それぞれの切り欠きのない立体の総表面積は，その体積の $3/r$ 倍になる．

この外接体の族において，その内接球の体積に対する外接体の体積の比は，次の式で与えられる．

$$\frac{V}{\frac{4}{3}\pi r^3} = 1 + \frac{1}{2}\tan^2\frac{\pi}{2n}$$

この比は，内接球の表面積に対するそれぞれの外接体の表面積の比でもある．$n=2$ の場合は，外接体は円柱であり，その比は 3/2 となり，これはアルキメデスが求めた結果である．$n=3$ の場合は，外接体は正六角形を回転して得られ，その比は 7/6 となる．これは式 (6.50) で $n=2$ とした場合の結果と一致する．大きい値の n に対しては，この比は漸近的に $1 + \pi^2/(8n^2)$ になる．

この外接体の族を使って，柱状体を構成するのに用いたのと同じやり方で，高次元の外接体の族を構成することができる．図 6.14 の切り欠きのない外接体を図 6.35 に列挙する．円柱の下半分を旋転させると，4 次元柱状体になる．残りの外接体の下半分を旋転させると，4 次元外接体の族になる．これらの立体を鉛直な対称軸のまわりに回転させると，円柱や六角錐のような高次元の立体になる．これらの立体を赤道の直径を通る軸のまわりに旋転させると，柱状体や六角錐状体などになる．これらの外接体の $\rho(n)$ は，比 $V_{n-2}(r)/V_n(r)$ に比例した値になる．この比例定数は，外接体の族の中のどの外接体を用いるかによって決まる．

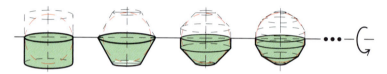

図 6.35 $V_{n-2}(r)/V_n(r)$ に比例した $\rho(n)$ をもつ外接体の構成．

図 6.32 の双錐状体と図 6.34 の 2 種類目の六角錐状体は，図 6.35 の左の二つの正多角形（正方形と正六角形）を，その辺ではなく頂点で立つ向きにして旋転させても得られることに注意しよう．図 6.35 のほかの多角形でも同じように旋転させることができる．このようにして，$\rho(n)$ が $V_{n-2}(r)/V_n(r)$ に比例する無限に多くの外接体を作ることができる．しかし，柱状体が際立っているのは，その比 $\rho(n) = n/2$ が極めて単純で，$n=3$ の場合はアルキメデスが求めた比 3/2 になることである．

いくつかの考察

この項では，アルキメデスが見つけた結果に関連するこの章の結果について考察する．

1. n 次元球体と n 次元内接双錐状体　円柱とその内接球の体積比と表面積比がいずれも 3/2 になるという発見において，アルキメデスは，球をそれに外接する円柱と直接比較することはなかった．『方法』，命題 2[20; p.18] において，アルキメデスは力学的なつり合いを用いて，球の体積は，球の大円を底面とし球の半径を高さとする内接円錐の体積の 4 倍になることを発見した．また，『球と円柱について』，第 I 巻，命題 34[20; p.41] において，アルキメデスは取り尽くし法を用いてこの結果を証明した．円錐とその鏡像を合わせると，図 6.36 (a) の双円錐になる．アルキメデスの命題 34 は，球の体積がこの球に内接する双円錐の体積のちょうど 2 倍になることを述べている．次に，アルキメデスは，この双円錐の体積が，それに外接する図 6.36 (a) の円柱の体積の 1/3 になることを知り，命題 34 の系として，この円柱の体積は球の体積の 3/2 になることを演繹した．式 (6.48) は，命題 34 を高次元に一般化したものである．

定理 6.9. n 次元球体の体積は，それに内接する n 次元双錐状体の体積の $(n-1)$ 倍になる．

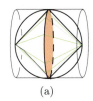
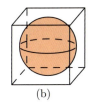

(a)　　　　　　　(b)　　　　　　(c)

図 6.36 (a) アルキメデスが考えた双円錐．(b) 3 次元球体に外接する立方体．(c) 2 次元球体，すなわち円板に外接する正方形．

『球と円柱について』，命題 33, p.39 において，アルキメデスは，球の表面積はその大円の面積の 4 倍になることを証明した．アルキメデスはこれと（円柱の側面積に関する）同書，命題 13, p.16 を組み合わせて，球に外接する円柱の（底面を含む）総表面積は球の表面積の 3/2 倍であり，体積比に等しいと結論づけた．アルキメデスはこの発見にとても興奮し，自分の墓石に円柱とそれに内接する球を刻むことを望んだ．

2. n 次元立方体とその内接球　アルキメデスは，球とそれに外接する立方体の体積比がそれらの表面積比と等しく，現代の記法を使えば $6/\pi$ であったことを知っていたに違いない．これは $3/2$ のように簡単な比ではないので，おそらくアルキメデスはそれほど興奮しなかったのであろう．

1 辺の長さが $2r$ の n 次元立方体は，半径 r の n 次元球体が内接する外接体である．n 次元立方体の体積は $(2r)^n$ であり，式 (6.33) の比は $\rho(n) = (2r)^n/V_n(r)$ になる．基本的な公式 $V_3(r) = 4\pi r^3/3$ および $V_2(r) = \pi r^2$ を用いると，図 6.36 (b), (c) に図示するように，$\rho(3) = 6/\pi$ と $\rho(2) = 4/\pi$ が得られる．一般の n に対しては，$V_n(r)$ は式 (6.36) で与えられるので，

$$\rho(n) = \frac{2^n \Gamma(\frac{n+2}{n})}{\pi^{n/2}}$$

となる．ここで，$\rho(n)$ は内接する n 次元球体に対する n 次元立方体の総表面積比でもあることを思い出してほしい．

3. 正方形とその内接円　多くの古代文明では，計測によって，すべての円において，直径に対する周長の比が同じになることに気づいていた．これが相似の単純な帰結であることを最初に明らかにしたのは，ギリシア人である．半径 r の円板は，（半径 1 の）単位円板と相似であり，その相似比は r である．単位円板の周長を C，面積を A とすると，半径 r の円板の周長は Cr，面積は Ar^2 になる．（なぜなら，長さは相似比倍になり，面積は相似比の平方倍になるからである．）このように，C と A という二つの値は，円板の半径からその周長と面積を求める方法を教えてくれる基本定数を表している．直径に対する周長の比は $(Cr)/(2r) = C/2$ であり，半径に依存しない定数である．今日，この定数は π という記号を用いて表される．したがって，$C = 2\pi$ であり，半径 r の円板の周長は $Cr = 2\pi r$ になる．

『円の計測』，命題 1[20] におけるアルキメデスの発見は，円板の面積はその周長と半径の積の半分に等しいという主張と同値である．単位円板の場合，これは $A = C/2$ となり，二つの

基本定数を関係づける画期的な発見である．したがって，半径 r の円板の面積は πr^2 になる．これは，正方形とその内接円に対して $\rho(2) = 4/\pi$ となることと同値である．

4. 有理比とアルキメデス　アルキメデスは，円の直径に対する周長の比が重要であることを理解していた．『円の計測』，命題3[20] において，アルキメデスは，円周の長さとその円に内接および外接する正多角形の周長とを比較することによって，さまざまな有理数による近似を求めている．アルキメデスは，正6角形から初めて，その辺数が96になるまで2倍にすることを繰り返して，次の不等式と同値な命題3を示した．

$$3\frac{10}{71} < \pi < 3\frac{1}{7}$$

アルキメデスは，証明はできていなかったが π が $\sqrt{2}$ と同じように有理数でないことを知っていたと，私たちは推測する．$\sqrt{2}$ が無理数であることの証明はユークリッドの『原論』に登場しているが，π が無理数であることは，2000年近くも後の1761年にヨハン・ランベルトが証明したのが最初である．

　球と円柱の体積比と表面積比が 2/3 であることや，外接する角柱に対する円柱から切り出された楔形の体積比が有理数 2/3 であることが，幾何学的な計量から導けることにアルキメデスが興奮したのは明らかである．しかし，アルキメデスは，これらの側面積もまた同じ比になることには気づいていなかった．

5. n 次元楕円体の体積への拡張　n 次元球体とそれに外接する柱状体をその n 本の座標軸それぞれに沿って任意の倍率だけ引き伸ばすと，一般的な n 次元楕円体とそれに外接する楕円柱状体になる．この引き伸ばしにより，これらの表面積の関係は保たれないが，体積の関係は保たれる．したがって，楕円体に対しても定理 6.3 の (a) と (c) は成り立つ．これは，切り欠きつき柱状体と体積が等しく，それは切り欠きのない柱状体の体積の $2/n$ 倍になるということである．$n = 3$ の場合には，これは回転楕円体に関するアルキメデスの結果を含んでいる．

　定理 6.4 (b) も拡張することができ，n 次元楕円体とそれに外接する切り欠きつき柱状体の対応する断面積が等しくなる．このことから，平行な二つの超平面で切り出されたそれぞれの輪切りの体積も等しいことがわかる．

付記

　この章の大部分は，文献 [16] で発表したものである．

第7章

付　　録[訳注 1]

　この章で説明する方法を使うと，次の問題を簡単に解くことができる．読者は，この章を読む前に，これらの問題に挑戦してみるのもよいだろう．

---

1. 下図（左）は，中心を共有する球状の空洞をもつ球の中央部の断面である．この空洞は，中心を共有し任意の厚みをもつ二つの球殻で取り囲まれている．それぞれの球殻の密度は均質である．内側の球殻は銀でできていて，外側の球殻は金でできていたとしよう．これを平行な二つの平面によって同じ厚みで切り分けて得られた円盤のうちの 2 枚を下図（右）に示す．

    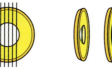

    このとき，それぞれの穴空きの円板には同じ質量の金と同じ質量の銀が含まれ，したがって円板の総質量も等しくなることを証明せよ．

2. 牽引曲線は，次の図のように，ピンと張った紐で玩具を引っ張る子供が定められた直線上を歩くときに，その玩具の軌跡として現れる．

    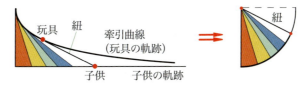

    (a) 牽引曲線より下側の領域の面積が紐の長さを半径とする四半円板の面積に等しいことは，この図だけで証明される．その理由を説明せよ．

    (b) 紐の中ほどにある結び目の軌跡として現れる曲線より下側の領域の面積を求めよ．

[訳注 1]　本章は，原著者の了解を得て，原著第 14 章，第 15 章のうち本邦訳で参照している部分を一つの章にまとめたものである．具体的には，第 14 章 "Sums of Squares"（平方の和）から 14.1 の前半を 7.11 節として，第 15 章 "Appendix"（付録）の 15.1～15.8, 15.10, 15.11 をそれぞれ 7.1～7.10 節として訳出した．

この付録では，これまでの章で扱ったいくつかの題材に対する別のアプローチと，それをさらに応用するために鍵となる点を説明する．たとえば，指数曲線と牽引曲線にはつながりがあり，そこから断層撮影法に対する幾何学的アプローチが得られる．そして，微分幾何学を用いたマミコンの定理の証明も示す．

7.1 放物線が切り出す切片

図 7.1 は，2 本の放物線 $y = x^2$ と $y = (2x)^2$ を示しており，後者の横幅は前者の横幅のちょうど半分である．2 本の放物線は，幅が x で高さが x^2 の長方形の中にあり，この長方形の面積は x^3 である．二つの放物線がこの長方形を三つの領域に分けているので，この三つの領域の面積がすべて等しいことを示す．そうすると，それぞれの領域の面積は，それらを含む長方形の面積の 1/3 に等しいことがわかる．

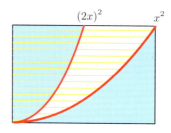

図 7.1　$y = x^2$ が切り出す水平な線分を 2 等分すると，放物線 $y = (2x)^2$ が得られる．

左側と中央の領域は，放物線 $y = (2x)^2$ によって明らかに 2 等分されているので，この二分されたそれぞれの領域の面積が，放物線 $y = x^2$ の下側にある部分の面積に等しいことを示しさえすれば，証明は完成する．これを示すために，図 7.2 を見てみよう．この図の四つの直角三角形の面積はすべて等しい．（すべて同じ高さと同じ底辺の長さをもつ．）したがって，この問題は，二つの斜線部分の面積が等しいことを示す問題に帰着される．

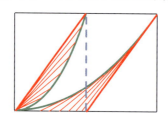

図 7.2　接線掃過領域とその接線団．

放物線 $y = x^2$ の下側にある斜線部分は，この放物線に引いた接線を x 軸で切り落として得られる接線掃過領域である．ここで，もう一方の斜線部分が，それぞれの接線分が x 軸と交わる点を共通の点である原点に移した接線団になっていることを示す．

これを示すには，放物線 $y = x^2$ 上のそれぞれの点 (t, t^2) において，その点を通る接線は x 軸と $t/2$ で交わることに注意する．したがって，$(t/2, 0)$ から (t, t^2) までの接線分を $t/2$ だけ左に移動させると，移された接線分は原点と $y = (2x)^2$ 上の点 $(t/2, t^2)$ を結ぶ．つまり，この接線掃過領域の接線団は $y = (2x)^2$ より上側の斜線部分になり，マミコンの定理によって，この二つの斜線部分の面積は等しい．これで，放物線の下側にあり，放物線によって切り出され

た領域の面積は，それを取り囲む長方形の面積の 1/3 に等しいことの別証明が完成した．

7.2 高次のべき乗関数への一般化

この放物線の切り出す領域に対して用いた議論は，x^2 を高次のべき乗に置き換えることで一般化できる．$y = x^3$ と $y = (3x)^3$ のグラフを図 7.3 (a) に示す．この図では，面積 x^4 の長方形が三つの領域に分割されている．図に示したように，曲線 $y = (3x)^3$ は図中のそれぞれの水平な線分を 3 等分するので，この曲線より上側の領域の面積は，二つの 3 次曲線に挟まれた領域の面積の半分になる．

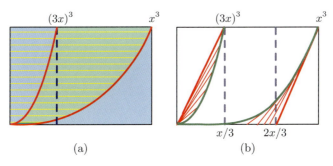

図 7.3 (a) 3 次曲線 $y = (3x)^3$．(b) 接線掃過領域と接線団の面積は等しい．

ここで，$y = (3x)^3$ より上側の領域の面積が $y = x^3$ より下側の領域の面積に等しいことを示せば，それぞれの面積はそれらを取り囲む長方形の面積の 1/4 になる．

これを示すために図 7.3 (b) を見ると，この二つの領域からはそれぞれ直角三角形を切り出すことができる．ここで，3 次関数の接線影はその接点の x 座標の 1/3 に等しいという事実を用いる．すると，この二つの直角三角形は合同で面積が等しいとわかるので，あとは二つの斜線部分の面積が等しいことを示せばよい．一方の斜線部分は接線掃過領域であり，もう一方の斜線部分はその接線団であるから，この二つの領域の面積は等しい．それぞれの領域の面積は，二つの 3 次関数に挟まれた領域の面積の半分であるから，曲線 $y = x^3$ より下側の 3 次曲線で切り出された領域の面積は，長方形の面積の 1/4，すなわち $x^4/4$ になる．

この証明は高次の整数べきに対して拡張できるが，この性質は放物線が切り出す領域に対するアルキメデスのやり方にはない．曲線 $y = x^n$ に対して，x における接線影の長さが x/n になるという事実を使い，同じように証明することができる．

7.3 微積分を用いた牽引曲線の扱い

マミコンによる牽引曲線の問題の扱い方は，この節で紹介する古典的な微積分による扱いよりもかなり簡単である．

図 7.4 に，点 (x, y) から x 軸までの接線分を一定長 k に保ちながら動く点の軌跡として生じる牽引曲線を示す．図 7.4 に示すように，接線分と x 軸がなす角度を θ とすると，接線の傾き y' は $-\tan \theta$ になる．底辺と斜辺がなす角度が θ で斜辺の長さが k の直角三角形は，高さは y で，底辺の長さは $\sqrt{k^2 - y^2}$ になる．したがって，$\tan \theta = y/\sqrt{k^2 - y^2}$ となり，y は次の微分方程式を満たす．

$$y' = -\frac{y}{\sqrt{k^2-y^2}}$$

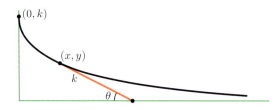

図 7.4 直交座標における牽引曲線の方程式を求める．

ここで，$y' = dy/dx$ と書き直すと，y に関する x についての微分方程式

$$\frac{dx}{dy} = \frac{\sqrt{k^2-y^2}}{y}$$

になる．これは $y = k\cos t$ と置換することで積分でき，$y = k$ のときに $x = 0$ になるという事実を用いると

$$x(y) = k\log\frac{k+\sqrt{k^2-y^2}}{y} - \sqrt{k^2-y^2} \tag{7.1}$$

が得られる．牽引曲線 $x = x(y)$ 上の任意の点 (x,y) に対して，この式が成り立つ．

式 (7.1) の関数を y について $y = 0$ から $y = k$ まで積分すると，牽引曲線と x 軸に挟まれた領域の面積として $\int_0^k x(y)\,dy$ が得られる．$x(y)$ の不定積分は，一般的な積分のやり方で求めることができる．その結果は，微分をすることで確かめることができるが，

$$\int\left(k\log\frac{k+\sqrt{k^2-y^2}}{y} - \sqrt{k^2-y^2}\right)dy = A(y)$$

とすると，

$$A(y) = ky\log\frac{k+\sqrt{k^2-y^2}}{y} - \frac{1}{2}y\sqrt{k^2-y^2} + \frac{1}{2}k^2\arcsin\frac{y}{k} \tag{7.2}$$

となる．

ここで，$A(0) = 0$ であり，$A(k) = \int_0^k x(y)\,dy$ となる．式 (7.2) を用いて $A(k)$ を計算すると，逆正弦を含む最後の項だけが残り，$A(k) = \pi k^2/4$ となる．これは，マミコンの定理の主張どおり半径 k の四半円板の面積である．

7.4　不定積分の幾何学的導出

この節では，図 7.5 を用いて式 (7.2) を幾何学的に導出する．牽引曲線と x 軸の区間 $[0,x]$ で挟まれた図 7.5 (a) の灰色の網掛け部分は，面積 $yx(y)$ の長方形と，その上側にあって曲線を境界とする面積 $\int_y^k x(t)\,dt$ の領域に分かれる．これに隣接し，高さが y で，牽引曲線に接する斜辺の長さが k の黄色の直角三角形の面積を T とする．牽引曲線に沿って長さ k の接線分が $(0,k)$ から (x,y) まで動くとき，その接線掃過領域は図の灰色の網掛け部分の領域とこの直角三角形とを合わせたものとなり，その面積は $\int_y^k x(t)\,dt + yx(y) + T$ になる．マミコンの定理によって，この面積は，対応する接線団である，図 7.5 (b) に示した半径が k で中心角が θ の扇形の面積に等しい．

図 7.5 式 (7.3) の幾何学的解釈.

この接線団の面積は $\frac{1}{2}k^2\theta$ である．それゆえ，

$$\int_y^k x(t)\,dt + yx(y) + T = \frac{1}{2}k^2\theta$$

から

$$\int_y^k x(t)\,dt + yx(y) = \frac{1}{2}k^2\theta - T \tag{7.3}$$

が得られる．式 (7.3) の幾何学的意味は図 7.5 から明らかである．この式の左辺は図 7.5 (a) の灰色の網掛け部分の面積であり，それは区間 $[0, x]$ における牽引曲線の縦線集合である．また，右辺は，図 7.5 (b) の灰色の網掛け部分の面積を表している．それは，半径が k で中心角が θ の扇形の面積から黄色の直角三角形の面積 T を引いたものになっている．

これを用いて，式 (7.2) の $A(y)$ を書き下すと次のようになる．

$$A(y) = \int_0^y x(t)\,dt = \left(\int_0^k + \int_k^y\right) x(t)\,dt = A(k) - \int_y^k x(t)\,dt$$

$A(k) = \pi k^2/4$ であることはわかっており，これと式 (7.3) を用いると

$$A(y) = \frac{\pi k^2}{4} - \frac{1}{2}k^2\theta + T + yx(y) \tag{7.4}$$

となる．

これが式 (7.2) と同じであることを確かめるには，k と y を使って θ と T を表せばよい．図 7.5 (a) から $\cos\theta = y/k$ であるので，

$$\theta = \arccos\frac{y}{k} = \frac{\pi}{2} - \arcsin\frac{y}{k}$$

が成り立ち，したがって

$$-\frac{1}{2}k^2\theta = -\frac{\pi k^2}{4} + \frac{1}{2}k^2\arcsin\frac{y}{k}$$

となる．

直角三角形の面積 T は

$$T = \frac{1}{2}yk\sin\theta = \frac{1}{2}y\sqrt{k^2 - y^2}$$

と表せるので，これらの関係式を式 (7.4) に代入すると，

$$A(y) = \frac{1}{2}k^2\arcsin\frac{y}{k} + \frac{1}{2}y\sqrt{k^2 - y^2} + yx(y)$$

が得られる．これは，微積分を使わず幾何学的に得られたものであるが，式 (7.1) のもとで式 (7.2) と同値である．

7.5 指数曲線と牽引曲線の驚くべき関係

指数曲線の x 軸への接線影の長さは一定であり，一方，牽引曲線から x 軸までの接線分の長さは一定である．この節では，この 2 本の曲線は，ともに接線と接線影の線形結合が定数になる一つの関数族に属することを示す．

図 7.6 には，x 軸を固定された底線とする任意の曲線が描かれている．この曲線上の点 P における長さ t の接線分は，底線に沿って長さ s の接線影を切り出している．前と同じように，この長さ t の接線分を，それぞれその接点が共通の点 O に移るように平行移動させて，接線団を作ることができる（図 7.6（右））．この平行移動された接線分のもう一方の端点を C とする．

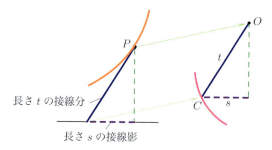

図 7.6 一般の曲線の接線分および接線影を，同じ量だけ平行移動させる．

この曲線に沿って点 P が動くとき，C は接線団を形作る曲線を描く．このとき，長さ s の接線影も同じように平行移動させる．移動された接線影は与えられた底線に平行で，一方の端点は C になる．点 P が牽引曲線に沿って動くときには，t は一定で，点 C は円に沿って動く．点 P が指数曲線に沿って動くときには，s は一定で，点 C は鉛直線に沿って動く．

ここで，もとの曲線に，t と s のある線形結合が一定の値 γ になるという性質があると仮定する．たとえば，どちらも負ではなく，ともにはゼロでない μ と ν に対して

$$\mu t + \nu s = \gamma$$

が成り立つとする．

このとき，C の軌跡はどんな形になるだろうか．

$\nu = 0$ のときは，接線分 t が一定で，C はある円周上にある．$\mu = 0$ のときは，接線影 s が一定で，C はある直線上にある．ここで，一般の μ と ν に対して，C はある円錐曲線上にあることを示そう．その理由は次のとおりである．

$\mu \neq 0$ ならば，前述の等式の両辺を μ で割って，

$$t = e(d - s)$$

と書き直す．ただし，$e = \nu/\mu$ であり，d はまた別の定数である．C がある円錐曲線上にあることを示すためには，図 7.7 を見てほしい．点 O を焦点とし，接線影に垂直で焦点から d の距離にある直線を準線として，O を通る鉛直線の左側に置く．値 $(d-s)$ はこの準線から C までの距離であり，t は焦点から C までの距離である．すると，等式 $t = e(d-s)$ は，焦点から C までの距離が準線から C までの距離の e 倍になることを表しており，したがって，C は離心率 e の円錐曲線上にある．この円錐曲線は，$0 < e < 1$，$e = 1$，$e > 1$ に従って，それぞれ楕円，

放物線，双曲線になる．$e=0$（すなわち $\nu=0$）および $e\to\infty$（すなわち $\mu=0$）の極限の場合には，円錐曲線はそれぞれ円および鉛直線になる．

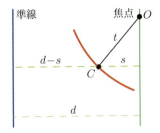

図 7.7 $\mu t + \nu s$ が一定ならば，C は離心率 ν/μ の円錐曲線上にある．

直線上を走る狐を同じ速さで追いかける（その直線上にいない）犬の追跡曲線上に点 P があるときには，その中間の場合になる．この場合には，$t+s$ が一定であることが簡単にわかるので，$e=1$ となり，接線団は焦点からの動径が掃過する扇状形で，その境界は放物線になる．

ここから，いくつかの興味深いことがわかる．何百年間も研究されてきた，牽引曲線，指数曲線，そして古典的な犬と狐の追跡曲線は，$\mu t + \nu s$ が一定として特徴づけられる曲線族の特別な場合になる．

この曲線族に属する曲線の直交座標系による方程式は，微分方程式の助けを借りて導出することができる．しかしながら，それらの曲線の接線掃過領域の面積を求めるために，微分方程式は必要ない．マミコンの定理によって，これらの接線掃過領域の面積はそれに対応する接線団の面積に等しく，接線団は焦点からの動径が掃過する扇状形で，その境界は円錐曲線になる．

7.6 一般の自転車の車輪の軌跡

自転車の軌跡が図 1.15 のような領域を形作るとき，その面積は，自転車の前後の車輪の間の距離を半径とし，自転車の最初の向きと最後の向きのなす角度を中心角とする扇形の面積に等しい．

前後の車輪の軌跡が交差して，いくつかの領域を形作るような一般的な状況を，図 7.8 (a) に示す．+ 印と − 印の変化は，後輪が前輪の軌跡を横切っていることを表している．接線掃過領域は，軌跡に挟まれた領域に加えて，軌跡の外側にあって 1 回目は正の向き（反時計回り）に，そして 2 回目は負の向き（時計回り）にと二重に掃過された（図 7.8 (b) において ± 印をつけた）部分から構成される．接線団の中心角は，+ 印をつけた領域では反時計回りに進み，− 印をつけた領域では時計回りに進む（図 7.8 (c)）．それらが重なる（± 印の）部分では，この二つが相殺されるので，接線団の中心角は，やはり自転車の最初の向きと最後の向きだけで決まる．したがって，掃過接線の手法によって，+ 印をつけた領域の面積の和から − 印をつけた領域の面積の和を引いた値が得られる（図 7.8 (a)）．

7.7 牽引曲線の変種

図 1.18 の牽引曲線，すなわち，x 軸に沿って歩く子供がピンと張った紐で引っ張る玩具の軌道に戻ろう．この紐に結び目があったとして，その軌道を考えてみる．結び目が玩具の位置に

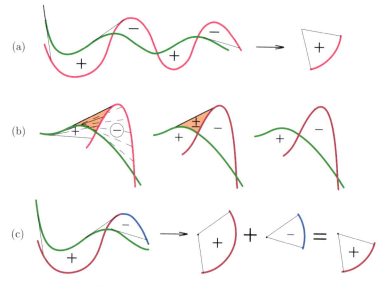

図 7.8 交差する自転車の車輪の軌跡.

あるならば，その軌道は牽引曲線になり，一方，結び目が子供の手の位置にあれば，その軌道は子供の歩く直線になる．

x 軸よりも下にまで紐を延長したところに結び目がある場合も含めて，起きうるいくつかの軌道の例を図 7.9 (a) に示す．図 7.9 において，点 0 は牽引曲線上にあり，点 2 は x 軸上に，点 1 は 0 と 2 の間にある．そして，点 3 は，0, 1, 2 と同一直線上だが x 軸よりも下にある．直交座標によるそれぞれの点の軌道の方程式は，牽引曲線の方程式から得られる．軌道に挟まれた領域の面積は，軌道の方程式がわからなくても，図 7.9 (b) の対応する接線団を調べることで求めることができる．たとえば，図 7.9 (a) の x 軸と点 3 の軌道に挟まれた領域 D の面積は，図 7.9 (b) の対応する扇形の面積の差分 D に等しい．

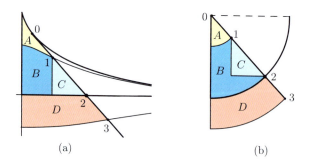

図 7.9 (a) 牽引曲線の接線上にある結び目の軌道．(b) それに対応する接線団．(a) と (b) で同じ文字のついた領域の面積は等しい．

結び目は，図 7.10 に示したように玩具より遠くにあってもよい．その軌道は，y 軸上から始まり，y 軸の左側に弧を描き，そして，y 軸の出発点より下側の点を通り，図のように右側に進んでいく．

子供が同じように負の x 軸に沿って動くことも許すと，図 7.11 に示すように，牽引曲線と結び目の軌道は y 軸に関して対称になる．結び目が玩具よりも先にある場合には，その軌道は

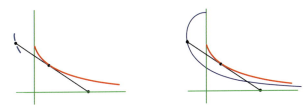

図 7.10　玩具より遠くにある結び目とその軌道.

ループを描く．牽引曲線そのものには，図 7.11 に示すように y 軸上に尖点ができる．

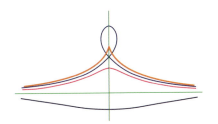

図 7.11　対称な牽引曲線と，結び目の軌道.

7.8　断層撮影法に対する幾何学的アプローチ

たとえば脳のような固形体に対する断層撮影法は，その固形体を貫く X 線のような放射線によって得られた低次元の射影から高次元の密度分布を再構成する．現代の断層撮影法の方法論は，複雑な数学的解析から生じる数百万の変数に関する数百万の方程式の数値解に依存している．これとは対照的に，この節では断層撮影法に対して考えうる幾何学的なアプローチを紹介する．

球殻

まず，球対称な分布の単純な場合から始める．球殻は，中心を共有する二つの球に挟まれた領域である．その内側と外側の球の両方に交わる平面による断面は円環形で，その内側と外側の半径は切断平面に依存する．1.3 節では，次の結果を証明した．

球殻の内側および外側の球面の両方に交わる平面による円環形の断面の面積は，それを切り出す平面の位置や傾きに依存せず，一定になる．

これは，次に第 5 章で定理 5.2 を証明するのに使われた．ここで，もう一度その定理を述べ，図 7.12 に示す．

定理 5.2. 両方の球に交わる水平な 2 平面が球殻から切り出す輪切りの体積は，その 2 平面が円柱殻から切り出す輪切りの体積に等しい．

したがって，両方の球に交わる平行な 2 平面が球殻から切り出す輪切りの体積は，その平行な切断面の間の距離に比例する．

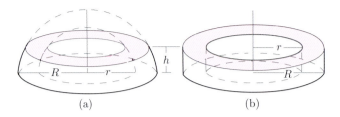

図 7.12 両方の球に交わる水平な 2 平面が球殻から切り出す輪切りの体積は、その 2 平面が円柱殻から切り出す輪切りの体積に等しい.

均質な密度分布をもつ球体

次に、密度（単位体積当たりの質量）が一定の均質な球体を考える。これに対応する**射影質量密度**を次のように構成する。図 7.13 (a) では、鉛直線で表している等間隔で平行な有限個の鉛直平面によって球体を輪切りにし、切断平面に垂直に水平軸を引いている。この軸を**射影軸**と呼び、球の中心を通る鉛直平面上にその原点 0 を置く。また、切断平面の間隔が単位長に等しくなるようにする。

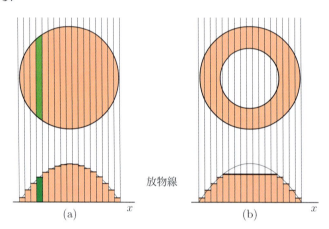

図 7.13 (a) 均質な球体の等間隔の輪切り。柱状グラフは、その射影質量密度（単位区間当たりの質量）を表している。(b) 空洞のある均質な球体.

それぞれの単位区間での高さがその区間での輪切りの質量になるような階段関数によって**柱状グラフ**（ヒストグラム）を作る。すると、柱状グラフのそれぞれの長方形は、その底線上の輪切りの質量を表す。球の対称性によって、この柱状グラフは左右対称になる。

空洞原理

図 7.13 (b) に示すような、外側の球の半径が r で、それと中心を共有する球状の空洞の半径が a の均質な球殻から始める。定理 5.2 によって、図 7.13 (b) のように空洞を貫く輪切りは、どれも同じ体積と質量になる。（なぜなら、密度は一定だからである。）その結果として、柱状グラフの空洞にかかる部分は一定値になり、それは、区間 $[-a, a]$ では射影質量密度が一定であることを意味する。この性質を**均質空洞原理**と呼ぶことにする。

均質空洞原理: 与えられた均質な球殻に対して、空洞にかかる部分の射影質量密度は一定になる.

図 7.13 (b) は，均質空洞原理からの単純だが重要な帰結を示している．図 7.13 (a) のグラフは，半径が r で空洞のない均質な球体の射影質量密度を表している．図 7.13 (b) は，そこから半径 a の球を取り除いて空洞を作ったものに対応するグラフである．このグラフは，区間 $[-a, a]$ で一定値をとり，その区間の外側では図 7.13 (a) のグラフと同じ形になっている．それゆえ，図 7.13 (b) の水平な太線より上にある白色の領域の面積は，図 7.13 (a) から空洞として取り除かれる半径 a の球の内側にある質量に等しい．均質空洞原理とそこから導かれる図 7.13 (b) で示した帰結は，球対称な質量分布が均質であっても非均質であっても，次のように拡張できる．

一般空洞原理. 球対称な質量分布をもつ球とそれに対応する射影質量密度の柱状グラフに対して，次が成り立つ．

(a) 半径 a の空洞があれば，それにかかる柱状グラフの部分は，この半径に依存した一定値となる．

(b) 球と中心を共有する半径 a の球内の質量は，柱状グラフの (a) の一定値よりも上にある部分の面積に等しい．

任意の球対称な質量分布に対してこの原理が成り立つことを示すには，まず半径 a の球を空洞と見なして固定し，そのまわりに玉葱の皮のように中心を共有し異なる密度をもつ均質な層を次々と重ねることで球殻を形成する．図 7.14 (a) では，外側の球の半径は空洞の半径 a にかなり近く，これは空洞を囲む均質な材質の薄い層からなる球殻と考えることができる．それに対応する柱状グラフは，区間 $[-a, a]$ で平らな台形状になっている．

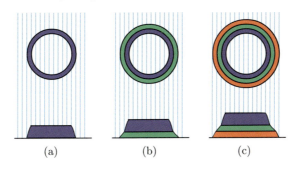

図 7.14 固定した空洞のまわりに，中心を共有する異なる密度の均質な層で球対称な殻を構成する．その射影質量密度は台形状の柱状グラフになる．

図 7.14 (b) では，図 7.14 (a) の球の外側に，二つ目の均質な材質の層が追加されている．この新しい層の密度もまた一定であるが，それは最初の層の密度と同じである必要はない．この場合も，対応する柱状グラフは区間 $[-a, a]$ で平らになるが，その高さは二つ目の層を追加したことで増えた一定の質量分だけ高くなっている．区間 $[-a, a]$ の外側では，柱状グラフの高さは変化するが，この二つの層による質量分布が球対称であることによって，柱状グラフの対称性は保たれている．

図 7.14 (c) では，図 7.14 (b) の球の外側に，三つ目の均質な材質の層が追加されている．この場合も，柱状グラフは区間 $[-a, a]$ で一定の高さとなり，その高さは，三つ目の層を追加したことで増えた一定の質量分だけ高くなっている．この手順を繰り返すと，それぞれの段階でで

き上がる球殻は常に球対称で，柱状グラフは区間 $[-a,a]$ で平らな台形状になる．柱状グラフの台形状の水平な層それぞれに対して，区間 $[-a,a]$ 上にある面積は，それに対応する，同じ区間に射影された中心を共有する層の質量に等しいことに注意しよう．この手順によって，空洞のまわりに非均質な密度をもつ球対称な殻を形成することができる．

一方，球対称で非均質な質量密度をもつ任意の球体は，中心を共有しそれぞれが一定の密度をもつ均質な薄い球殻の層の集まりとして視覚化することができる．これに対応する射影質量密度の柱状グラフは，図 7.15 (a) に示すように滑らかで対称な曲線になる．その縦線集合の面積は，この球体の全質量を表している．

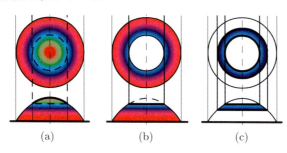

図 7.15 (a) 球対称な分布の質量密度．(b) 半径 a の球の内側の質量は，柱状グラフの区間 $[-a,a]$ 上にある白抜きの部分の面積に等しい．(c) 定理 7.1 の図示．

ここで，球体から，それと中心を共有し半径が a である球を取り除いて空洞にしたとしよう．これに対応する射影質量分布は，図 7.15 (b) の例のように，区間 $[-a,a]$ では一定になり，それ以外の部分では図 7.15 (a) の射影質量分布と同じ形状になる．それゆえ，図 7.15 (b) の白抜きの領域で示した，この一定の高さで切り出された部分の面積は，空洞を作る前の図 7.15 (a) における半径 a の球の内側の質量に等しい．これで，前述の一般空洞原理が証明できた．一般空洞原理からの帰結として，図 7.15 (c) に示すような任意の二つの球面に挟まれた部分の質量を求めることができる．

定理 7.1. 球殻に含まれる質量は，対応する 1 次元密度分布の水平な輪切りの面積に等しい．

$\Phi(r)$ を球殻の中心から距離 r の点における 3 次元質量密度とし，$f(x)$ でそれに対応する 1 次元射影質量密度関数を表す．定理 7.1 から，密度関数 Φ と f の導関数の間に次の関係が成り立つことがわかる．

$$\Phi(r) = \frac{|f'(r)|}{2\pi r} \tag{7.5}$$

式 (7.5) が成り立つことを確かめるには，半径が r で厚みが Δr の薄い球殻の質量 ΔM がほぼ $4\pi r^2 \Phi(r)\Delta r$ に等しいことに注意する．定理 7.1 によって，ΔM は，対応する 1 次元密度分布の水平な輪切りの面積にも等しく，その面積は $2r|\Delta f|$ である．ここで，$|\Delta f|$ は，底辺の長さが $2r$ の輪切りの高さである．この ΔM を表す二つの式を等しいとおいて，$\Delta r \to 0$ とすると式 (7.5) が得られる．

区間 $[-a,a]$ における f の例を図 7.16 に示す．ただし，$|x|>a$ では $f(x)=0$ とする．区間 $[0,a]$ 上の対応する密度分布 Φ の一般的な形状を図 7.17 に示す．図 7.17 (a) では，$f'(a)$ は存在しないが，密度分布 Φ は，点 a で無限大となりそれ以外の点では 0 となるディラックのデルタ関数と考えることができる．

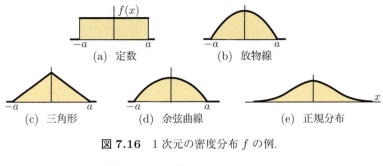

図 7.16 1 次元の密度分布 f の例.

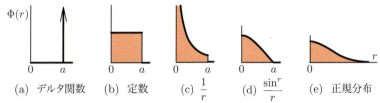

図 7.17 対応する 3 次元の密度分布 Φ.

こうした幾何学的手法は，球対称な分布から任意の非対称な分布へとさらに拡張することができる．すべての可能な方向からの 1 次元射影の情報を用いて任意の 3 次元質量密度分布を再構成でき，これによって，古典的な断層撮影法の中核にある問題を幾何学的に解くことができるのである．しかしながら，この話題については本書の範囲を越えているため，ここで論じることはしない．

天体物理学では，球対称な分布に対する手法がすでに応用されていることに言及しておくべきだろう．有名な牡牛座のプレアデス星団の中心に，恒星の集合体の中で若い星が発生するときに光を発する，いわゆる閃光星に関する空洞があることを発見するのにこの手法が用いられた [24]．

7.9 マミコンの定理の証明

この節では，微分幾何を用いてマミコンの定理を証明する．まず，位置ベクトル $\boldsymbol{X}(s)$ で表される滑らかな空間曲線 Γ から始める．ここで，s は曲線の弧長関数で，たとえば，区間 $0 \leq a \leq s \leq b$ を動くものとする．Γ の単位接線ベクトルは微分 $d\boldsymbol{X}/ds$ であり，これを $\boldsymbol{T}(s)$ と表記する．単位接線の微分は，次の式で与えられる．

$$\frac{d\boldsymbol{T}}{ds} = \kappa(s)\boldsymbol{N}(s)$$

ここで，$\boldsymbol{N}(s)$ は単位主法線で，$\kappa(s)$ は曲率である．

曲線 Γ は媒介変数表示された次のベクトル方程式で表される曲面 S を生成する．

$$\boldsymbol{y}(s, u) = \boldsymbol{X}(s) + u\boldsymbol{T}(s)$$

ここで，u は，s に伴って長さの変化する区間，たとえば $0 \leq u \leq f(s)$ を動く．媒介変数の対 (u, s) が区間 $[a, b]$ における関数 f の縦線集合を動くとき，もとの曲線 Γ から位置ベクトル $\boldsymbol{y}(s, f(s))$ で表される別の曲線へ伸びる接線分が，曲面 S を掃く．

幾何学的には，S は可展面，すなわち，平面上に歪めることなく平らに広げることができる局面である．このようにして Γ から生成された曲面 S を接線掃過領域という．

S の面積は，二重積分

$$a(S) = \int_a^b \int_0^{f(s)} \left\| \frac{\partial \boldsymbol{y}}{\partial s} \times \frac{\partial \boldsymbol{y}}{\partial u} \right\| du\, ds$$

によって与えられる．

$$\frac{\partial \boldsymbol{y}}{\partial s} = \frac{\partial \boldsymbol{X}}{\partial s} + u \frac{\partial \boldsymbol{T}}{\partial s} = \boldsymbol{T}(s) + u\kappa(s)\boldsymbol{N}(s)$$

$$\frac{\partial \boldsymbol{y}}{\partial u} = \boldsymbol{T}(s), \qquad \frac{\partial \boldsymbol{y}}{\partial s} \times \frac{\partial \boldsymbol{y}}{\partial u} = u\kappa(s)\boldsymbol{N}(s) \times \boldsymbol{T}(s)$$

であるから，被積分関数は

$$\left\| \frac{\partial \boldsymbol{y}}{\partial s} \times \frac{\partial \boldsymbol{y}}{\partial u} \right\| = u\kappa(s)$$

になる．なぜなら，$\|\boldsymbol{N}(s) \times \boldsymbol{T}(s)\| = 1$ だからである．したがって，これを積分した面積は

$$a(S) = \int_a^b \left(\int_0^{f(s)} u\, du \right) \kappa(s)\, ds = \frac{1}{2} \int_a^b f^2(s) \kappa(s)\, ds$$

になる．

次に，弧長 s を，固定された接線，たとえば $s = a$ に対応する接線と接線ベクトル $\boldsymbol{T}$ がなす角度 φ の関数と考える．s が φ を用いて表されるならば，関数 $f(s)$ も φ の関数になり，$f(s) = r(\varphi)$ と書くことができる．曲面 S 上では，φ は測地的接線の角度であり，したがって曲率 κ は弧長に対する φ の変化率，すなわち $\kappa = d\varphi/ds$ になる．前述の積分において，s を φ の関数として表すように変更する．すると，$f^2(s) = r^2(\varphi)$, $\kappa(s)\, ds = d\varphi$ となるので，積分 $a(S)$ は

$$a(S) = \frac{1}{2} \int_{\varphi_1}^{\varphi_2} r^2(\varphi)\, d\varphi \tag{7.6}$$

となる．ここで，φ_1 と φ_2 は，それぞれ $s = a$ と $s = b$ に対応する始点と終点における角度である．公式 (7.6) は，面積 $a(S)$ が弧長 Γ に明示的には依存しておらず，角度 φ_1 と φ_2 のみに依存していることを示している．実際，$a(S)$ は，平面上で $0 \leq r \leq r(\varphi)$ と $\varphi_1 < \varphi \leq \varphi_2$ を満たす極座標 (r, φ) の動径集合の面積に等しい．

式 (7.6) を幾何学の言葉で再定式化すると，マミコンの定理が極めて直感的な形で得られる．長さ $r(\varphi)$ のそれぞれの接線分を，その接点が共通の頂点 O に移るように平行移動させると錐面の一部になり，これを曲線 Γ の **接線団** と呼ぶ．こうして，式 (7.6) から次の定理が得られる．

マミコンの定理． 曲線の接線掃過領域の面積は，それに対応する接線団の面積に等しい．

前述の特別な種類の曲線に対する証明は，式 (7.6) から導くことができる．錐面上にある S の接線団は，面積を歪ませることなく平面に展開することができ，展開された接線団は，極座標での面積が式 (7.6) で与えられる平面領域になる．これは S の面積でもあるので，接線掃過領域と接線団の面積は等しい．そのあとで論じた種類の特別な曲面の有限個の和や差に分解できる一般の曲面に対しても，マミコンの定理は成り立つ．これは，区分的に滑らかな曲線によって生じる接線掃過領域として扱えばよい．たとえば，図 1.10 や文献 [23] では，いくつかの角

をもつ曲線を扱った．また，掃過する接線分が回転する向きが変わる，変曲点のある曲線を扱うこともできる．

7.10 アルキメデスのてこの原理

アルキメデスが発見した有名なてこの原理は，次のように述べることができる．

二つの重りをその重さに反比例した距離に置くと，支点のまわりでつり合う．

言い換えると，重り A と B をそれぞれ支点から a と b の距離に置くとき，これらがつり合うのは，

$$Aa = Bb \tag{7.7}$$

が成り立つとき，そしてそのときに限る．ここでは，水平な均質な棒における重量分布を考えることで，式 (7.7) を導く．ここで，「均質」とは，棒のどの部分の重さも，その長さの定数倍になるということである．一般性を失うことなく，この定数は 1 だとしてもよい．したがって，棒の任意の部分の重さは，その長さに等しくなる．図 7.18 は，次の性質を図で示している．

有限の長さの均質な棒は，その重心である中点を支点としてつり合う．

図 7.18 中央でつり合う均質な棒．

中点でつり合うこのような棒を図 7.19 (a) のように分割し，二つの部分の長さがそれぞれ A と B になったとしよう．

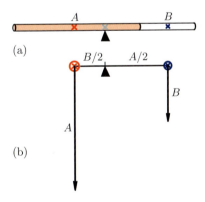

図 7.19 (a) 棒を長さがそれぞれ A および B の部分に分割する．(b) それぞれの部分を視点から $B/2$ および $A/2$ の距離にある重りで置き換える．

重心の考え方によって，左側の部分の重心に重さ A が位置し，右側の部分の重心に重さ B が位置するとき，つり合いは保たれることがわかる．ここで，支点からそれぞれの重心までの距離が，図 7.19 (b) のように $a = B/2$ と $b = A/2$ になっていることを示す．

これを示すには，x 軸を水平にとり，棒の左端を $x = 0$ とする．すると，棒の右端は $x = A+B$ になり，その中点である $x = (A+B)/2$ に棒全体の重心がある．長さ A の左側の部分の重

心は $x = A/2$ にあり，これは支点から左に $B/2$ の距離にある．これは，長さ B の部分を取り除いたとしたら，重心は支点から距離 $B/2$ だけ左に移動することを意味する．したがって，$a = B/2$ である．逆に，長さ A の部分を取り除いたとしたら，重心は支点から距離 $A/2$ だけ右に移動するので，$b = A/2$ となる．

ここで，式 (7.7) のてこの原理は等式 $A \cdot (B/2) = B \cdot (A/2)$ と同値であることに注意しよう．この単純な説明はアルキメデスのアイデアを使っているが，その説明の仕方は文献 [20; p.192] で与えられたものよりはるかに見通しが良い．

7.11 距離の平方の和が一定の軌跡

平面上の点が，そこからその平面上の二つの固定点までの距離の和を一定に保ちながら動くとき，その点は二つの固定点を焦点とする楕円を描く．

この二つの距離の平方の和を一定に保ちながらこの点が動くとしたら，その軌跡はどうなるだろうか．

座標を用いた初等的な計算によって，この軌跡は，二つの固定点の中点を中心とする円になることがわかる．

ここで，平面上の 3 個以上の固定点についても同じように考えると，次の驚くべき結果が得られる．

定理 7.2. 平面上に n 個の固定点が与えられたとき，それらの点からの距離の平方の和を一定に保ちながら動く平面上の点は，固定点の重心を中心とする円を描く．

証明: 平面上の任意の n 個の点に対して，O でそれらの重心を表す．O が複素平面の原点になるようにして，n 個の点をそれぞれ複素数 $z_1, z_2, \ldots, z_n$ で表すと

$$\sum_{k=1}^{n} z_k = 0 \tag{7.8}$$

が成り立つ．ここで，z を複素平面上の任意の点とし，z から n 個の点までの距離の平方の和

$$\sum_{k=1}^{n} |z - z_k|^2$$

を考えると，この和の第 k 項は

$$(z - z_k)(\overline{z} - \overline{z}_k) = |z|^2 + |z_k|^2 - z\overline{z}_k - \overline{z}z_k$$

となる．k についてその総和をとり，式 (7.8) を用いると

$$\sum_{k=1}^{n} |z - z_k|^2 = n|z|^2 + \sum_{k=1}^{n} |z_k|^2 = n|z|^2 + nD_n^2 \tag{7.9}$$

が得られる．ここで

$$D_n^2 = \frac{1}{n} \sum_{k=1}^{n} |z_k|^2$$

は，点 $z_1, z_2, \ldots, z_n$ からそれらの重心までの距離の平方の平均である．したがって，

$$\sum_{k=1}^{n} |z - z_k|^2$$

は，$n|z|^2 + nD_n^2$ が一定のとき，そしてそのときに限り，一定となる．円が退化して空集合や一点集合になることも許せば，このような z 全体の集合は，重心 O を中心とする円になる．

定理 7.2 の特別な場合として，三つの点が三角形の頂点となる場合が文献 [21; 定理 275 の系] にある．

定理 7.2 において鍵となるのは式 (7.9) であり，これは $n+1$ 個の点 $z_1, z_2, \ldots, z_n, z$ のうち最初の n 個が式 (7.8) を満たす場合にも成り立つ．$z_1, z_2, \ldots, z_n$ が，重心 O を中心とする半径 r の円周上にあれば，

$$\sum_{k=1}^{n} |z - z_k|^2 = n\left(|z|^2 + r^2\right) \tag{7.10}$$

が得られる．とくに，$z_1, z_2, \ldots, z_n$ が正 n 角形の頂点，あるいは，より一般的に，中心対称な多角形の頂点であるときに，この式が成り立つ．z もこの半径 r の円周上にあるとすると，式 (7.10) の総和は

$$\sum_{k=1}^{n} |z - z_k|^2 = 2nr^2 \tag{7.11}$$

と簡単になり，これは三平方の定理（$n=2$ の場合）の拡張になっている．

z がその頂点の一つであるとすると，また別の興味深い場合になる．この場合，式 (7.11) の総和の中の項が一つ消えて，次の定理が得られる．

定理 7.3. 正 n 角形の一つの頂点と残りの $n-1$ 個の頂点を結ぶ $n-1$ 本の線分の長さの平方の和は，$2nr^2$ に等しい．ここで，r はこの正 n 角形に外接する円の半径である．

付記

放物線の下側の面積や一般のべき乗関数のグラフの下側の領域の面積を求める別のやり方は，最初に文献 [3] で発表された．指数曲線と牽引曲線の驚くべき関係は，文献 [5] で最初に発表された．7.9 節で与えたマミコンの定理の証明は，本質的には文献 [25], [5], [14] での証明と同じである．7.6～7.8 節と 7.10 節の題材は，これまでに発表されたことはない．

7.11 節の題材は，文献 [8] に見ることができる．

参考文献

1. T. M. Apostol, *Calculus: vol.1*, 2nd ed., John Wiley & Sons, New York, 1967.
2. ——, *Calculus: vol.2*, 2nd ed., John Wiley & Sons, New York, 1969.
3. ——, A visual approach to calculus problems, *Engineering and Science*, vol.LXIII, no.3, (2000), 22–31.
4. T. M. Apostol and M. A. Mnatsakanian, Cycloidal areas without calculus, *Math Horizons*, (September 1999), 12–18.
5. ——, Subtangents — an aid to visual calculus, *Amer. Math. Monthly*, 109 (June/July 2002), 525–533.
6. ——, Generalized cyclogons, *Math Horizons*, (September 2002), 25–29.
7. ——, Tangents and subtangents used to calculate area, *Amer. Math. Monthly*, 109 (December 2002), 900–909.
8. ——, Sums of squares of distances in m-space, *Amer. Math. Monthly*, 110 (June/July 2003), 516–526.
9. ——, Area and arclength of trochogonal arches, *Math Horizons*, (November 2003), 24–30.
10. ——, A fresh look at the method of Archimedes, *Amer. Math. Monthly*, 111 (June/July 2004), 496–508.
11. ——, Figures circumscribing circles, *Amer. Math. Monthly*, 111 (December 2004), 853–863.
12. ——, Solids circumscribing spheres, *Amer. Math. Monthly*, 113 (June/July 2006), 521–540.
13. ——, The method of punctured containers, *Forum Geometricorum*, 7 (2007), 33–52.
14. ——, The method of sweeping tangents, *Mathematical Gazette*, 92 (No.525, November 2008), 396–417.
15. ——, New insight into cycloidal areas, *Amer. Math. Monthly*, 116 (August/September 2009), 598–611.
16. ——, New balancing principles applied to circumsolids of revolution, and to n-

dimensional spheres, cylindroids, and cylindrical wedges, *Amer. Math. Monthly*, 120 (April 2013), 298–321.

17. B. H. Brown, Conformal and equiareal world maps, *Amer. Math. Monthly*, 42 (1935), 212–223.

18. J. Gray, Sale of the century?, *Math. Intelligencer*, 21 (3), (1999), 12–15.

19. W. R. Hamilton, The hodograph, or a new method of expressing in symbolic language the Newtonian law of attraction, *Proc. Roy. Ir. Acad.* 3, (1847), 344–353.

20. T. L. Heath, *The Works of Archimedes.* Dover, New York, 1953.

21. Roger A. Johnson, *Modern Geometry: an Elementary Treatise on the Geometry of the Triangle and the Circle*, Houghton, Mifflin Co., Boston, 1929.

22. D. Kalman, Archimedes in the 5th dimension, *Math Horizons*, (November 2007), 8–10.

23. M. Mamikon, *Kvant* 5 (1977), 10–13 および 11 (1978), 11–17 (ロシア語).

24. L. V. Mirzoyan and Mamikon A. Mnatsakanian, Unusual distribution of flare stars in Pleiades, *International Bulletin of Variable Stars (IBVS)*, No.528 (1971), 1–3.

25. M. A. Mnatsakanian, On the area of a region on a developable surface, *Dokladi Armenian Acad. Sci.* 73(2) (1981), 97–101. (ロシア語); communicated by Academician V. A. Ambartsumian.

26. M-K. Siu, On the sphere and cylinder, *College Math. J.*, 15 (1984), 326–328.

27. A. Todd, Bisecting a triangle, *ΠME Journal*, 11 (1999), 31–37.

28. L. Withers, Mamikon meets Kepler. email dated April 21, 2009.

29. R. C. Yates, *A Handbook on Curves and Their Properties.* J. W. Edwards, Ann Arbor, 1947.

訳者あとがき

本書は，Tom M. Apostol, Mamikon A. Mnatsakanian 共著 *New Horizons in Geometry* (Mathematical Association of America, 2012 年) のうち，第 1 章～第 5 章，第 13 章と，第 14 章，第 15 章の一部の邦訳である．

本書で紹介されている平面曲線や立体に関する性質は，微積分を用いれば，簡単な練習問題として解けるものから，かなりの工夫や式変形を必要とするものまで多岐に渡る．これを，著者らは，ものの見事に図解することで，小学生でさえ理解できるような形で提示する．とくに，複雑な立体の体積や表面積を単純な立体の簡単に求めることのできる体積や表面積に帰着させるやり方は，目をみはるものがある．もちろん，微積分は，統一的な方法でさまざまな図形の面積や体積を求めることのできる素晴らしい技術であるが，本書で示されているような図形の性質に着目した求積法は，微積分では見落とされがちなその図形固有の性質を浮き彫りにする．そして，そのような性質をもつ一般的な図形へと拡張することにより新しい結果を得ることに成功している．

本書の翻訳にあたって，平面・立体図形や曲線の名称などについては，次の書籍を参考にした．

- 岩波 数学辞典 第 4 版（岩波書店，2007）
- 図学用語辞典（森北出版，2009）
- 数学 英和・和英辞典 増補版（共立出版，2016）
- 図説 数学の事典（朝倉書店，1992）

翻訳に際して，原著者のお二方には，訳者の理解の足りない部分などいくつかの質問に対して，すぐに電子メールで返事をいただいた．とくに，アポストル教授には，訳出する章を選定する段階での相談から，原著 TeX ソースファイルの提供まで，さまざまな点でご支援いただいた．また，日本語版の編集にあたっては，共立出版の石井徹也氏に大変お世話になった．これらの方々に感謝の意を表したい．ただ残念なのは，本年 5 月にアポストル教授が逝去され，この邦訳の完成をお目にかけられなかったことである．心からご冥福を祈りたい．

ちなみに，本邦訳に含めなかった章は次のとおりで，円錐曲線やその拡張を中心とした曲線の驚くべき性質が数多く述べられている．

第 6 章 柱面や錐面上の曲線の展開
第 7 章 捻れ柱面，焦円板，準線による円錐曲線の記述
第 8 章 楕円から双曲線まで：「この糸により我は汝と結ばれる」
第 9 章 トランメル（楕円コンパス）
第 10 章 等周問題と等径問題
第 11 章 弧長とタンボリュート（一般化伸開線）
第 12 章 重心
第 14 章 平方和

これらもまた，本書に含めた部分に負けず劣らず，わかりやすい図版とともに，見事な切り口で意外な発見へと導いてくれる話題が満載である．本書の続編などの形で，この邦訳をお届けする機会があれば幸いである．

2017 年夏

訳 者

索 引

【ア】

アストロイド, 32, 36, 74
アストロゴン, 66, 74
アルキメデス, 2, 14, 15, 90, 91, 95, 99, 108, 118, 120–123, 125, 127, 128, 132, 134, 142, 148, 150, 151, 154, 155, 157, 158, 163, 165–169, 171, 173, 174, 177–179, 182–184, 187, 199, 200
アルキメデス球体, 120
アルキメデス穹窿, ⇒ アルキメデスドーム
アルキメデスドーム, 104, 125
　　　子午線, 124

一般側面線ドーム, 146
インボリュートゴン, 76
ウィザーズ，ラング, 24
運動量, 22
エウドクソス, 121
エジプト人の公式
　　　切頭正四角錐の—, 116
エリプソゴン, 68
円環形, 3
鉛直射影, 110
　　　—楕円, 110

【カ】

ガードナー，マーチン, 4
外縁
　　　構成部品の—, 92
外縁面積
　　　外接体の—, 103
　　　構成部品の—, 102
外接円柱, 154
外接殻, 115
　　　厚み, 115
　　　混合平均表面積, 116
　　　中間面積, 116
外接環, 91
　　　λ—, 97
　　　倍率, 93
外接形, 90, 91, 93
　　　最適—, 106
　　　周長, 93
　　　正—, 152
外接体, 90, 91, 103, 157
　　　n 次元—, 177
　　　n 次元立方体, 183
　　　外縁面積, 103
　　　回転直—, 157
　　　最適—, 106
　　　内径, 100
外接領域, 93
　　　幅, 94
外転サイクロイド, 36
回転直外接面, 155
外擺線, ⇒ 外転サイクロイド
外余擺線, ⇒ 外転トロコイド
カヴァリエリ，ボナヴェンチュラ, 121
カヴァリエリの原理, ⇒ 輪切りの原理
蝸牛線, 19, 20
角運動量, 22
拡大・縮小性, 14
可約, 132
カルジオイド, 20, 32, 36, 45, 74

カルジオゴン, 65, 74
球殻, 7
  断面, 7
球体
  n 次元—, 177, 182
球帯
  n 次元—, 175
球台, 174
球面部品
  外接体の—, 102
極値
  トロコイドアーチ, 52
切り欠きつき容器, 136
空洞原理
  一般—, 195
  均質—, 194
楔形, 29, 141
  鋭角, 138
クロス乗積, ⇒ 交叉積
クロソイド, ⇒ コルニュの螺旋
牽引曲線, 10, 50, 187, 190, 191
懸垂線, 50
  双曲的—, 81
  楕円的—, 79
  放物的—, 81
交叉積, 22
構成部品
  外縁, 92
  外縁面積, 102
  外接領域の—, 92
弧長
  外転サイクロゴン, 72, 76
  懸垂線, 82
  サイクロゴン, 69, 70, 75
  自己サイクロゴン, 78, 79, 84
  自己トロコイド, 79
  垂足曲線, 83, 84
  双曲的懸垂線, 81
  相補的トロコイド, 87
  相補的トロコゴン, 87
  楕円的懸垂線, 80
  転跡線, 83
  トロコイド, 74
  内転サイクロゴン, 72, 76
弧長平衡, 154
  正外接形, 152
  正外接領域の外周, 154

コルニュの螺旋, 47
混合平均表面積
  外接殻の—, 116

【サ】

サイクロイド, 3, 28, 36, 50, 74
  —アーチ, 28, 53
  外転—, 32
  外転—冠, 33, 55
  外点の—, 61
  —冠, 29
  —拱, ⇒ サイクロイドアーチ
  —扇, 28
  全体アーチ, 36
  全体冠, 36
  相補的—, 37
  内転—, 32
  内転—冠, 33, 55
  内点の—, 61
サイクロゴン, 58, 74, 75
  —アーチ, 70
  外転—, 72
  自己—, 58, 78
  正多角形, 59
  内転—, 72
最適, 106
三尖点形, ⇒ デルトイド
三平方の定理, 6
子午線
  アルキメデスドームの—, 124
指数関数, 12, 13
  接線影, 12
指数曲線, 2, 11, 190
  接線影, 11
四尖点形, ⇒ アストロイド
自然方程式, 46
質量
  球殻, 196
  非均質な殻楕円ドームの輪切り, 140
射影軸, 194
射影質量密度, 194
射影面, 162
重心
  n 次元球帯, 175
  n 次元半球体, 174
  アルキメデス殻, 145
  アルキメデスドーム, 142
  アルキメデスドームの表面, 131

208　索　引

　　　外接殻, 117
　　　外接体, 113
　　　球殻, 145
　　　球台の表面, 131
　　　球面の輪切りの表面, 131
　　　均質楕円ドームの輪切り, 143
　　　正外接形の重心, 172
　　　楕円殻, 142, 145
　　　楕円殻の輪切り, 144
　　　楕円ドーム, 141
　　　半球, 142
終端曲線, 8
シュタイナー
　　　—の第 1 定理, 83, 85
　　　—の第 2 定理, 83, 85
シュタイナー, ヤコブ, 83
瞬間回転原理, 30
小星形 12 面体, 105
伸開線, 51, 76
心臓形, ⇒ カルジオイド
腎臓形, ⇒ ネフロイド

垂足曲線, 19, 83
垂足点, 19
錐面部品
　　　外接体の—, 102

正弦曲線, 129
正弦積分, 49
正四角錐台, ⇒ 切頭正四角錐
ゼウセン, 125
積率・楔形体積原理, 171
積率・体積原理, 164
積率比の補題, 168
接触曲線, 8, 22
接線影, 11
接線射影, 152
接線掃過領域, 8
接線団, 8, 198
切頭正四角錐, 116
全体アーチ, 36
　　　外転トロコイド, 43
　　　内転トロコイド, 44
全体冠, 36
　　　外転トロコイド, 43
　　　内転トロコイド, 44
旋転, 167

相貫体
　　　円錐と円柱, 108
　　　二つの円柱, 108
双曲螺旋, 52
双錐状体
　　　n 次元—, 180, 182
　　　n 次元内接—, 179
相補的
　　　サイクロイド, 37
　　　トロコイドアーチ, 44
　　　トロコゴン, 86
速度図, ⇒ ホドグラフ
側面積
　　　球の輪切り, 127
側面線, 145

【タ】

ダイアモゴン, 67, 73, 74
対数関数, 13
対数螺旋, 49
体積
　　　n 次元球体, 168, 170
　　　n 次元楕円体, 184
　　　n 次元柱状体から切り出された楔形, 171
　　　アルキメデス殻, 125
　　　アルキメデス球体, 123, 125
　　　アルキメデス球体の輪切り, 125
　　　外接殻, 115
　　　外接体, 99
　　　回転楕円体, 134
　　　球, 91, 121, 122
　　　球殻, 122
　　　球殻の輪切り, 123, 193
　　　球の輪切り, 122
　　　楕円殻, 141
　　　楕円体, 134
　　　多角楕円ドーム, 134
　　　非均質な殻楕円ドームの輪切り, 140
体積重心
　　　球から切り出された楔形, 173
　　　球扇形, 173
　　　球台, 173
楕円殻, 138
　　　多角—, 134
楕円ドーム, 135
　　　殻—, 140
　　　多角—, 134
　　　非均質—, 138
　　　ファイバー—, 139
楕円ファイバー, 139
縦線集合

外転サイクロイド, 38
懸垂線, 82
楕円的懸垂線, 80
内転サイクロイド, 38
断層撮影法, 193
中間面積
　　外接殻の―, 116
柱状グラフ, 194
柱状体
　　4 次元―, 167
　　n 次元―, 168, 176
　　切り欠きつき 4 次元―, 164, 167
　　切り欠きつき n 次元―, 168
柱状対応体, 133
中心力場, 23
柱面部品
　　外接体の―, 102
長円環, 5

追跡曲線, 191
つり合い・回転体原理, 165
　　側面積, 154
　　体積, 156
つり合い・楔形体積原理, 158
つり合い補題
　　n 次元半球体, 165
　　円柱の側面, 162
　　球面, 160
　　線分, 152
　　立体角, 164
つり合い面, 162
てこの原理, 199
デモクリトス, 121
デルトイド, 32, 36, 74
デルトゴン, 66, 74
転跡線, 28

動径加速度, 23
動径集合
　　外転サイクロイド, 37
　　内転サイクロイド, 38
動径ベクトル, 22
ドーム
　　一般側面線―, 146
トリチェリ, 53
トロコイド, 28, 41
　　―アーチ, 64
　　外転―, 40
　　外転―冠, 43

外転―扇, 43
相補的―アーチ, 44
内転―, 41
内転―冠, 44
内転―扇, 44
トロコゴン, 58, 62
　　―アーチの面積, 63
　　外転―, 62
　　外点の―, 62
　　相補的―, 86
　　内転―, 62
　　内点の―, 62

【ナ】

内径, 90, 91
　　外接体の―, 100
内心, 90, 91
内接円, 90, 91
内接球, 101
内転サイクロイド, 36
内擺線, ⇒ 内転サイクロイド
内余擺線, ⇒ 内転トロコイド
二重生成原理, 32
二重等積原理, 165
二重平衡, 154
　　球から切り出された楔形, 163
ニュートン, 25

ネフロイド, 32, 36, 74
ネフロゴン, 65, 74

【ハ】

擺線, ⇒ サイクロイド
パスカルのリマソン, ⇒ 蝸牛線
パッポスの原理
　　回転体の体積, 151, 156
　　回転体の表面積, 150, 154
ハミルトン, 23
半球体
　　n 次元―, 174
ヒストグラム, ⇒ 柱状グラフ
表面積
　　n 次元球層, 169
　　n 次元球体, 168, 170
　　n 次元柱状体から切り出された楔形, 171
　　アルキメデス球体, 126
　　アルキメデスドームの冠部, 127
　　外接殻, 115

球, 128

平面部品
  外縁面, 102
  外接体の—, 102
べき乗関数, 11
  一般の負のべき, 17
  正実数べき, 15
  接線影, 11
ベルヌーイ，ダニエル, 32
ベルヌーイ，ヨハン, 53

ホイヘンス, 53
放物線, 2, 14
放物懸垂線, ⇒ 懸垂線
ホドグラフ, 23

【マ】

マミコンの定理, 19, 197
  一般形, 9
  長円環, 6
  定長の接線分, 8
面積
  n 次元球体の断面, 169
  アストロイド, 66
  アストロゴン, 66
  円環形, 3
  円板, 90
  外接環, 95
  外接領域, 93
  外接領域の構成部品, 93
  外転サイクロイドアーチ, 36
  外転サイクロゴン扇, 76
  外転サイクロイド扇, 32
  外転トロコイド, 45, 64
  外転トロコイド冠, 43
  外転トロコイド扇, 43
  外点のサイクロゴン, 62
  蝸牛線, 20
  カルジオイド, 65
  カルジオゴン, 65
  高次のべき乗関数, 187
  サイクロイドアーチ, 36, 53
  サイクロイド扇, 29
  サイクロゴン, 59, 69, 75
  自己サイクロゴン, 78, 79, 84
  自己トロコイド扇, 79
  垂足曲線, 83, 84
  正弦曲線, 130

相補的サイクロイドアーチ, 37
相補的トロコイドアーチ, 45
相補的トロコイド冠, 44, 45
相補的トロコイド扇, 45, 87
相補的トロコゴン扇, 87
ダイアモゴン, 67
長円環, 5
デルトイド, 67
デルトゴン, 66
転跡線, 83
トロコイド, 46, 74
トロコゴンアーチ, 63, 74
内転サイクロイドアーチ, 36
内転サイクロイド扇, 32
内転サイクロゴン扇, 76
内転トロコイド, 64
内転トロコイド冠, 44
内転トロコイド扇, 44
内点のサイクロゴン, 62
ネフロイド, 66
ネフロゴン, 65
放物線, 186
面積重心
  外接環, 97, 98
  外接領域, 95, 172
  球から切り出された楔形, 173
面積平衡, 150
  正外接領域, 153, 154

【ヤ】

余弦積分, 49
余擺線, ⇒ トロコイド

【ラ】

ライプニッツ, 11, 25, 53
螺旋
  コルニュの—, 47
  双曲—, 52
  対数—, 49
ランベルト，ヨハン, 184
ランベルトの写像, 137, 176

ルーレット, ⇒ 転跡線

六角錐
  n 次元—, 180
ロベルヴァル, 53

【ワ】

輪切りの原理, 121

著者について

　トム・M・アポストルは1950年からカリフォルニア工科大学に所属し，現在は数学の名誉教授である．彼は（7か国語に翻訳されている）微積分，解析，解析的数論に関する著書で世界的に知られており，計算機アニメーション，動画，音楽，特殊効果などによって生き生きとした数学を伝える *MATHEMATICS!* プロジェクトを生み出した．そのプロジェクトのビデオは数々の国際的なビデオフェスティバルで最優秀賞を受賞し，ヘブライ語，ポルトガル語，フランス語，スペイン語にも翻訳されている．アポストルは102編もの研究論文を発表し，*Digital Library of Mathematical Functions* (2010) の中の2章を執筆し，物理学のビデオ教材である *The Mechanical Universe ... and Beyond* に3編の共著もある．

　アポストルは，研究と教育に対する数々の賞を受賞している．1978年には，ギリシアのパトラス大学の客員教授となり，2001年にはアテネアカデミーの外部会員に選出され，就任講演をギリシア語で行った．そして，2012年には，米国数学会フェローに選出された．

　マミコン・A・ムナットサカニアンはエレバン州立大学の宇宙物理学教授で，アルメニア科学アカデミーの物理現象に関する数理モデル研究所の所長であった．彼が大学生のときに作り出した *Visual Calculus* は，本書で詳しく述べられている．宇宙物理学者として，マミコンは，宇宙論における観測についての論争を解決する，可変重力定数によって一般化した相対論を展開した．また，放射伝達理論と恒星統計学・恒星系力学に用いる新たな手法を開発した．

　1988年のアルメニアでの壊滅的な地震のあと，マミコンは耐震安定性の研究のため，カリフォルニアを訪れていた．ソビエト連邦の崩壊後，マミコンは米国に留まった．そして，カリフォルニア州の教育部門やカリフォルニア大学デービス校の教育査定問題を作成し，数々の教育プログラムに参加し，その中で何百という数学的ゲームやパズルを創作した．この仕事によって，マミコンは最終的にカリフォルニア工科大学と *MATHEMATICS!* プロジェクトに出会い，そこからトム・アポストルとの実りある共同研究が始まった．マミコンは100編の研究論文の著者であり，そのうちの30編はアポストルとの共著による数学論文である．彼のウェブサイトは www.mamikon.com である．

〈訳者紹介〉

川辺治之（かわべ　はるゆき）

1985年：東京大学理学部卒業
現　在：日本ユニシス（株）　総合技術研究所　上席研究員
主　書：『Common Lisp 第2版』，共立出版（共訳）
　　　　『Common Lisp オブジェクトシステム―CLOS とその周辺―』，共立出版（共著）
　　　　『スマリヤン先生のブール代数入門―嘘つきパズル・パラドックス・論理の花咲く庭園―』，共立出版（翻訳）
　　　　『群論の味わい―置換群で解き明かすルービックキューブと15パズル―』，共立出版（翻訳）
　　　　『組合せゲーム理論入門―勝利の方程式―』，共立出版（翻訳）
　　　　『数学で織り成すカードマジックのからくり』，共立出版（翻訳）
　　　　『記号論理学―一般化と記号化―』，丸善出版（翻訳）
　　　　『この本の名は？―嘘つきと正直者をめぐる不思議な論理パズル―』，日本評論社（翻訳）
　　　　『箱詰めパズル　ポリオミノの宇宙』，日本評論社（翻訳）
　　　　『スマリヤンのゲーデル・パズル―論理パズルから不完全性定理へ』，日本評論社（翻訳）
　　　　『数学探検コレクション　迷路の中のウシ』，共立出版（翻訳）
　　　　『ひとけたの数に魅せられて』，岩波書店（翻訳）
　　　　『ENIAC―現代計算技術のフロンティア―』，共立出版（共訳）

Aha! ひらめきの幾何学 ―アルキメデスも驚くマミコンの定理―	訳　者　川辺治之　ⓒ 2016
（原題：*New Horizons in Geometry*）	原著者　Tom M. Apostol（アポストル） 　　　　Mamikon A. Mnatsakanian（ムナットサカニアン）
2016 年 8 月 25 日　初版 1 刷発行	発行者　南條光章
	発行所　**共立出版株式会社** 　　　　東京都文京区小日向 4-6-19 　　　　電話　03-3947-2511（代表） 　　　　郵便番号　112-0006 　　　　振替口座　00110-2-57035 　　　　http://www.kyoritsu-pub.co.jp/
	印　刷　錦明印刷 製　本
検印廃止 NDC 414 ISBN 978-4-320-11138-7	一般社団法人 　　　　　　　自然科学書協会 　　　　　　　会員 Printed in Japan

---

JCOPY　〈出版者著作権管理機構委託出版物〉
本書の無断複製は著作権法上での例外を除き禁じられています．複製される場合は，そのつど事前に，出版者著作権管理機構（ＴＥＬ：03-3513-6969，ＦＡＸ：03-3513-6979，e-mail：info@jcopy.or.jp）の許諾を得てください．